国防科技图书出版基金

固体火箭发动机流体喉部喷管技术

Fluidic Nozzle Throat in Solid Rocket Motor

谢　侃　刘　宇　王一白
李军伟　康开华　　著

国防工业出版社

·北京·

图书在版编目(CIP)数据

固体火箭发动机流体喉部喷管技术/谢侃等著. —北京:
国防工业出版社,2015. 1
ISBN 978 - 7 - 118 - 09773 - 3

Ⅰ.①固…　Ⅱ.①谢…　Ⅲ.①固体推进剂火箭发
动机—喷管喉部—研究　Ⅳ.①V435

中国版本图书馆 CIP 数据核字(2014)第 270524 号

※

*国防工业出版社*出版发行

(北京市海淀区紫竹院南路 23 号　邮政编码 100048)
北京嘉恒彩色印刷有限责任公司
新华书店经售

*

开本 710×1000　1/16　印张 12¼　字数 220 千字
2015 年 1 月第 1 版第 1 次印刷　印数 1—3000 册　定价 69.00 元

(本书如有印装错误,我社负责调换)

国防书店:(010)88540777　　发行邮购:(010)88540776
发行传真:(010)88540755　　发行业务:(010)88540717

致 读 者

本书由国防科技图书出版基金资助出版。

国防科技图书出版工作是国防科技事业的一个重要方面。优秀的国防科技图书既是国防科技成果的一部分,又是国防科技水平的重要标志。为了促进国防科技和武器装备建设事业的发展,加强社会主义物质文明和精神文明建设,培养优秀科技人才,确保国防科技优秀图书的出版,原国防科工委于1988年初决定每年拨出专款,设立国防科技图书出版基金,成立评审委员会,扶持、审定出版国防科技优秀图书。

国防科技图书出版基金资助的对象是:

1. 在国防科学技术领域中,学术水平高,内容有创见,在学科上居领先地位的基础科学理论图书;在工程技术理论方面有突破的应用科学专著。

2. 学术思想新颖,内容具体、实用,对国防科技和武器装备发展具有较大推动作用的专著;密切结合国防现代化和武器装备现代化需要的高新技术内容的专著。

3. 有重要发展前景和有重大开拓使用价值,密切结合国防现代化和武器装备现代化需要的新工艺、新材料内容的专著。

4. 填补目前我国科技领域空白并具有军事应用前景的薄弱学科和边缘学科的科技图书。

国防科技图书出版基金评审委员会在总装备部的领导下开展工作,负责掌握出版基金的使用方向,评审受理的图书选题,决定资助的图书选题和资助金额,以及决定中断或取消资助等。经评审给予资助的图书,由总装备部国防工业出版社列选出版。

国防科技事业已经取得了举世瞩目的成就。国防科技图书承担着记载和弘扬这些成就,积累和传播科技知识的使命。在改革开放的新形势下,原国防科工委率先设立出版基金,扶持出版科技图书,这是一项具有深远意义的创举。此举势必促使国防科技图书的出版随着国防科技事业的发展更加兴旺。

设立出版基金是一件新生事物,是对出版工作的一项改革。因而,评审工作需要不断地摸索、认真地总结和及时地改进,这样,才能使有限的基金发挥出巨大的效能。评审工作更需要国防科技和武器装备建设战线广大科技工作者、专家、教授,以及社会各界朋友的热情支持。

让我们携起手来,为祖国昌盛、科技腾飞、出版繁荣而共同奋斗!

国防科技图书出版基金
评审委员会

国防科技图书出版基金
第七届评审委员会组成人员

前　言

能够实时地进行大范围推力调节是未来固体火箭发动机的发展趋势。该技术在众多先进的国防技术中有着迫切的需求,如导弹拦截系统、固体火箭冲压发动机、弹头躲避机动、登陆舱(返回舱)的缓冲系统,导弹的多任务、大飞行剖面的能量管理技术等。过去几十年里国外对可控推力固体火箭发动机的理论和实验研究做了大量的工作,探索出了很多技术途径和设计方案,有的已经进入实际使用阶段,如美国三叉戟导弹末助推系统、苏联的凝胶推进剂发动机、美国的动能拦截弹姿轨控系统、欧洲"紫菀"地空导弹侧向力发动机等。流体喉部喷管技术是航空航天动力领域中正在发展的一项新技术。该技术既可用于固体火箭发动机的推力大小、方向的实时调节,又可作为固体燃气发生器的流量调节技术,还可作为一种长时间工作固体火箭发动机喷管喉部的主动热防护技术,技术特点新颖、应用前景广阔。

美国已针对流体喉部喷管技术在航空发动机、液体火箭发动机及固体火箭发动机上的应用开展了工程应用研究,并将固体火箭发动机流体喉部技术申请了国防专利。美国 NASA 和空军更是将该技术列为未来先进无人机和战机喷气推进系统的首选。由于该技术在国防中的重要性和敏感性,国外在这方面可直接参考的公开资料较少,国内在这方面的研究在过去更是接近空白。本书作者结合自身积累的研究基础总结成书,望能抛砖引玉,激发有志者加入到该领域的研究中来。

本书共9章,第1章由刘宇、康开华撰写,第2章~第4章由谢侃撰写,第5、6章由谢侃、王一白撰写,第7、8章由谢侃、李军伟撰写,第9章由谢侃、刘宇一起完成,全书由谢侃统稿。在书稿撰写过程中,得到了北京理工大学、北京航空航天大学、兵器工业、航天工业部门领导的支持及同行的关心和帮助,收获了很多宝贵的意见和建议。感谢中国科学院刘竹生院士百忙之中抽出宝贵时间审查了本书的初稿并给予了肯定,北京理工大学王宁飞教授、魏志军教授等在该书完成过程中都曾给予了指导,航天科技集团六院101实验站、兵器204所对本书固体火箭发动机流体喉部喷管的地面实验、发动机方案等内容提供了支持和帮助,在此表示衷心的感谢。感谢北京航空航天大学流体所闫超教授对作者在博士后工作期间的关心和帮助。同时感谢国防科技图书出版基金评审专家和编辑部编辑的工作和宝贵意见。

本书具有很强的针对性和实用性,可作为从事相关领域的专业工程技术、设计人员、管理人员以及高等院校、科研院所相关专业的技术参考资料和研究生教材。同时由于作者水平有限,书中必有不妥之处,殷切恳请读者、同行批评指正。

作　者
2014. 10

目　录

IX

Contents

第1章 绪 论

1.1 流体喉部喷管应用背景

为了提高导弹的机动性和突防能力,作为导弹动力装置的发动机,必须具备推力控制,特别是推力随机控制的功能。推力调节技术是固体火箭发动机的一个重要研究领域,与推力预定的发动机(如单室双推力、脉冲发动机等)相比,固体火箭发动机更能合理地分配推进剂能量,根据工作需要调节其推力,这是未来固体火箭发动机的发展趋势。实现推力的随机控制将意味着固体火箭发动机技术的重大突破。从20世纪60年代起,国外为可控推力固体火箭发动机的理论和试验研究做了大量的工作,探索出了很多技术途径和设计方案,有的已经进入实际使用阶段,如美国三叉戟导弹末助推系统、苏联研究的胶状推进剂发动机方案等。1993年以后,美国为满足战区导弹防御系统(TMD)的需要,对小型推进系统进行了大量研究。TMD拦截器必须以最少的发射单元和导弹数量覆盖大的作战空域,并防御近距离或远距离来袭的目标群,这就需要一种完全可控的姿轨控系统来控制拦截器的机动飞行,通过侧向推力修正预测拦截误差并制导动能弹头直接碰撞目标,以进行有效的拦截。美国航空喷气公司在证明固体姿轨控系统具有与液体姿轨控系统同样灵活性的同时,指出固体姿轨控系统更安全可靠,并可降低成本。

通过改变喷管喉部面积来调节推力是固体火箭发动机推力调节技术的一个研究分支。在固定喷管型面的条件下,改变喉部面积的方法主要有机械和流体喷射两种方法。目前在固体火箭发动机上采用的机械方法主要是带可移动的喉栓(针栓),通过喉栓的移动来改变喉部面积(见图1-1)[1-6]。该方法的缺陷是驱动喉栓的传动伺服机构尺寸和质量通常都较大,因而主要适用于小型的固体火箭发动机。图1-1为北京理工大学研发的同轴式喉栓固体火箭发动机,其中喉栓的伺服机构尺寸与质量都和发动机本体相当。该方法用于大型固体火箭发动机时,附加结构的质量还会大大增加,并且喉栓的剧烈烧蚀也降低了该方法的可靠性,如图1-1(b)所示。

"流体喉部喷管"概念是指通过二次流体喷射,使二次流与主流相互作用,从而改变主流的喉部形状和流通面积(流体喷射方法)。针对固体火箭发动机流体喉部的喷射方案主要有两种,其中,第一种是涡流阀方案[7-16],即在燃烧室喷管入口处切向地喷入二次流,使主流产生回旋从而减小流通面积,如图1-2(a)所示。该方案在燃烧室内需要放置一个中心分流体,这会增加结构质量,并且回旋容

1

易增加燃烧室内颗粒的沉积。另外,回旋也会使喷管出口处喷流的径向动量增加,造成推力系数降低,因而主要适用于固体燃气发生器的流量调节。

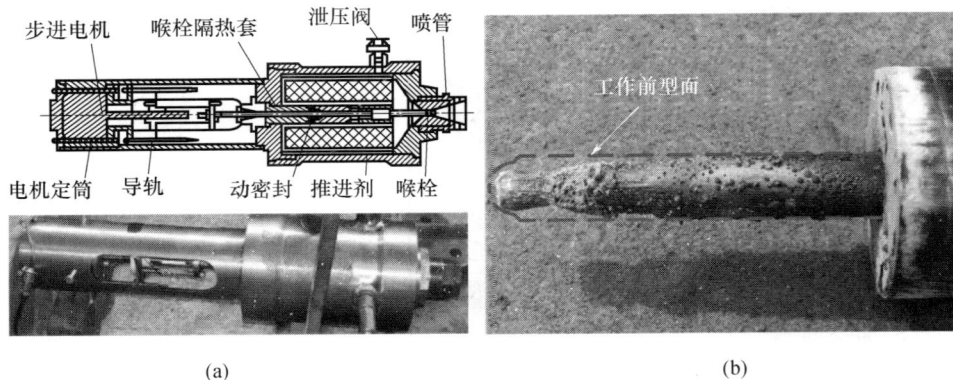

图 1-1 北京理工大学同轴式喉栓固体火箭发动机
(a)发动机结构;(b)钨渗铜喉栓烧蚀情况。

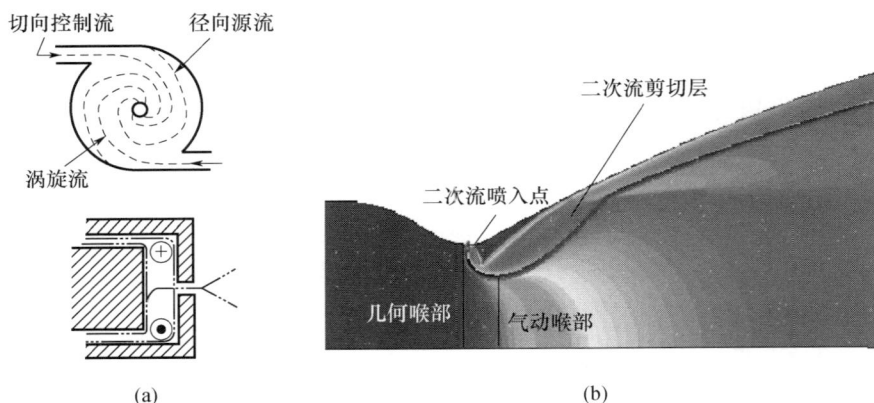

图 1-2 火箭动机中的两种流体喉部方案
(a)二次流切向喷入;(b)二次流逆向喷射方案。

第二种是二次逆向喷射方案,即是在喉部附近与主流逆向地喷入二次流体,通过二次流体的挤压和增加流阻使主流流通面积减小,如图 1-2(b)所示,通过调节二次流工质(气体或液体)参数(流量、压强或工作脉宽)实现对主流喉道面积大小的控制。最早,美国 NASA 和空军共同开展了一项名为"射流注入喷管技术(Fluidic Injection Nozzle Technology,FLINT)"的研究计划[17-31],针对该方案在航空发动机上的应用进行了大量研究,并把该技术列为未来先进无人机和战机喷气推进系统的首选。研究表明这种流体喉部喷射方案具有以下特点:① 该方案没有移动部件,可靠性高。②可整合喷管扩张比控制和矢量控制系统,使发动机系统简化。二次流如果在喉部对称地喷入则起到调节喉道面积的作用;如果在喉部附近非对称地喷入则会使喷管声速面倾斜,使主流在亚声速区就产生偏转,从而改变推力的方向。③上述流体喉部声速面倾斜诱导矢量控制要比在扩张段喷入二次流的激波诱导矢量控制效率要高,并且推力损失小。④ 二次流的排出本身可提供额外的推力。

本书主要介绍第二种流体喉部的方案及技术。

在上述研究基础上,近年来欧美国家连续实施了综合高性能涡轮发动机技术(IHPTET)计划和通用的经济可承受的先进涡轮发动机(VAATE)等多项发动机技术研究计划,开发和验证了包含该种流体喉部的推力矢量喷管在内的发动机样机(见图1-3),为改进推重比为10级的第四代小涵道比涡轮风扇发动机和全新研制推重比为15级的第五代小涵道比涡轮风扇发动机提供了重要技术基础。使用流体喉部喷管的新型航空发动机如图1-3(b)所示,比使用如图1-3(a)所示的传统机械式可调喷管(F135发动机的矢量喷管)的消极机械质量比重大大减少,并且机械结构更为简单可靠。

(a)

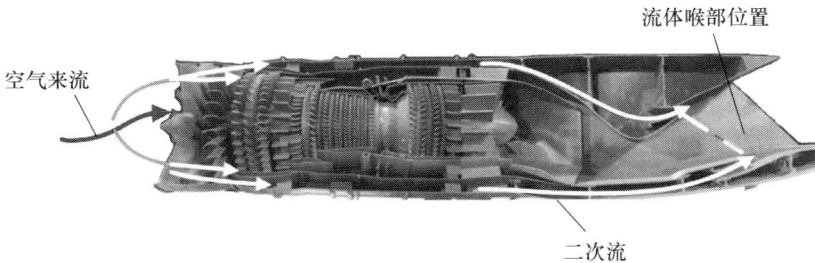

(b)

图1-3　航空发动机的传统机械式喷管与流体喉部喷管比较

(a)机械式可调喷管——F135发动机;(b)美国IHPTET/VAATE计划中流体喉部喷管方案。

流体喉部喷管技术在航空发动机上的成功应用和验证，对把该技术应用于固体火箭发动机进行推力随控的研制、发展提供了很好的基础，最近人们又开始关注将该种流体喉部喷管技术应用于火箭发动机上。世界第三大军品公司英国 BAE System 公司 2012 年与新南威尔士大学合作，对固体火箭发动机的流体喉部特性、关键技术方案进行了初步评估和研究，认为：固体流体喉部喷管可以和二次流矢量控制系统结合，可同时实现推力大小和方向调节，从而可以发展出一套更经济、简单、实用的固体火箭发动机推力调控系统。英国 BAE System 公司这一应用思路与著者更早前在 2009—2011 年间对固体火箭发动机流体喉部系统的研究结论和思路不谋而合。

虽然流体喉部喷管技术仍是一项正在发展中的技术。但可以预见，该技术的发展和突破将会对发展新一代隐身无人机矢量喷管、扩张比可调的航空发动机、流量可控的固体燃气发生器、推力大小和方向随控的固体火箭发动机方面起到重要促进作用；同时也将给上述领域提供一种技术储备，图 1-4 列举了流体喉部喷管技术的应用前景。

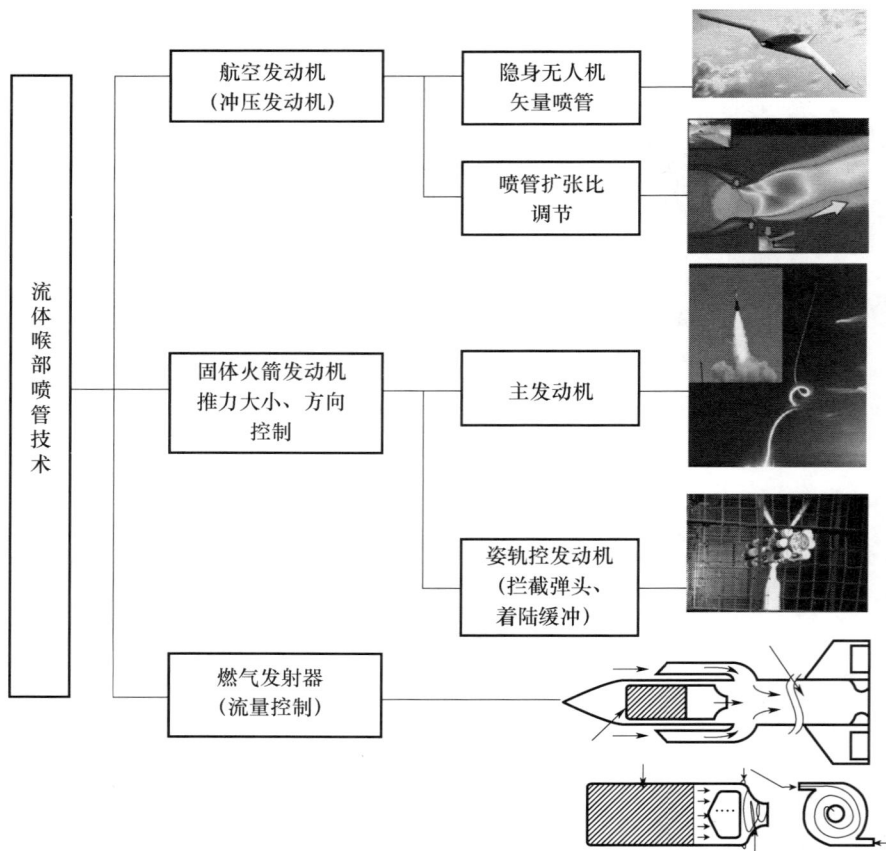

图 1-4　流体喉部喷管技术应用前景

同时注意到,流体喉部喷管可能更容易应用到固体火箭发动机上。因为对于航空发动机来说,流体喉部喷管是一个全新的技术,二次流从压气机中分流将涉及整个航空发动机的热力循环及控制方式的改变,须对航空发动机重新设计与定型。整个研制周期较长,研制工作繁重。与航空发动机不同,二次流喷射技术作为激波诱导矢量控制早已用在多个型号固体火箭发动机上(如 SS-25、民兵Ⅱ、民兵Ⅲ和我国的巨浪潜射导弹等)[32,33],这为流体喉部喷管在固体火箭发动机上的实现和应用积累了丰富的工程经验和应用基础。

固体火箭发动机流体喉部喷管的二次流喷嘴的形式、组合方式、热防护结构、系统布置等都可参考已有的设计。如果流体喉部喷管的性能一旦达到了有关工程应用的要求,则在原有的二次流激波诱导矢量控制技术上经较少的改动便能实现工程化。因而,固体火箭发动机流体喉部喷管技术继承性好,研制成本较低;一些原有二次流喷射系统的部件,如二次流储箱、阀门等都可保留。图1-5是民兵Ⅲ第三级固体火箭发动机,其二次流储箱安装在喷管尾部,液体工质用高压气瓶增压,整个二次流喷射系统基本参数见表1-1。

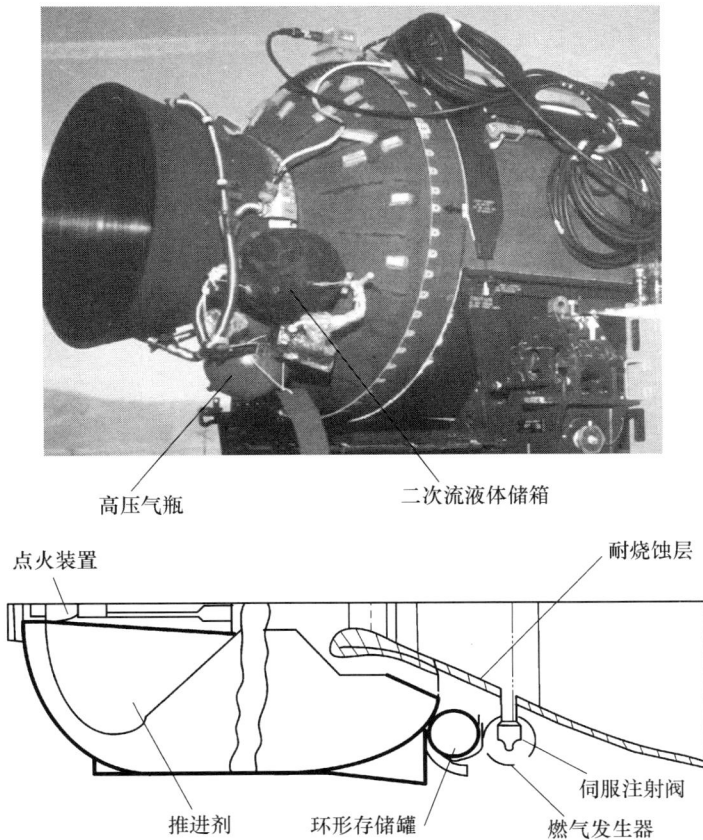

高压气瓶　　　　　　　　　　　　二次流液体储箱

图 1-5　民兵Ⅲ第三级固体火箭发动机

5

表 1-1 液体二次喷射系统基本参数

名称	参数	名称	参数
喷射工质	高氯酸锶溶液	喷射压力(平均)	4.7MPa
工质密度	1.95g/cm³	储箱材料	Ti-4Al-4V 钛合金
工质贮量	27.4kg	喷孔排列方式	相隔90°四组,每组3个喷孔
喷射时储箱压力	5MPa	系统结构净质量	19.1kg

1.2 固体火箭发动机流体喉部推力调节原理与特点

1.2.1 推力调节原理

由于固体火箭发动机的推力受药柱燃烧面积制约,工作过程中想改变其大小是困难的。发动机的工作压强和推力公式为

$$P_c = (a\rho_p C^* A_b / A_t)^{\frac{1}{1-n}} \tag{1-1}$$

$$F = C_F P_c A_t \tag{1-2}$$

式中:A_b 为推进剂燃烧面积;A_t 为喷管的几何喉部面积;a 为燃速系数;ρ_p 为推进剂密度;C^* 为特征速度;F 为发动机推力;C_F 为推力系数;n 为推进剂压强指数;P_c 为燃烧室压强。

由上述推力公式可知,若要改变推力 F 只有改变燃面 A_b 或几何喷部面积 A_t,而药柱已事先设计好,A_b 不能改变,那么只有改变 A_t(如采用机械方法或流体喉部方法)。对于选定的推进剂,其密度 ρ_p,燃速系数 a 和特征速度 C^* 一定,若药柱为恒面燃烧,$A_b = \mathrm{const}$,故式(1-1)可写为

$$P_c = K_1 A_t^{\frac{1}{n-1}} \tag{1-3}$$

$$K_1 = (a\rho_p C^* A)^{\frac{1}{1-n}} = \mathrm{const}$$

一般推力系数 C_F 变化不大,可视为常数,所以式(1-2)和式(1-3)可写为

$$A_t = (F/K_2)^{\frac{n-1}{n}} \tag{1-4}$$

$$P_c = K_3 F^{\frac{1}{n}} \tag{1-5}$$

$$K_2 = C_F K_1 = \mathrm{const}$$

$$K_3 = K_1 K_2^{\frac{1}{n}} = \mathrm{const}$$

由式(1-5),如果固体火箭发动机推力增大1倍,燃烧室压强需要变化为原来的 $2^{\frac{1}{n}}$。对于固体推进剂,$0.3 < n < 1$。若推进剂压强指数 $n = 0.3$,则压强将需要升高为原压强的10倍,显然壳体承受不了或推力调节范围缩小。若 $n = 0.8$,则压强仅为原压强的2.37倍。所以,目前对通过调节喉部有效面积大小从而调节固体火箭发动机推力的技术,都采用高压强指数推进剂,n 一般在

0.6～0.8 之间。本书只针对正压强指数推进剂类型进行讨论。

1.2.2 固体火箭发动机流体喉部工作方式与特点

与吸气式航空发动机的流体喉部工作方式相比,固体火箭发动机流体喉部工作特点与方式主要有以下几点不同。

一、调节模式

因为航空发动机要求在加力工作燃烧时喷管喉部面积增大,所以流体喉部喷管的几何喉部面积按最大推力要求设计。在平常大部分巡航工作时间内,就一直需要喷入二次流使喉部缩小来满足巡航工作下小流量的要求;当需要加力燃烧时,才把二次流关掉,使喉部扩大。因而对航空发动机而言,如何解决二次流来源及使用量是突出的问题,如果靠自带二次流体,则需要的质量将会很大。固体火箭发动机刚好相反,喷管喉部缩小会使燃烧室压强增加,推进剂燃速增加,最终效果是使固体火箭发动机的推力增大。因而对固体火箭发动机而言,在不需要执行机动动作或加速时,不需要二次流的喷入形成流体喉部;当要执行机动或快速改变弹道时才需喷入二次流体缩小喉部面积,所需携带的二次流工质质量可以相对较少。另外,航空发动机上的主流工质流量与流体喷管的喉部面积无关,而固体火箭发动机的流量则与主流的有效喉部面积有关。

二、二次流流体工质

为解决航空发动机流体喉部喷管二次流的使用量问题,一般不自带二次流工质。二次流的获得是通过从航空发动机压气机压缩吸进的空气中引出一小部分注入喷管中,如图 1-3(b)所示,因而航空发动机流体喉部喷管中的二次流工质一般为空气。对于固体火箭发动机,为减小二次流流体储箱的体积,一般采用液体工质或其他高压气体(可由固体燃气发生器产生)。如果是液体工质可由燃气发生器或高压气瓶对储箱增压。使用的液体工质也不是唯一的,如:美国民兵Ⅲ导弹的第二、三级上使用的固体火箭发动机都采用二次流激波诱导矢量控制,第二级上用的二次流工质为氟里昂[32,33],而第三级上则使用了高氯酸锶溶液。由于二次喷射工质的选择灵活性,使得固体火箭发动机流体喉部喷管可通过选择适当的工质,来进一步提高该种新型喷管的扼流能力。

三、喷管的内流场环境

目前固体火箭发动机为提高比冲和能量往往在推进剂中加入金属粉末,加入了金属粉末的固体推进剂燃烧时会在喷管中形成气-粒两相流动[34];另外,对于使用了液体工质作为二次流的工况,在固体火箭发动机流体喉部附近也会形成气-液两相流动。而航空发动机中的燃气可认为是纯气相。这种多相流条件下的凝聚相参数不仅会对发动机的性能和推力有影响[34-41],对流体喉部喷管的性能也会产生影响。另外,如果二次流喷孔位置选择不合适,在工作过程中颗粒相(如 Al_2O_3)还有可能会将二次流的喷口堵住,造成流体喉部喷管不能按设计状态工作。

对比上述航空发动机和固体火箭发动机两种应用对象中的流体喉部喷管的工作模式、条件,可以看出两者实际上有较大的差别。这种差别不仅会影响流体喉部设计参数的选择,更重要的是还会使流体喉部喷管表现出不同的性能和特性,因而不能简单照搬或复制航空发动机流体喉部喷管的设计方法及系统。这些不同的条件、工作参数、方案和设计准则也正是该书各章讨论和关心的问题。

1.3　国内外发展状况

1.3.1　概况

目前在固定几何型面的喷管中喷入二次流形成流体喉部的概念和研究大都是针对航空发动机系统的,其中主要是美国牵头进行了大量研究,国外公开的固体火箭发动机流体喉部喷管的研究资料较少。流体喉部的形状、特性与二次流的参数和喷射方式直接相关。二次流体的喷射方式可分为定常喷射和脉冲喷射两种[42,43],国外的研究主要集中在定常喷射方式上[17],近来脉冲喷射才成为流体喉部喷管中二次流喷射技术的研究热点。

一、欧美

Martin A. I 在 1957 年提出了"气动可变喷管"的概念[17],是现在"流体喉部"概念的前身。他采用一维等熵可压流理论分析一个收缩喷管喉部处两股射流的相互作用。该理论用"涡片"模型来描述两流体间的渗透,"混合"过程则假设两种流体成分一致。该理论可用来初步确定流体喉部的特征和确定一些设计参数。但该理论预测的流体喉部喷管性能和试验结果相比仍有较大的差别,得到的流体喉部喷管的扼流性能也不高。

20 世纪 60 年代,美国明确提出了"流体喉部 – FNT"的概念[17-22],定义了流体喉部有效控制面积系数(等价于流量系数),来评价流体喉部的扼流性能;并针对在固体火箭发动机上的应用做了一些试验研究,热试验结果表明该流体喷射方法用于控制固体火箭发动机推力大小是可行的,发现无源式流体喉部方案不及有源式的方案效率高。但限于当时的计算条件,并未对固体火箭发动机上的流体喉部喷管进行参数化研究,因而试验装置达到的扼流性能没有现在的高。美国于 1995 年由 NASA 和空军一起联合开展一项名为"射流注入喷管技术(FLINT)"的研究计划[26-31],研究和开发基于二次流喷射的喷管控制技术,主要涉及以下三个方向:①喉部二次流矢量控制;②可变流体喉部面积控制;③射流混合增强技术。该研究计划旨在用流体喷管控制系统替代现有航空发动机上笨重的机械式矢量喷管,实现航空发动机系统的简化与整合。参与该项研究的单位主要有空军科学研究室(AFOSR)、麦道公司、佐治亚理工学院(Georgia

Tech.)、洛克希德战机系统研究室(LMTAS)、通用电气战机引擎研究室(GEAE)等。该计划的一个显著成果是建立了全尺寸航空发动机流体喉部喷管的验证试验台和原理机[25]。

FLNT计划在1997年就完成了对定常二次流喷射方式的数值和缩比发动机冷流试验研究。该阶段的试验重点考察了二次流/主流总压比1～3、燃烧室总压/反压比1.2～7(包含了喷管欠膨胀和过膨胀两种状态)、二次流/主流的流量比0～30%参数范围内的流体喉部情况,得到了二次流喷射参数及结构形式对流体喉部有效面积的影响,由此确立了一些关键的设计参数,例如:①二次流喷口位置。在几何喉部处喷入时,喉部有效面积变化范围最大。②二次流质量流量越大,流体喉部的扼流性能上升越明显。③喷入角度。与主流反向喷入时喉部有效面积的变化范围大。④二次流与主流的总压比越大,流体喉部的扼流性能越好。⑤在喷射参数相同的情况下,环缝式喷嘴比圆孔形式的喷嘴性能要好。另外,他们的研究表明:CFD计算结果与冷流试验结果对比,两者的误差可达1%以内,CFD的仿真结果是可信的,可以用来辅助设计流体喉部喷管。当时的试验研究已可以做到用7%主流流量就能使喷管喉部有效面积达到28%的变化,但对航空发动机的实际要求而言,这样的二次流量消耗量还是相当大的,因而研究人员此后一直在致力于寻找进一步减少二次流流量消耗的办法。

FLNT计划后来的研究将重点转移到脉动喷射方式上[24]。试验发现与定常喷射相比,脉冲喷射有以下特点:二次流喷嘴的压力脉动使喷入的射流生成涡串(见图1－6),涡串的产生增强了射流与主流的作用,有助于使二次流的扼喉能力增强,研究人员试图应用该种方式减少流体喉部喷管所需喷入的二次流流量。

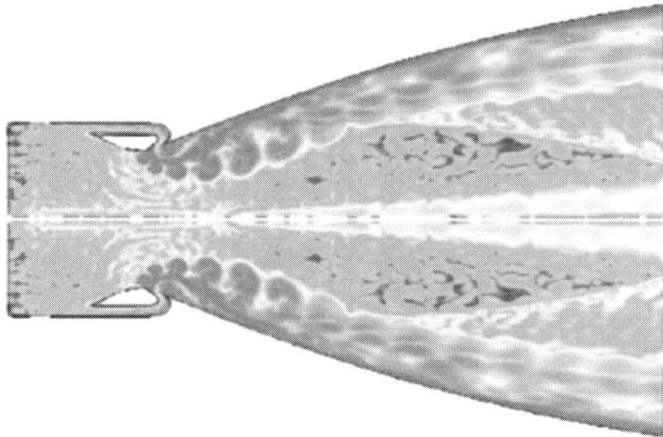

图1－6 脉冲喷射二次流在火箭发动机喷管中的涡串

9

此前利用脉动喷射技术作为增强射流混合的办法已有研究,这些研究集中在低速喷流和主流的相互作用上。随着超声速燃烧技术的需要及二次流喷射在喷流降噪、流动分离控制和飞行器喷流减阻领域上的发展,脉动喷射的研究范围才逐渐扩展到跨声速流和超声速喷流的脉动结构上[45-49]。这些研究给流体喉部喷管的脉动喷射奠定了理论和试验的基础。

在意识到脉动喷流结构不仅能增强射流混合也能增加主流的流阻时,研究人员在1999年开始将脉动喷射作为进一步提高扼流性能和减少二次流消耗量的主要手段。该阶段的代表性工作有:2000年,P. J. Vermeulen 用声振耦合的方法使二次流脉动频率达到了几 kHz,采用该方法可方便利用外界的空气,减少由压气机引出的高压空气的需要量[31];2004年,M. Dziuba 和 T. Rossman 用谐振管的办法将二次流脉动频率提高至了几十 kHz[44]。

2007年,D. Baruzzini 将流体喉部喷管概念应用在液体火箭发动机上,并提出"有源脉动喷射 + 无源定常喷射"的组合方案来增强火箭发动机上的流体喉部的扼流性能和减少二次流使用量[42,43]。其中,"无源定常喷射"是将液体火箭发动机燃烧室内的高温燃气引出一部分作为入射的二次流使用。这项研究源于美国空军试验室打算评估流体喉部喷管技术对地面发射入轨液体火箭发动机调节喷管膨胀比的优势和可行性。

另外,为找到能产生上述高频脉动二次流的办法,研究人员也开展了大量的理论和试验研究,这方面的代表工作是 Patrick J. Yagle[28] 和 M. Dziuba[44] 的研究。他们对利用主动谐振管产生高频声速脉动喷流的方法进行了试验和 CFD 仿真计算。2005年,M. Dziuba 和 T. Rossman 设计的谐振管用很小流量的高压空气或氢气就能产生 15kHz 到 45kHz 的脉动且没有移动部件。

但是直到目前为止,与定常喷射相比,脉动喷射流体喉部研究还只停留在探索研究阶段,并且对这种喷射方案所起到的实际贡献和增益仍有分歧。试验、数值模拟和理论研究中得到的最好扼流性能没有像研究人员期望的那样比定常喷射增加很多。

综上所述,从欧美的流体喉部喷管技术相关计划的持续时间和参研单位规模可以看出,西方一直对发展流体喉部喷管技术高度重视,并在积极拓展其应用范围。

二、其他国家

前苏联 A. M. 维尼茨基在他的论著中也曾提及了"气动力控制法"的概念[50],并给出了有源二次喷射和无源二次喷射系统示意图。A. M. 维尼茨基认为与机械方法调节喷管喉部的方法相比,气动力控制法优点是结构附加质量小、二次流能贡献一部分推力。但由于苏联的技术保密,关于该技术在工程上的应用未见更多的公开资料。

我国目前主要是对航空发动机上的喷管进行喉道倾斜的二次流矢量控制研

究,代表工作主要有南京航空航天大学及空军工程大学的相关工作[52],但这些工作都未对流体喉部喷管的扼流性能(或扩张比调节)进行过专门研究。在固体火箭发动机领域,二次流喷射的研究也主要集中在激波诱导矢量控制上[51-59]。

1.3.2 基于流体喉部喷管的二次喷射矢量控制研究

流体喉部喷管系统可以很自然地和二次流喷射矢量控制(TVC)系统结合,极大提高了流体喉部喷管的实际应用价值和系统的功效。NASA曾对以下几种具有潜在应用价值的二次流喷射系统进行了研究和比较:激波矢量控制法、喉道倾斜控制法、反向流推力矢量控制和同向流推力矢量控制[60-64]。其中:图1-7(a)所示的激波矢量控制和图1-7(b)所示的喉道倾斜控制被认为最适合与流体喉部喷管结合,NASA对这两种矢量控制技术进行过大量参数化研究和冷流试验研究。喉道倾斜研究主要是针对航空发动机上使用的小扩张比喷管[65-68]。通常情况下,激波诱导方法的侧向力性能要优于喉道倾斜法,但喷管效率比喉道倾斜法的低一些。这是因为采用喉道倾斜法时,主流在亚声速区就开始偏转,流场中不存在强激波[67,68]。图1-7(c)所示的凹槽喉道倾斜矢量控制,又称为双喉道矢量控制,是在喉道倾斜法的基础上发展而来。这种方法可以得到比喉道倾斜大的多推力矢量角,但是双喉道的喷管构型不适合用在固体火箭发动机上。

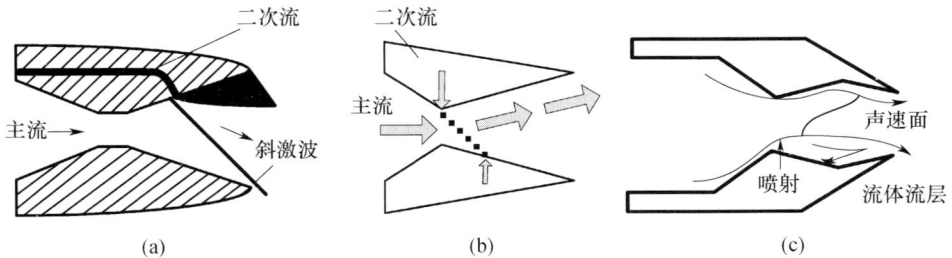

图1-7 几种典型的二次流TVC方式
(a)激波诱导矢量;(b)喉道倾斜矢量;(c)凹槽喉道倾斜矢量。

针对应用在一般固体火箭发动机上的激波诱导方法,过去已有较多的研究[69-72],但是这些研究全是针对喉部无二次流的情况。对固体火箭发动机流体喉部喷管来说,某些工况下需要推进系统既能够调节喉部面积以改变发动机的推力,又需要调节推力的方向。这时候喷管中喉部和扩张段处上的喷嘴会同时存在射流,如果喷射参数设计不合理,两股射流会存在较强的干涉和扰动,影响二次流推力矢量的控制能力。因而在上述固体火箭发动机流体喉部喷管中存在射流干涉的工况下,如何兼顾喷管的喉部面积控制性能和激波诱导矢量控制的性能是固体火箭发动机流体喉部喷管技术中面临的一个新的工程问题。世界第三大武器制造商英国 BAE System 公司在 2012 年资助新南威尔士大学对固体火箭发动机流体喉部的上述二次流矢量控制技术和射流干扰问题进行了初步研究[73]。本书将在第 5 章和第 6 章详细介绍著者在该方面的研究工作。

1.4　流体喉部喷管固体火箭发动机的设计

无论是最终的工程应用,还是在发展、研发该技术的过程中,首要解决的问题就是如何设计符合固体火箭发动机使用条件和一定总体指标下综合性能高的流体喉部喷管。如果没有合理的设计方法、准则和理论指导,任何实践研究都可能只是在原地踏步,当然理论或实践的积累也首要是围绕改进这些设计方法。图 1-8 给出了采用流体喉部喷管的固体火箭发动机需要的设计流程和方法。其中:"▭"代表该类型发动机设计的流程、步骤;"▱"代表传统的设计方法、准则等;"▰"则代表区别于传统固体火箭发动机喷管设计中需要补充的新准则和设计方法,同时也是本书重点反映的内容和工作。

对于不同的任务要求,固体火箭发动机的总体指标不完全相同,因而图 1-8 的总体指标分为两部分。其中,虚线框中的指标为对流体喉部喷管的矢量控制要求,对于某些系统方案,这部分指标不是必须的,因而可视情况省去。需要补充的新准则和设计方法中,流体喉部稳态工作时的喷嘴"流量-总压比"关系、"二次流参数对喷管效率的影响"以及流体喉部的"流量系数比-流量比"关系曲线将在第 2 章、第 3 章及第 6 章中介绍(二次流包括气体和液体);"颗粒相对流体喉部的影响和修正"将在第 4 章中讨论;如前所述,固体火箭发动机流体喉部与二次流矢量控制结合将会得到更大的系统效能,而对于大扩张比的固体火箭发动机喷管,最适合采用并且技术继承性最好的是二次流激波诱导矢量控制(SVC)方式,"流体喉部喷管的 SVC 特性、性能"在第 5 章、第 6 章中介绍;"流体喉部喷管的烧蚀特性"、"流体喉部喷管推力调节特性"以及固体火箭发动机流体喉部喷管的关键技术和实践等内容则在第 7~9 章进行介绍。

固体火箭发动机流体喉部喷管的一般设计思路是:喷管的几何型面可先按传统的喷管设计方法和准则进行设计,当在一些参数选择上需要兼顾流体喉部的扼流性能或推力响应时间时,可根据本书提供的方法适当修改几何型面或重新选择合适的几何参数;固体火箭发动机的装药设计仍可参考已有的方法;在对扩张段上的二次流喷嘴进行设计时,初始参数的选取可先参考传统的 SVC 系统的设计方法和准则确定,然后根据喉部射流的干扰和性能损失情况,再对喷嘴的位置和参数作适当的调整以兼顾喉部扼流和矢量控制性能。上述设计过程中,喷管几何参数、二次流工况参数的确定是一个需要多次调整直至总体性能和系统质量满足指标要求的过程。

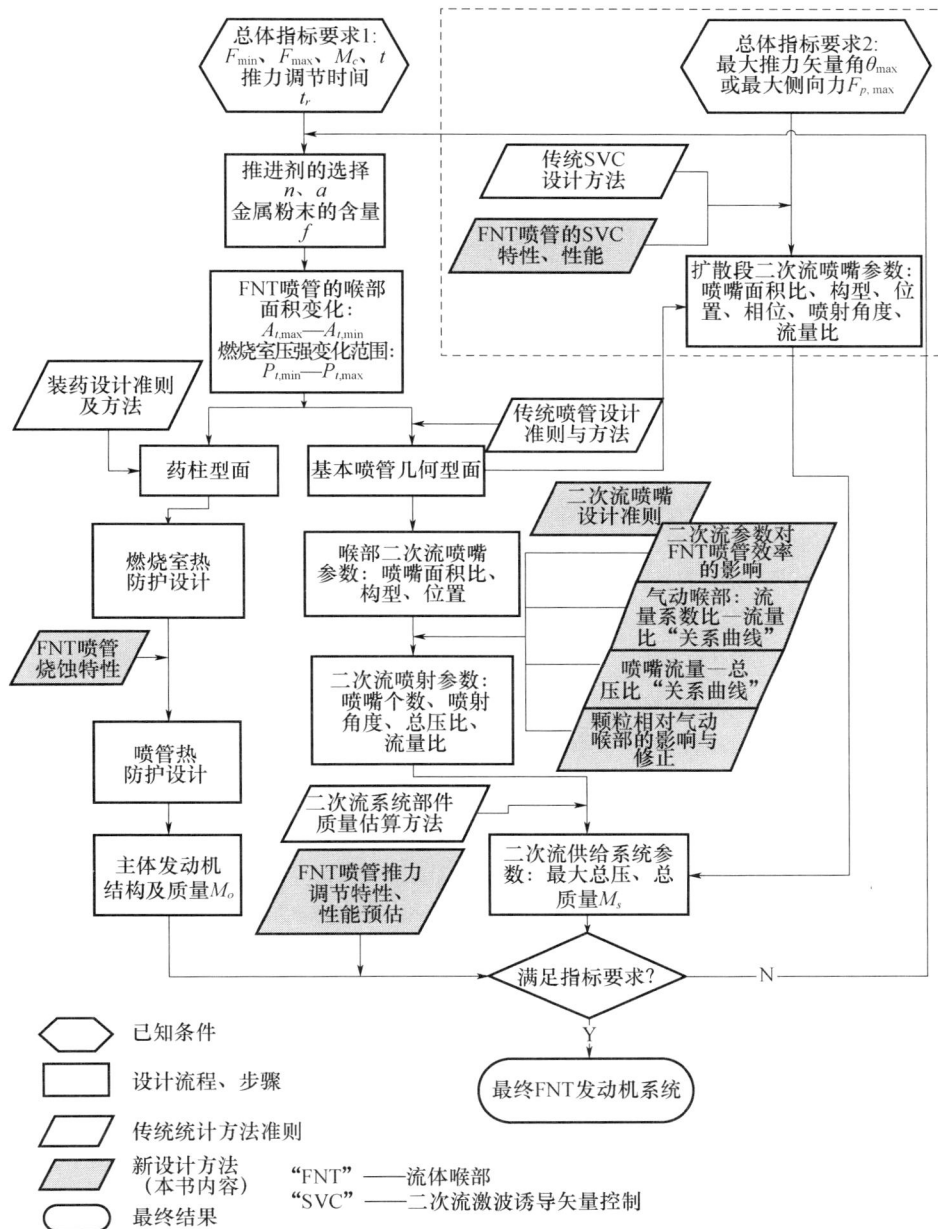

总体指标要求1:
F_{min}、F_{max}、M_c、t
推力调节时间
t_r

总体指标要求2:
最大推力矢量角θ_{max}
或最大侧向力$F_{p,max}$

推进剂的选择
n、a
金属粉末的含量
f

传统SVC
设计方法

FNT喷管的SVC
特性、性能

FNT喷管的喉部
面积变化:
$A_{t,max}$—$A_{t,min}$
燃烧室压强变化范围:
$P_{t,min}$—$P_{t,max}$

扩散段二次流喷嘴参数:
喷嘴面积比、构型、位置、相位、喷射角度、流量比

装药设计准则
及方法

传统喷管设计
准则与方法

药柱型面

基本喷管几何型面

二次流喷嘴
设计准则

二次流参数对
FNT喷管效率
的影响

燃烧室热
防护设计

喉部二次流喷嘴
参数:喷嘴面积比、
构型、位置

气动喉部:流
量系数比—流量
比"关系曲线"

FNT喷管
烧蚀特性

二次流喷射参数:
喷嘴个数、喷射
角度、总压比、
流量比

喷嘴流量—总
压比"关系曲线"

颗粒相对气动
喉部的影响与
修正

喷管热
防护设计

二次流系统部件
质量估算方法

主体发动机
结构及质量M_o

FNT喷管推力
调节特性、
性能预估

二次流供给系统参
数:最大总压、总
质量M_s

满足指标要求?   N

Y

最终FNT发动机系统

已知条件

设计流程、步骤

传统统计方法准则

新设计方法
(本书内容)

最终结果

"FNT"——流体喉部
"SVC"——二次流激波诱导矢量控制

图1-8 流体喉部喷管固体火箭发动机的设计

13

参 考 文 献

[1] Napior J, Garmy V. Controllable solid propulsion for launch vehicle and spacecraft application[C]. The 57th International Astronautical Congress. Spain Kovalam West. 2006.

[2] Ostrander M J, Bergmans J L, Thomas M E. Pintle motor Challenges for Tactical Missiles[R]. AIAA Paper 2000 – 3310, 2000.

[3] 王毅林, 何国强, 李江, 等. 非同轴式喉拴变推力固体火箭发动机试验[J]. 固体火箭技术, 2008, 31 (1):43 – 46.

[4] 李娟, 李江, 王毅林, 等. 喉拴式变推力发动机性能研究[J]. 固体火箭技术, 2007, 30(6):505 – 509.

[5] 李娟, 田维平, 甘晓松, 等. 喉拴式推力可调发动机喷管流场数值模拟[J]. 固体火箭技术, 2008, 31 (4):344 – 346.

[6] 李娟. 喉栓发动机推力调节特性研究[D]. 西安: 西北工业大学, 2007.

[7] Nelson C, Roberts R, Fish V. The vortex valve controlled rocket motor[R]. AIAA Paper 68 – 538, 1968.

[8] Kasselmann J T, Delozier T R. Fluidic valve for warm gas flow control[R]. AIAA Paper 69 – 118, 1969.

[9] Knuth W H, Chiaverini M J, Gramer D J, et al. Experimental investigation of a vortex – driven high – regression rate hybrid rocket engine[R]. AIAA Paper 98 – 3348, 1998.

[10] Blatter A, Keranen T W. Research and development of a vortex valve for flow modulation of a 16 – percent aluminized 550 of solid propellant gas[R]. AIAA Paper 69 – 424, 1994.

[11] Jawarneh A, Vatistas G H. Vortex chamber flows[R]. AIAA Paper 2004 – 5620, 2004.

[12] Mager A. Incompressible, viscous, swirling flow through a nozzle[R]. AIAA Paper 70 – 51, 1970.

[13] Cutler A D, Barnwell R W. Vortex flow in a convergent – divergent nozzle[J]. AIAA Journal, 1999, 37 (10):1329 – 1331.

[14] Darmofal D L, Khan R, Greitzer E M, et al. Vortex core behavior in confined and unconfined geometries: a quasi – one – dimensional model[J]. Journal of Fluid Mechanics, 2001, 449(1):61 – 84.

[15] Marcum D L, Hoffman J D. Calculation of three – dimensional inviscid flowfields in propulsive nozzle with center bodies[J]. Journal of Propulsion and Power, 1988, 4(2):172 – 179.

[16] Yu X J, He G Q, Li J, et al. Numerical analysis of flow in variable thrust SRM based on vortex valve[R]. AIAA Paper 2007 – 5801, 2007.

[17] Martin A I. The aerodynamic variable nozzle[J]. Journal of Aeronautical Sciences, 1957, 24(5): 357 – 362.

[18] McArdle J G. Internal characteristics and performance of an aerodynamically controlled, variable discharge convergent nozzle[R]. NACA TN4312, 1958.

[19] McAulay J E. Cold – Air Investigation of three variable – throat – area convergent – divergent nozzles[R]. NASA TM X – 42, 1959.

[20] Blaszak J J, Fahrenholz F E. Rocket Thrust control by gas injection[R]. Massachusetts institute of technology, Naval Supersonic Laboratory, Technical Report 430, 1960.

[21] Gunter F L, Fahrenholz F. Final Report on a Study of Rocket Thrust Control by Gas Injection[R]. Massachusetts Institute of Technology, Naval Supersonic Laboratory, Technical Report 448, 1961.

14

［22］ Zumwalt G W,Jackomis W N. Aerodynamic throat nozzle for thrust magnitude control of solid fuel rockets ［J］. American Rocket Society Journal,1962,32(12):1934 − 1936.

［23］ Catt J A,Miller D N,Guiliano V J. A static investigation of fixed − geometry nozzles using fluidic injection for throat area control［R］. AIAA Paper 95 − 2604,1995.

［24］ Walker S. Lessons learned in the development of a national cooperative program ［R］. AIAA Paper 97 − 3348,1997.

［25］ Weber Y S,Bowers D L. Advancements in exhaust system technology for the 21st century［R］. AIAA Paper 98 − 3100,1998.

［26］ Miller D N,Yagle P J,Hamstra J W. Fluidic throat skewing for thrust vectoring in fixed − geometry nozzles ［R］. AIAA Paper 99 − 0365,1999.

［27］ Vakili A,Sauerwein S,Miller D. Pulsed injection applied to nozzle internal flow control［R］. AIAA Paper 99 − 1002,1999.

［28］ Yagle P J,Miller D N,Bender E E,et al. A computational investigation of pulsed ejection［R］. AIAA Paper 2002 − 3278,2002.

［29］ Miller D N,Yagle P J,Bender E E,et al. A computational investigation of pulsed injection into a confined, expanding crossflow［R］. AIAA Paper 2001 − 3026,2001.

［30］ Williams R,Vittal B. Fluidic thrust vectoring and throat control exhaust nozzle［R］. AIAA Paper 2002 − 4060,2002.

［31］ Vermeulen P J. An Experimental Study of the mixing behaviour of an acoustically pulsed air jet with a confined crossflow［R］. AIAA Paper 88 − 3296,1988.

［32］ 张宗美.民兵洲际弹道导弹［M］.北京:宇航出版社,1997.

［33］ 中国航天工业总公司.世界导弹与航天发动机大全［M］.北京:军事科学出版社,1999.

［34］ 李宜敏,张中钦,赵元修.固体火箭发动机原理［M］.北京:国防工业出版社,1985:111 − 129.

［35］ 孙敏,方丁西,张超才.二维喷管两相流动实验理论研究［J］.航空学报,1988,9(11):572 − 576.

［36］ Dunn B M,Durbin M R,Jones A L,et al. Short range attack missile (SRAM) propulsion,3 decades history［R］. AIAA Paper 94 − 3059,1994.

［37］ Quilici J L. Nozzle development for the proposed AGM − 130 rocket motor［R］. AIAA Paper 84 − 1415,1984.

［38］ 谢侃,刘宇,任军学,等.两相流环缝塞式喷管理想型面的设计方法［J］.固体火箭技术,2007,30(3):223 − 228.

［39］ 谢侃,刘宇,任军学,等.两相流环缝塞式喷管设计方法研究［J］.航空学报,2007,28(6):1339 − 1344.

［40］ 李雅娣,陈林泉,蹇泽群.粒子尺寸分级的喷管两相流场计算［J］.固体火箭技术,2003,26(3):32 − 34.

［41］ Kliegel J R. Gas particle nozzle flows. In:Ninth International Symposium on Combustion［M］. New York:Academic Press,1963:811 − 826.

［42］ Baruzzini D,Domel N,Miller D N. Pulsed injection flow control for throttling in supersonic nozzles − a computational fluid dynamics design study［R］. AIAA Paper 2007 − 4215,2007.

［43］ Baruzzini D,Domel N,Miller D N. Pulsed injection flow control for throttling in supersonic nozzles − a computational fluid dynamics based performance correlation［R］. AIAA Paper 2007 − 4214,2007.

［44］ Dziuba M,Rossmann T. Active control of a sonic transverse jet in supersonic cross − flow using a powered resonance tube［R］. AIAA Paper 2005 − 897,2005.

［45］ Rona A. Control of transonic cavity flow instability by streamwise air injection［R］. AIAA Paper 2004 −

682,2004.

[46] Deere K A,Berrier B L,Flamm J D,et al. A Computational Study of a new dual throat fluidic thrust vectoring nozzle concept[R]. AIAA Paper 2005 – 3502,2005.

[47] Gamba M,Clemens N T,Ezekoye D K. Strongly – forced turbulent non – premixed jet flames in cross – flow[R]. AIAA Paper 2007 – 1418,2007.

[48] Gamble E,Haid D. Improving off – design nozzle performance using fluidic injection[R]. AIAA Paper 2004 – 1206,2004.

[49] Haid D,Gamble E J. Nozzle aftbody drag reduction using fluidics[R]. AIAA Paper 2004 – 3921,2004.

[50] A M 维尼茨基. 固体火箭发动机[M]. 俞金康译. 北京:国防工业出版社,1981.

[51] 陈智. 双喉道射流矢量喷管的设计规律及与后机身一体化的探索[D]. 南京:南京航空航天大学,2007.

[52] 连永久. 射流推力矢量控制技术研究[J]. 飞机设计,2008,28(2):19 – 24.

[53] 张永升,王延奎,于晓伟,等. 二次扩张型射流矢量喷管的设计及性能计算[J]. 北京航空航天大学学报,2007,33(3):261 – 264.

[54] 王强,付尧明,额日其太. 流体注入的轴对称矢量喷管三维流场计算[J]. 推进技术,2002,23(6):441 – 444.

[55] 张群峰,吕志咏,王戈一,等. 轴对称射流矢量喷管的试验与数值模拟[J]. 推进技术,2004,25(2):139 – 143.

[56] 邓远灏,钟梓鹏,宋文艳. 收敛 – 扩张喷管中运用次流推力矢量控制技术的计算研究[J]. 固体火箭技术,2004,28(1):29 – 32.

[57] 乔渭阳,蔡元虎. 基于次流喷射控制推力矢量喷管的实验及数值研究[J]. 航空动力学报,2001,16(3):273 – 278.

[58] 陆邦祥,徐学邈,周敏. 矩形射流矢量喷管数值模拟研究[J]. 航空发动机,2008,34(1):16 – 18.

[59] 孙得川. 二次射流流场及其干扰参数研究[D]. 西安:西北工业大学,2002.

[60] Deere K A. Summary of fluidic thrust vectoring research conducted at NASA langley research center[R]. AIAA Paper 2003 – 3800,2003.

[61] Mason M S,Crowther W J. Fluidic thrust vectoring for low observable air vehicles[R]. AIAA Paper 2004 – 2210,2004.

[62] Deere K A. Computational investigation of the aerodynamic effects on fluidic thrust vectoring[R]. AIAA Paper 2000 – 3598,2000.

[63] Wing D J. Static investigation of two fluidic thrust – vectoring concepts on a two – dimensional convergent-Divergent nozzle[R]. NASA TM – 4574,1994.

[64] Chiarelli C,Johnsen R K,Shieh C F,et al. Fluidic scale model multi – plane thrust vector control test results[R]. AIAA Paper 93 – 2433,1993.

[65] Miller D N,Yagle P J,Hamstra J W. Fluidic throat skewing for thrust vectoring in fixed geometry nozzles[R]. AIAA Paper 99 – 0365,1999.

[66] 张相毅,王如根,杨帆. 双股气流对流体控制矢量喷管的影响[J]. 固体火箭技术,2007,30(4):295 – 298.

[67] 周敏,王如根,张相毅,等. 射流分配对喉道气动偏转矢量喷管的影响[J]. 推进技术,2008,29(1):58 – 61.

[68] 罗静,王强,额日其太. 两种流体控制方案矢量喷管内流场计算及分析[J]. 北京航空航天大学学报,2004,30(7):597 – 601.

[69] Richard J Z. Thrust vector control by liquid injection for solid propellant rockets[R]. AIAA Paper 75 –

16

1225,1975.

[70] Berdoyes M,Ellis R A. Hot Gas Thrust vector control motor[R]. AIAA Paper 92 – 3551,1992.

[71] GREEN C J, McCullough F. Liquid injection thrust vector control[J]. AIAA Journal,1963,1(3): 573 – 578.

[72] 黄俊,范存德. 固体火箭发动机测试技术[M]. 北京:航空工业出版社,1989.

[73] Ali A,Rodriguez C,Neely A,et al. Combination of fluidic thrust modulation and vectoring in a 2D Nozzle [R]. AIAA Paper 2012 – 3780,2012.

第2章 气-气流体喉部的稳态特性

2.1 流体喉部的有效面积

在推进剂变化规律已知的前提下,要预测固体火箭发动机的推力变化,就要知道主流的流通面积的大小,由此才能在设计阶段预测发动机的流量、燃烧室压强和推力(参见1.2.1小节)。通常采用有效喉部面积这一参数来表征主流的流通面积。流体喉部的有效喉部面积 $\widetilde{A}_t$ 定义为

$$\widetilde{A}_t = \frac{\dot{m}_o \sqrt{RT_{c,o}}}{P_{c,o}\Gamma_o} \qquad (2-1)$$

$$\Gamma = \sqrt{\gamma\left(\frac{2}{\gamma+1}\right)^{\frac{\gamma+1}{2(\gamma-1)}}} \qquad (2-2)$$

式中: γ 为气体工质的比热比; R 为主流工质的气体常数; $\dot{m}_o$ 为主流流量; $P_{c,o}$ 、 $T_{c,o}$ 分别为主流集气室内的总压和总温。用有效喉部面积这一参数可以很方便地讨论发动机燃喉比的变化,从而得到推力的变化规律。

拥塞条件下收敛-扩张喷管的流量公式为

$$\dot{m} = \frac{C_d A_t P_c \Gamma}{\sqrt{RT_c}} \qquad (2-3)$$

式中: C_d 为流量系数; A_t 为喷管的几何喉部面积。对比式(2-1)、式(2-3)可得有效喉部面积与几何喉部面积的关系为

$$\widetilde{A}_t = C_d A_t \qquad (2-4)$$

流体喉部喷管的实际喉部变化范围可由下式得到,即

$$\frac{\widetilde{A}_t}{\widetilde{A}_{to}} = \frac{C_d A_t}{C_{do} A_t} = \frac{C_d}{C_{do}} \qquad (2-5)$$

式中: C_{do} 为未通入二次流时喷管的流量系数; C_d 为通入二次流后的流量系数,注意这里的流量系数都是针对主流的流量来定义的。

一个收敛-扩张喷管的 C_{do} 可以通过事先标定的方法得到,因而只要测出通入二次流前后的流量系数的比值 C_d/C_{do} 就可以得到 C_d ,进而可以知道对应的实际有效喉部面积。所以在讨论流体喉部的有效面积变化时通常以 C_d/C_{do} 表示。

另外,流体喉部喷管的有效喉部面积变化主要与二次流、主流的流量比值

$\dot{m}_s/\dot{m}_o$ 有关,定义修正流量参数为

$$w = \dot{m}\sqrt{T_c} \qquad\qquad (2-6)$$

如果二次流、主流的总温一样,则修正流量比和实际流量比相等,即

$$w_s/w_o = (\dot{m}_s/\dot{m}_o)_{T_{c,o}=T_{c,s}} \qquad\qquad (2-7)$$

定义修正流量比的好处是如果以它为自变量,可以将冷流试验结果推广到二次流、主流为不同温度的气体工质情况。例如:主流为高温燃气,而二次流为较低温的惰性气体;或者主流、二次流都为燃气,但温度不相同。第二章到第九章将统一采用修正流量比作为自变量,特别是当二次流与主流的温度相同时,修正流量比等于实际流量比。

掌握流体喉部的稳态工作特性是实际按总体推力指标设计流体喉部发动机的关键。"流量系数比 – 修正流量比"($C_d/C_{do} - w_s/w_o$)曲线是表征流体喉部喷管扼流性能的基本曲线,得到不同二次流参数、设计参数下流体喉部的"流量系数比 – 修正流量比"关系曲线,可以定量表征各种因素对流体喉部扼流性能的影响,并为实际流体喉部喷管的设计提供参考。

2.2　稳态特性分析方法

2.2.1　冷流试验方法与装置

一、试验原理与系统

为掌握流体喷管控制喉部大小的一般规律,得到喷管扼流性能和二次流嘴主要结构参数、工作参数的关系曲线,通常在前期研发阶段先对喷管进行大量的冷流试验。在得到相关关系曲线后,再进行热试验重点考核关键参数与技术,可大大降低研发成本与风险[1]。

图 2 – 1 给出了典型的固发流体喉部的冷流试验系统。对于气 – 气流体喉部,试验中使用的主流和二次流工质都为高压气体。为进气均匀,主流和二次流在经过各自管路上的声速喷嘴后,需分别分两路对称进入发动机的主流集气室和二次流的集气腔内。主流和二次流的流量由各自管路上的声速喷嘴限定(见图 2 – 2)。试验前对声速喷嘴进行标定,试验过程中测量 6 路压强数据:二次流声速喷嘴前、后压强 $P25$ 和 $P29$;主流声速喷嘴前、后压强 $P26$ 和 $P27$;二次流集气腔内压强 $P31$;主流集气室内压强 $P30$。这样二次流与主流的流量比 $\dot{m}_s/\dot{m}_o$ 可由 $P25$、$P26$ 和相应的声速喷嘴标定曲线(见图 2 – 2)共同确定。喉部通入二次流后,有效喉部面积缩小,在主流流量一定的前提下,集气室内的压强升高。根据式(2 – 3)、式(2 – 5),通入二次流前后的流量系数比 C_d/C_{do} 可通过测定二次流通入前后的 $P30$ 值得到。试验中二次流与主流的流量比变化可通过改变 $P25/P26$ 的比值实现,在二次流喷嘴面积/几何喉部面积比一定的情况

下,上述流量比的变化实际上也是二次流/主流的总压比(P_s/P_o)变化。

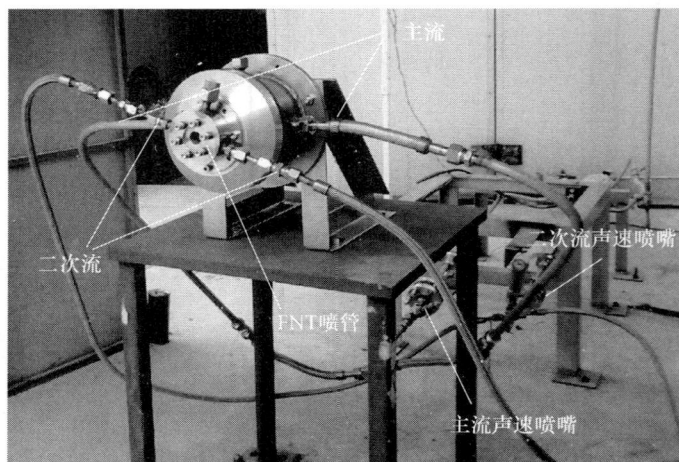

(a)

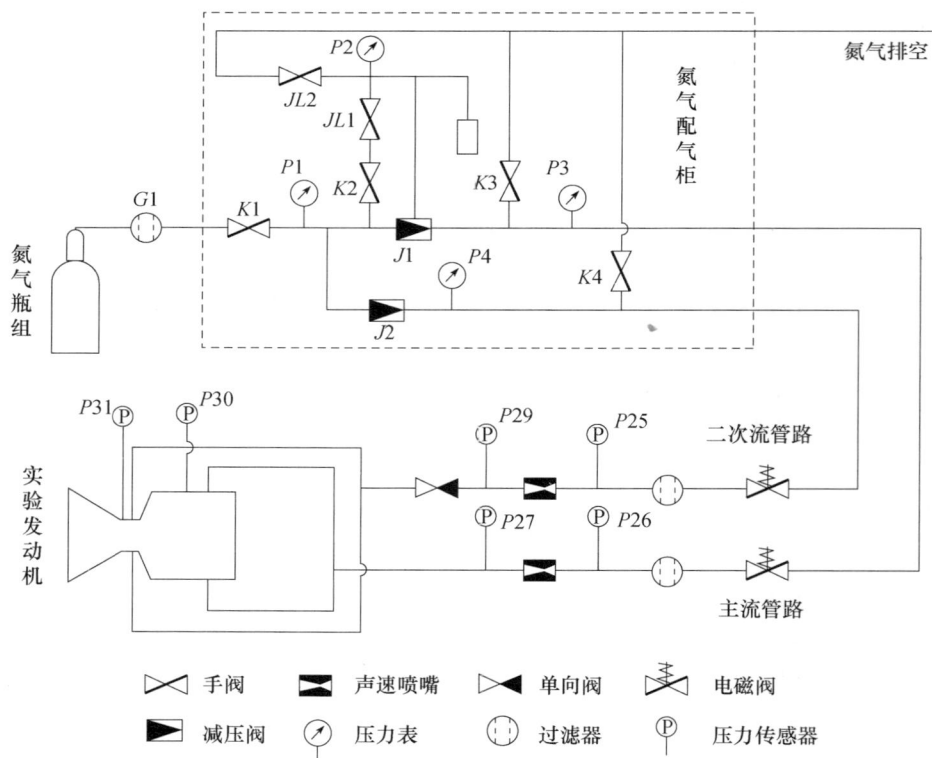

(b)

图 2-1　冷流试验系统图

图 2 - 2 为声速喷嘴的典型标定曲线。当声速喷嘴达到拥塞后,工质流量与声速喷嘴前的压强值会呈现很强的线性关系。声速喷嘴的扩张段会存在一道激波,经过激波后的气流变为亚声速流动;激波后的工质压强,会在一定范围内自动调整(激波位置改变)与管路的下游压强匹配。由于声速喷嘴可以一定程度阻隔下游压强波动对上游流动的扰动,从而能够保证试验中的流量保持恒定。对标定数据进行直线拟合后,根据流量公式(2 - 3)可计算得到声速喷嘴的流量系数 C_{do}(通常很接近1)。另外需要注意的是,标定中声速喷嘴前压力须覆盖试验中的压力范围,并且试验中的工质总温须与标定时的温度相接近。

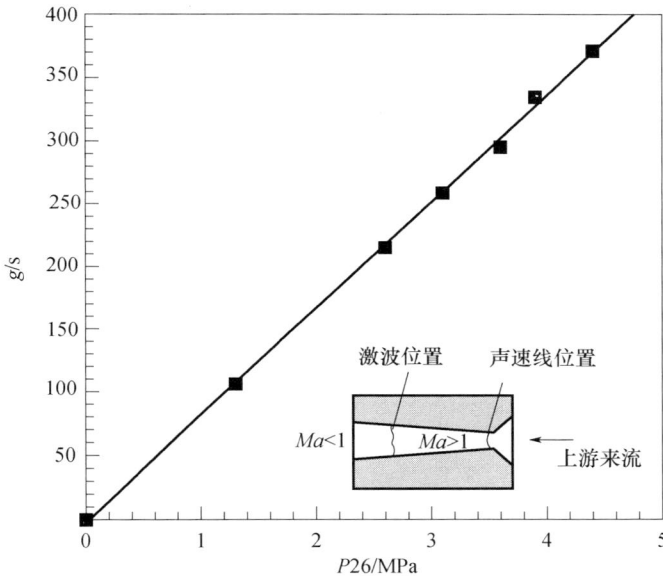

图 2 - 2 声速喷嘴的压强 - 流量曲线

二、通用冷流试验发动机

通用冷流试验发动机能在考察多种几何设计参数、型面对流体喉部性能影响的同时兼顾可行性、经济性。该种试验发动机装置能够方便更换喷管喉部件,同时又能够最大限度保证其他部件的通用性。

这里给出一种能满足上述要求的通用冷流试验发动机结构,见图 2 - 3。该种通用结构可以考察收敛圆孔式流体喉部喷管,也可以考察环缝式流体喉部喷管,两种喷管形式分别对应图 2 - 3(a)、(b)。图 2 - 3 中的主流集气室 1 和收敛段 2 为通用件,带二次流喷嘴的喷管组件 3 - 12 为可更换件。这种冷流试验发动机具有通用性,可考察的二次流喷嘴结构多,而需要加工的零件总数少,试验中更换方便。

研究环缝式流体喉部主要在于其理论分析方面的价值。该种形式流体喉部的流动损失最小,作为流体喉部喷管的一种理想模型,可进行二维建模,容易得到流体喉部调节喷管喉部面积大小的一般规律,并适合进行参数化研究。从后续的试验结果和仿真情况来看,环缝式喷嘴喉部的扼流规律与圆孔型喷嘴也是一致的。

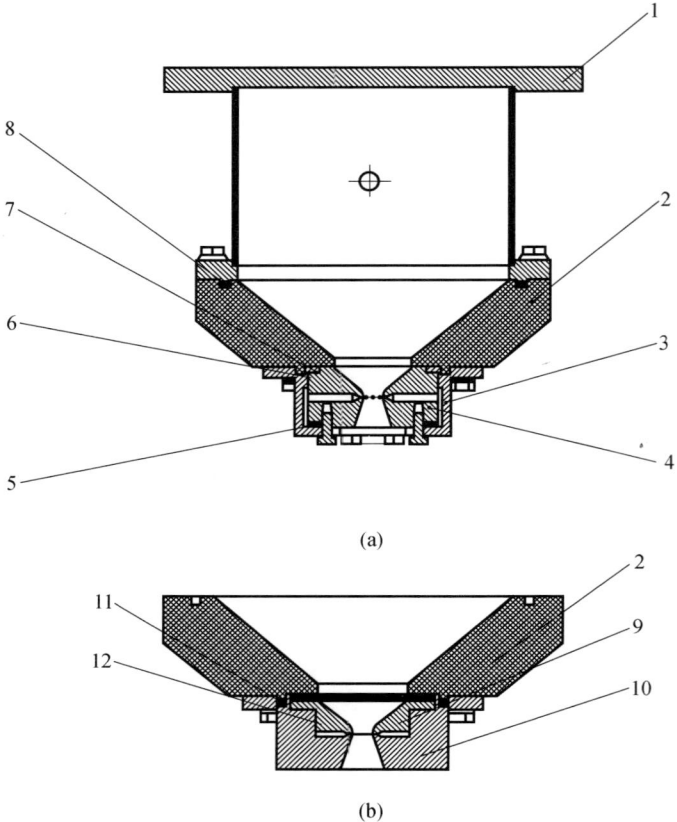

(a)

(b)

图 2 - 3 通用冷流试验发动机结构图

(a)圆孔喷嘴流体喉部;(b)环缝喷嘴流体喉部。

1—集气室;2—收敛段;3—圆孔喷嘴 FNT 喉部主件;4—圆孔喷嘴 FNT 喷管外套;5—端面密封 O 形圈;

6—轴密封 O 形圈;7—端面密封 O 形圈;8—端面密封 O 形圈;9—环缝 FNT 喉部内置件;

10—环缝 FNT 喷管外套件;11—端面密封 O 形圈;12—轴密封 O 形圈。

图 2 - 4 为可更换的流体喉部喷管部件(对应图 2 - 3 中的部件 4)的剖面图,以及二次流喷嘴结构参数的标记符号。表 2 - 1 列出了利用该通用装置进行的 4 种典型的固发流体喷管二次流喷嘴结构参数(对应图 2 - 5)。归纳目前固体火箭发动机上使用的二次流喷嘴结构,可分为 3 种类型:收缩 - 扩张型、收缩型和直孔型(见图 2 - 6 及第 9 章)。其中:收缩型可看作收缩 - 扩张型的特例(扩张比 =1);直孔型因结构简单,也常常在火箭发动上使用。但注意到固体火箭发动机上使用的喷嘴,尤其是在喉部附近使用的喷嘴,与液体火箭发动机头部

22

的喷注器中的稍有不同,受固体火箭发动机热防护结构的厚度影响,喉部处的喷嘴深度都较大,即狭长形的[2-7]。

(a)　　　　　　　　　　　　(b)

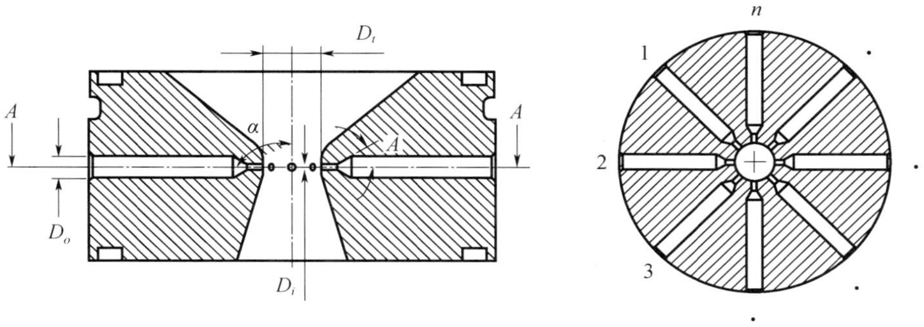

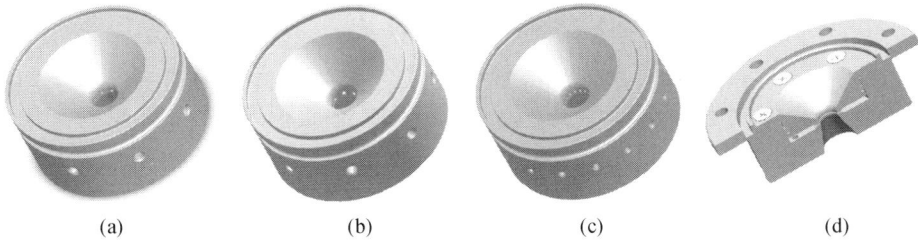

图 2-4　可更换的流体喉部喷管部件

(a)剖面图;(b)A-A 剖面图。

表 2-1　4 个试验例子中二次流喷嘴结构参数

喷管标号	面积比	n	D_o/D_t	α	Λ	喷嘴类型
1008	10%	8	3.5	90°	30°	收敛圆孔
2008	20%	8	2.5			
2016	20%	16	2			
HF	20%		4			环缝

(a)　　(b)　　(c)　　(d)

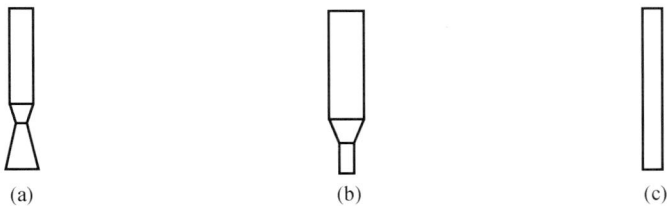

图 2-5　考察的 4 种喷管零件

(a)1008;(b)2008;(c)2016;(d)HF。

(a)　　(b)　　(c)

图 2-6　圆孔喷嘴构型示意图

(a)收缩-扩张型喷嘴;(b)收缩型喷嘴;(c)直孔型喷嘴。

表 2 - 1 的 4 个例子中二次流喷嘴的几何喉部面积与主喷管几何喉部面积比(以下统一简称为喷嘴面积比)$A_{s,t}/A_t$ 为 10%、20% 两种,考察的喷嘴个数 8 和 16 两种。二次流喷嘴面积和喷嘴个数是流体喉部喷管的最基本设计参数。实际设计中,在二次流与主流流量比选定后,喷嘴的面积比大小就直接决定了二次流的总压。二次流的总压值又关系到二次流喷射系统的结构质量,二次流储箱中的压强越高,其质量越大。而在喷嘴面积比一定的条件下,喷嘴个数的多少则决定了喉部处喷嘴的加工难度、精度以及喉部处的烧蚀情况。如果喷嘴个数设计得过多,则二次流喷嘴的喉部孔径太小,加工困难,而且在实际工作中还容易给堵住,如喷嘴上游二次流燃气中的杂质或主流燃气中夹杂的融化的物质。如果喷嘴个数太少,二次流喷嘴在喉部处的开口孔径大,很可能会造成固发喉衬的局部烧蚀条件和热应力环境恶化。另外,喷嘴个数的多少也与流体喉部喷管的扼流性能直接相关。

冷流试验中,发动机的密封结构是否可靠是试验成功与否的关键。如果试验中气体工质发生泄漏,会造成压力数据错误(特别是 $P25$、$P30$ 的压强值),会导致错误的结果和表现规律。因而一般在正式试验前,要进行发动机气密试验。气密试验主要是要考察由可更换喉部零件 4 与零件 3、5、6 组成的组件中二次流集气腔的气密性。构件 5 - 8 和构件 11、12 为 O 形圈密封件,轴侧 O 形圈 6、12 的单边压缩在 0.3~0.4mm 为宜。这样的压缩量既能保证安装方便,又能可靠密封。密封试验表明,这种集气腔密封结构可封住 10MPa 的高压气体而不泄露。

三、典型的压强调节曲线

图 2 - 7 给出了以喷管 2016(见表 2 - 1)为例的一次典型试验压强曲线和冷流试验时序。当二次流开始注入喷管候部时($P25$、$P29$ 开始升高),此时主流气体受到挤压,气动喉部逐渐形成,主流的有效喉部面积减小,主流集气室压力 $P30$ 开始升高并最终稳定在另一个平衡压强上。从图 2 - 7 还可以看到:在初始阶段,室压能很快响应并快速升高;在末阶段,集气室压强光滑过渡并达到新的压强平衡值,整个流体喉部调节过程室压无超调振荡现象。根据图 2 - 7 的压强曲线,结合式(2 - 3)、式(2 - 5),就可计算得到不同二次流/主流流量比下喷管的流量系数比 C_d/C_{do},即有效喉部面积的变化。

另外,试验中还可以通过在该装置的圆柱形空腔集气室内塞入不同长度的木塞,来考察集气室的空腔容积队流体喉部喷管压强调节时间的影响,见图 2 - 8 中示意图左侧。相比图 2 - 7 试验中的圆柱段空腔容积,图 2 - 8 右侧中冷流试验发动机的空腔容积减少了约 40%。从图 2 - 8 看出,虽然二次流喷入后集气室压强升高过程与图 2 - 7 中的类似,但小空腔容积的工况达到新平衡的时间减少了约 27%。这是因为空腔容积减小,气体填充空腔的时间缩短,集气室压强升高的时间缩短。非定常的 CFD 数值模拟也预测了一致的现象(参见第 7 章)。

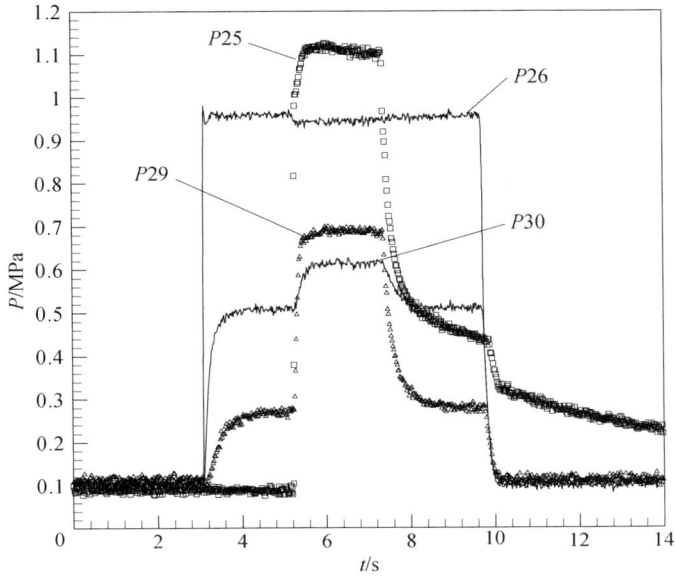

图 2 - 7   压强 - 时间曲线（喷管 2016）

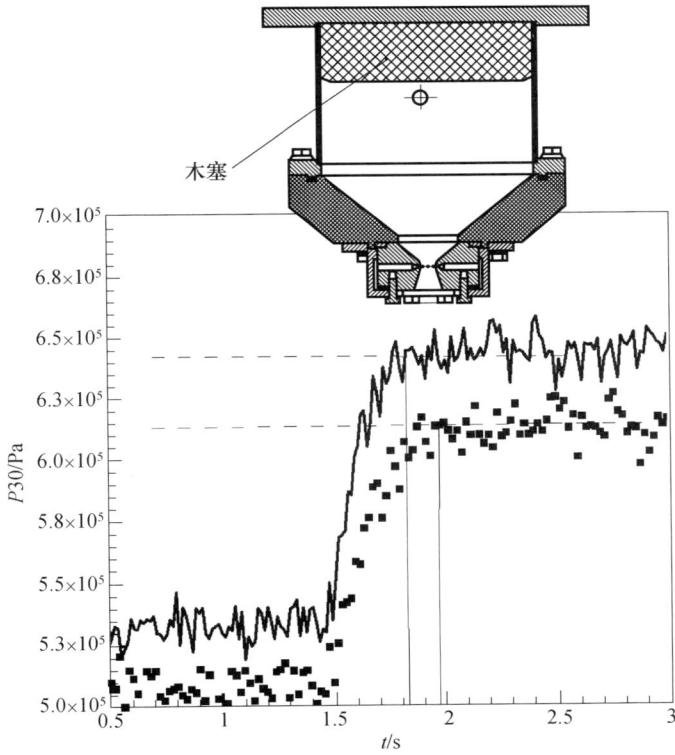

图 2 - 8   放入木塞时的压强 - 时间曲线（喷管 2016）

对实际条件下热试发动机的仿真也得到了与冷流试验相似的压强升高过程,即燃烧室的空腔容积越大,压强调节到新平衡的时间越长。这对实际的固发流体喉部喷管发动机的设计有参考意义。随着推进剂的不断消耗,发动机内的空腔容积逐渐增大,这就会使流体喉部喷管的压强调节时间增加。这对于推力响应或流量响应有严格要求的固体火箭发动机,就需要仔细设计发动机的整个工作过程的空腔容积以及选择合适的喷射参数,才能保证固发流体喉部喷管在调节推力时的响应时间满足指标要求。

实际上,对于采用控制喉部面积来控制固体火箭发动机推力的技术(如第1章提到的喉栓和涡流阀技术),都会碰到上述问题。当主流的有效喉部面积缩小后,燃烧产生的燃气在当前压强下不能完全从燃烧室中排出,不能排出的燃气开始填充燃烧室的空腔,燃烧室压强升高;而对于压强指数为正值的推进剂来说,燃烧室压强升高又会进一步造成推进剂燃速升高,燃气流量增大。这样填充燃烧室的燃气量增大,压强会进一步升高,直到达到新的压强平衡值,使生成的燃气量与从缩小的喉部处可以排出的流量相等为止。从这个过程可以看出,燃烧室压强的升高快慢,即推力调节时间,取决于燃气的回流量和要填充的燃烧室空腔容积大小。如果空腔太大,则压力调节时间会变得不可接受。文献[8,9]对喉栓发动机的研究指出了同样的问题,由于试验发动机的空腔设计不合理,导致压强调节时间达到了1s多,而实际的推力调节时间往往需要控制在毫秒级别。

2.2.2　计算流体方法

计算流体力学方法被证明能很好地模拟流体喉部喷管中的射流作用以及相关的气-液(二次流工质为液体)、气-粒流动现象。对于气-气流体喉部,已有资料表明,与试验值相比CFD模拟的最好精度可以达到1%左右,完全可以用于辅助设计,并且可以仔细研究流体喉部的内部流动。对于圆孔喷嘴的流体喉部喷管模型,根据布局的对称性,可以只计算其中最小对称单位区域内的流场(见图2-9)。采用结构化网格离散计算区域可以达到较高的预测精度并且容易收敛。一种较好的划分网格方法是喷嘴和喷管的计算区域各自用结构网格离散,在喷嘴出口和喷管壁面的网格搭接接面上利用插值法进行数据的传递(见图2-9局部放大图)[10-14]。流体喉部的仿真表明,CFD计算要想获得较高的精度,计算域的三维网格数目一般要达到100万量级,并采用自适应网格加密流场中马赫数梯度较大的地方。

图2-10(a)给出了在网格加密前(粗网格)分别采用$S-A$、$k-\varepsilon$、$k-\omega$湍流模型预测的圆孔喷嘴式流体喷管的扼流性能曲线,并和试验结果进行对比。虽然所有湍流模型的预测值都偏高,但计算结果反映的趋势和试验一致,最大误差约为6.8%。三种湍流模型预测的"流量系数比-流量比"曲线差别很小。

图 2 –10(b)给出了加密后(细网格)$k-\varepsilon$、$k-\omega$ 湍流模型的预测结果,可以看出即使在加密网格后,不同湍流模型的预测值的结果仍基本重合。由于在相同的网格数下,单方程湍流模型的 $S-A$ 湍流模型对壁面附近的网格质量要求低,收敛速度快,因此在实际中可采用 $S-A$ 湍流模型对流体喉部喷管进行参数化研究或辅助设计。我们的研究也表明 $S-A$ 湍流模型确实可以很好反映不同结构喷管的试验规律和性能差别。

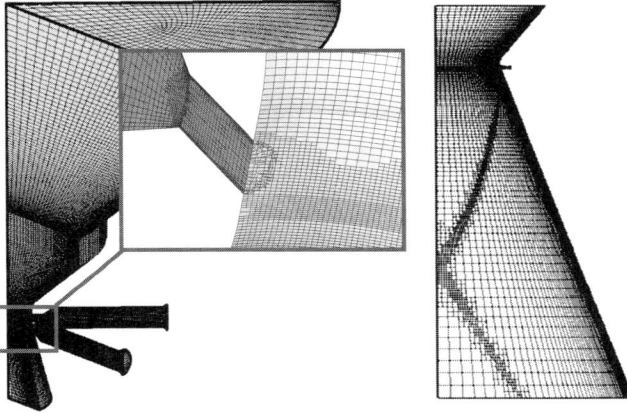

图 2 –9 分析模型及网格

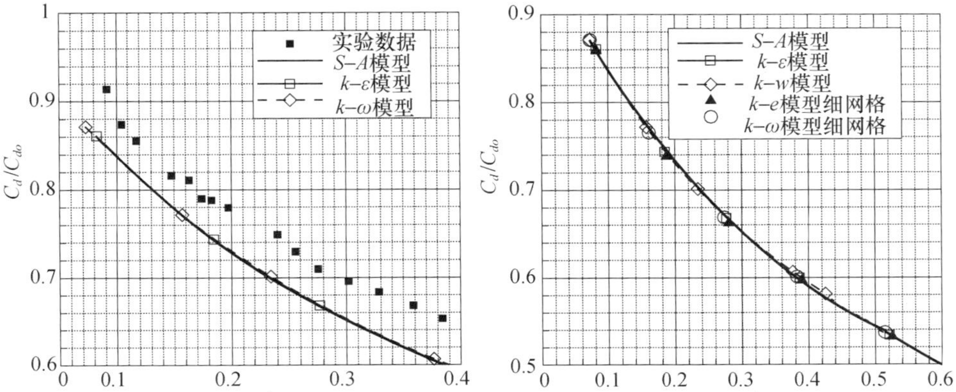

图 2 –10 流量系数比 – 修正流量比曲线

(a)粗网格结果;(b)细网格结果。

这里值得提出的是,在数值模型中通常二次流喷嘴的内壁面粗糙度是按理想情况给定的,并且数值模型中喷嘴出口边缘是光滑的。而实际加工的发动机中,喉部热防护材料有相当的厚度,使得二次喷射孔较为狭长,并且孔的内壁粗糙度较大,会造成二次流喷射工质总压和动量的损失。另外,如果二次流喷嘴出口边缘加工质量差的话,也会造成二次流喷射工质的总压和动量进一步损失。因而通常由计算流体方法预测的二次流的扼流性能会比试验值偏高,表现为流量系数比曲线整体下移,见图 2-10(a)。这在利用 CFD 进行流体喉部喷管设计和性能预示时值得注意,通常要在计算结果上乘以小于 1 的效率因子才能表征实际的情况。

2.3　流动特征

为便于讨论,定义主要的喷嘴参数如图 2-11 所示。

喷嘴的位置用无量纲方法表示为 D_i/D_t,其中:D_i 为喷射孔中心距内喷管喉部的距离,若 D_i 为负,则表示喷射位置位于喉部上游;D_t 为喷管几何喉部的直径。定义二次流与主流的夹角为入射角 α,见图 2-11(b)。

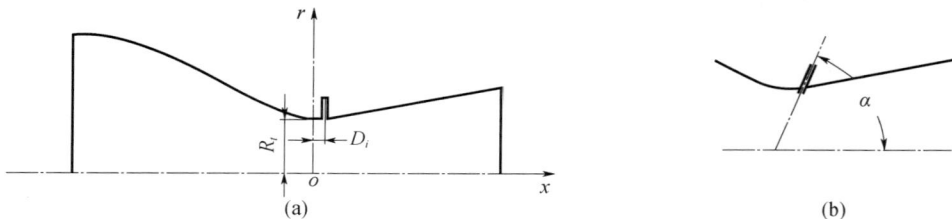

图 2-11　符号定义示意图
(a)距离定义示意图;(b)入射角度定义示意图。

2.3.1　环缝式流体喉部

二次流喷入主流的喷口处存在复杂的流动现象,见图 2-12(a)。二次流喷出后被主流引射往下游喷管出口流动,二次流喷口靠近上游一侧出现二次流流动分离。二次喷口在下游一侧存在回流区(一种附面层分离涡)。在分离涡尾部处开始出现诱导激波。二次流在下游沿着喷管壁面流动与主流逐渐掺混交换能量和动量形成二次流剪切层。另外,原本应该在喷管几何喉部处附近引出的声速线已变为由二次流喷口靠近主流下游一侧开始引出,主流的喉部位置改变。

诱导激波的形成主要是由于流体喉部的形状与几何喷管的形状相比发生了改变。主流在经过流体喉部后,重新按照流体喉部的气动边界开始膨胀;而二次流经过回流区后开始贴合喷管壁面流动,受壁面的约束,二次流和主流的气动边界开始转折为与喷管壁面平行,此时主流的流动方向也要发生改变,从而在回流区之后产生诱导激波。

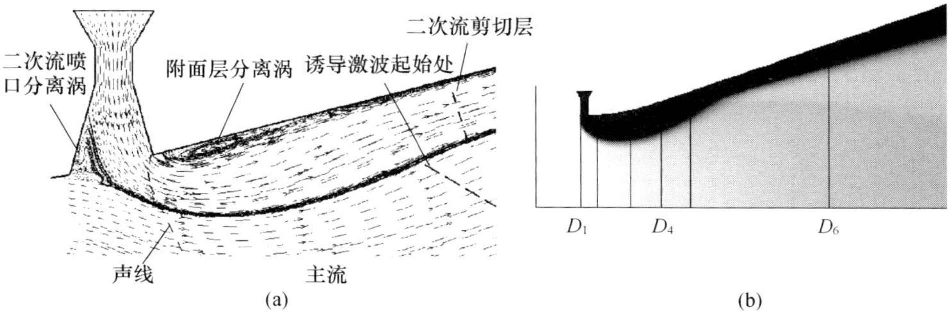

图 2 - 12 气动喉部流动现象

(a)流动特征;(b)剖面位置。

图 2 - 13 对比了喷管中有无二次流喷入时不同截面上的总压比分布图。虚线代表无二次流喷入的情况,二次流/主流的总压比大于 1,$D_1 \sim D_4$ 的截面位置见图 2 - 12(b)。图 2 - 13 的纵坐标为无量纲的径向距离(参考长度 Y_e 为当地壁面点离轴线的高度),黑色圆点表示二次流与主流的交界处,从黑点的相对位置可以看出二次流渗入主流的深度随轴向位置的变化。二次流从喷嘴喷出后往下游流动的过程中,渗入主流的深度先从小增大,然后相对稳定,随后再减小。与无二次流喷入的情况(见图 2 - 13 虚线)相比,二次流喷入时壁面附近的总压损失增加;在二次流与主流作用的剪切层中,二次流总压存在损失并过渡到交界处主流的总压值。

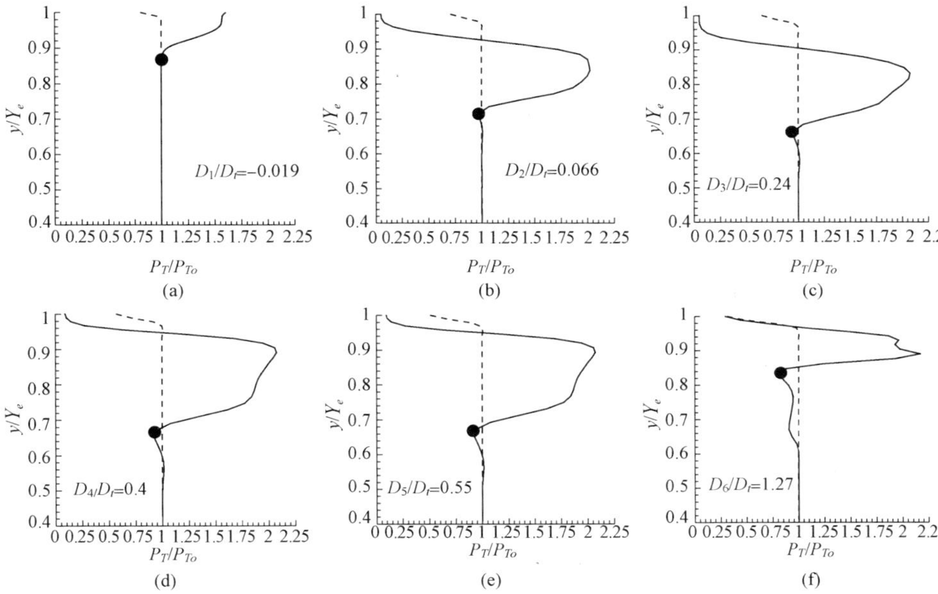

图 2 - 13 不同截面上的总压比分布图

图 2-14 给出了对应图 2-13 中后 3 个轴向位置($D_4 \sim D_6$ 位置)的静压分布图。当有二次流喷入时,3 个位置上壁面附近的压强都比无二次流时的低。而主流中心的压强变化则表现稍微不同,在靠近几何喉部的位置,主流中心的压强比无二次流时的高。二次流喷入后,喷管喉部位置向下游移动,该位置的马赫数减小,压强升高。当过了回流区后,主流中心的压强与无二次流时的相比则减小(注意 D_4 和 D_5 位置为壁面回流区的涡核中心附近)。在回流区里,靠近涡核的地方气流压强变的很低,压强分布呈 λ 形;在回流区之后的地方,静压分布形状与无二次流时的类似,只是静压数值变小。这说明二次流的喷入不仅改变了主流喉部的大小、形状和位置,同时它与主流相互作用重新形成了新的气动扩张段型面。并且在喷管满流状态下,气动扩张型面的扩张比要大于原几何喷管的扩张比,主流在喷管出口处的静压小于无二次流时的情况。实际上气动扩张型面的扩张比会随着总压比的增大而增大,如图 2-15 所示。

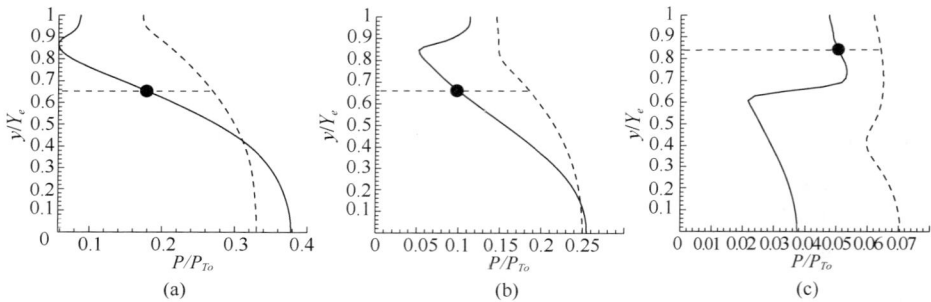

图 2-14 不同截面上的静压分布图

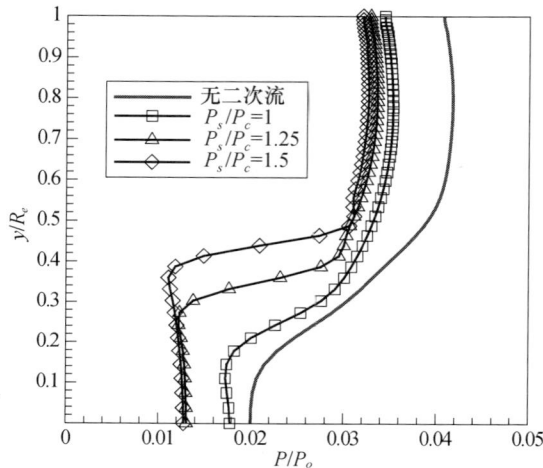

图 2-15 流体喉部喷管出口处的静压分布

2.3.2　圆孔喷嘴式流体喉部

图 2 - 16、图 2 - 17 给出了典型的多喷嘴流体喉部喷管的三维流场特征。随着总压比的升高,二次流在喷嘴出口处的马赫数升高并达到声速状态;二次流渗入主流的深度加大,主流喉道流通面积明显减小,见图 2 - 16。圆孔喷嘴的流体喉部特征与环缝喷嘴的类似:当喷入二次流时,喷嘴位置上游一侧的压强升高,主流在该点基本滞止,压强恢复到与燃烧室内的总压基本一致;经过二次流喷嘴后喷管壁面压强迅速降低,经过调整,扩散段后半截的压强分布与无二次流喷入时的压强分布相似,出口处的静压相比无二次流时降低。不同的是:由于圆孔喷嘴式流体喉部喷管的回流区不是闭合的,压强调整区比环缝喷嘴的要短;并且当二次流喷嘴个数较多时,流体喉部附近的压强调整会呈振荡趋势。另外,由于喷嘴间隙的存在,喷嘴间的二次流存在干涉,射流干涉会在喷嘴间隙面上产生强的压缩波,见图 2 - 17。

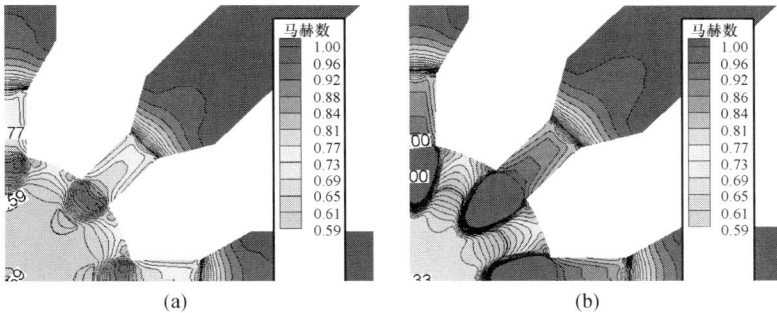

(a)　　　　　　　　　　　　　(b)

图 2 - 16　气动喉部三维流动特征

(a)$P_s/P_c = 1.25 : 1$;(b)$P_s/P_c = 2 : 1$。

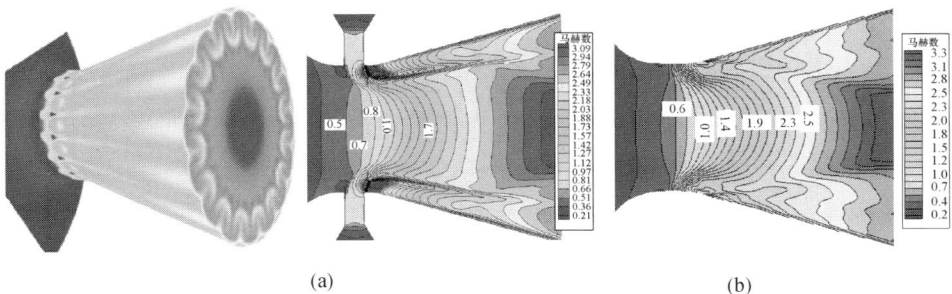

(a)　　　　　　　　　　　　　(b)

图 2 - 17　喷管三维及纵向切面的等马赫数分布

(a)$P_s/P_c = 1.25 : 1$;(b)$P_s/P_c = 2 : 1$。

2.3.3 无量纲喷嘴位置与流体喉部特征的关系

流体喉部的形状、位置与几何喉部相比发生了改变,从而影响了喷管壁面的压强分布和主流在喷管出口的参数。而流体喉部的位置又与喷嘴位置直接相关。一般来说,二次流的无量纲喷射位置 D_i/D_t 在 $-0.6 \sim 0.3$ 时流体喉部特征才会表现明显,该区域对应原几何喷管型面的高亚声速区和跨声速区;如果二次流喷射位置处在喷管的超声速区,并且 $D_i/D_t > 0.3$ 时,二次流对主流的扰动将主要起到激波诱导作用,而起不到喉部面积调节作用。图 2-18 所示为不同二次流喷嘴位置时对应的流量系数比数值。

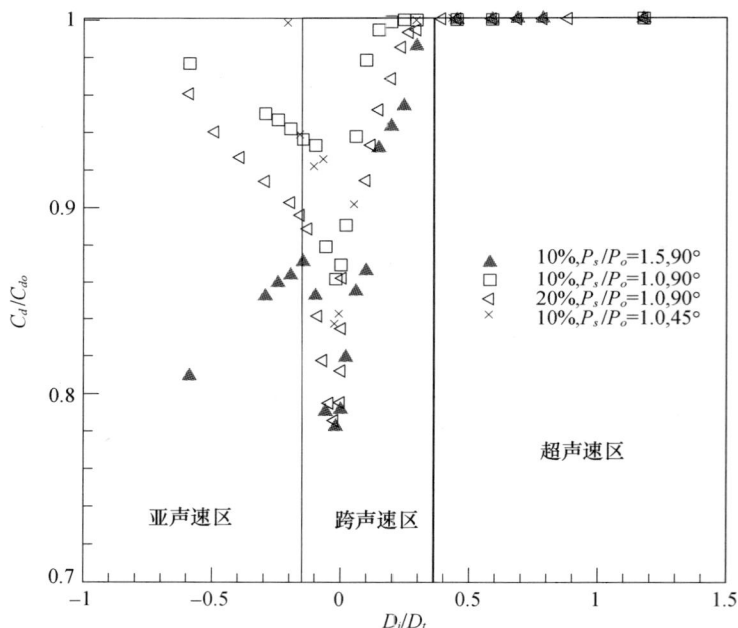

图 2-18 流量系数比与喷嘴位置的关系

二次流喷嘴位置从高亚声速区进入跨声速区时,流体喉部的扼流性能对喷嘴位置会变得很敏感;流量系数比曲线会出现明显的拐点,在靠近几何喉部时,扼流性能迅速增加,并在喷管的几何喉部附近达到最大。喷射参数对上述拐点位置和扼流性能最大的位置也会产生影响。例如,采用小的喷射角度时,最大扼流性能的喷嘴位置会在喷管的几何喉部位置的偏右侧。逆向喷射实际是相当于使垂直喷射情况下的喷嘴位置提前,但是逆向喷射在高亚声速区时的扼流性能下降很快,在左侧拐点之前扼流性能基本为零,有效喉部面积基本未改变。采用大的二次流流量比时,左右两侧拐点位置一般会向几何喉部上下游两侧外移。这是因为二次流流量比增大时,二次流对主流的扰动会增强,流体喉部特征的存在范围增加,有效喉部面积变化范围增大。同理,当二次流的总压比增加时,也会得到相似的变化,稍微不同的是在左侧拐点前的高亚声速区,扼流性能较稳定,并且相对拐点的有效喉部面积变化值也有所增加。

图 2-19 直观地给出了不同的二次流喷射位置下,典型固发喷管喉部附近区域的等马赫数云图和流线图,可以观察到喷管的声速线随二次流喷射位置的改变情况。特别是图 2-19(c)给出了当 $D_i/D_t > 0.3$ 时两个典型位置处的等马赫线图,可以看出在该范围下流体喉部特征已经消失,两个喷射位置不能改变几何喷管声速线的位置。随着喷射点往下游移动,二次流引起的诱导激波强度越强。是否形成流体喉部对喷管出口处的静压分布形状影响也很明显,见图 2-20。当形成流体喉部时,喷管的出口参数与无二次流时的分布类似。当二次流在超声速区远离喉部的位置喷入时,喷管出口存在明显的由激波引起的压强升高区域,与存在流体喉部时的分布情况差别很大。

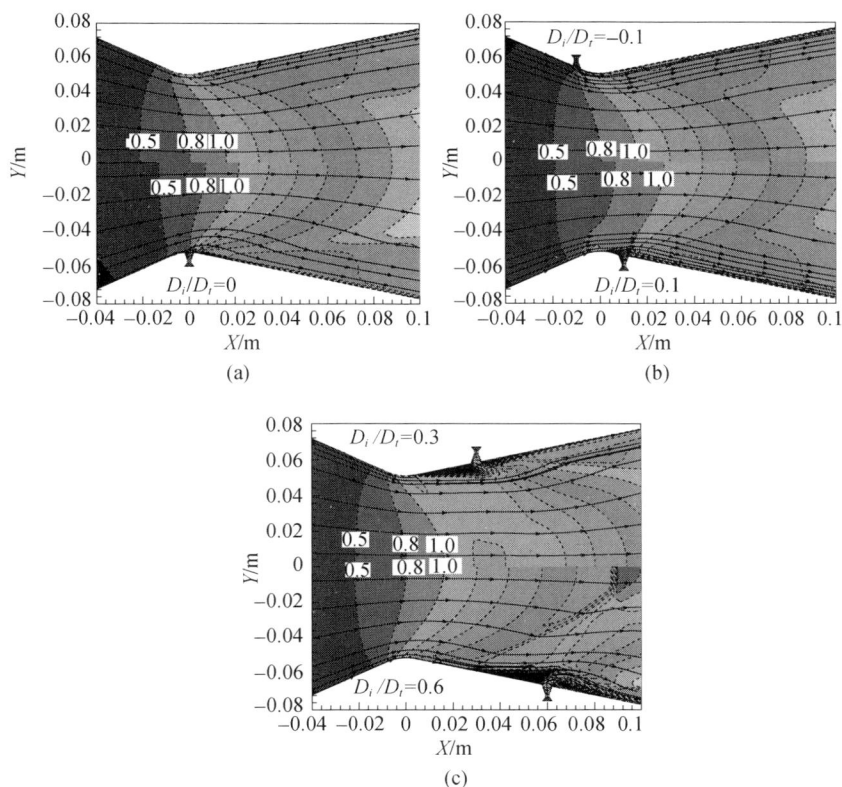

图 2-19 不同喷射位置的等马赫线及流线对照图

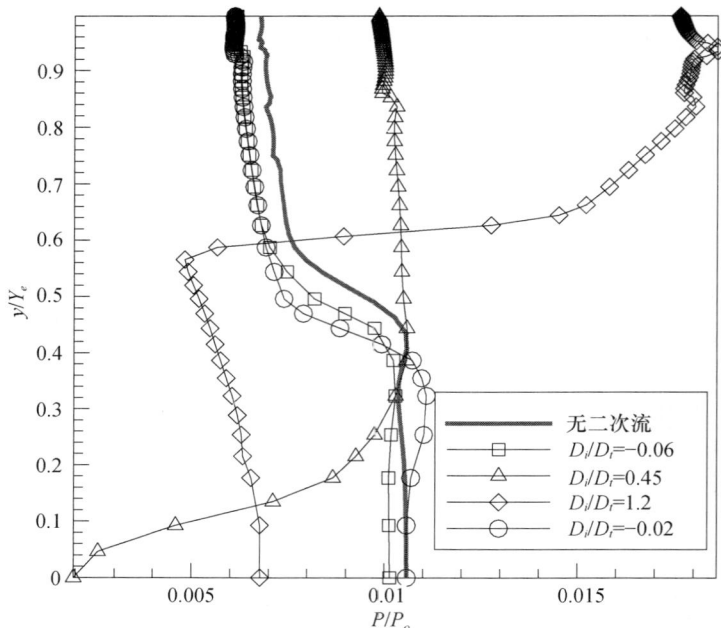

图 2-20　喷管出口截面参数分布图

2.4　二次流流量比与总压比的关系

　　二次流喷嘴的流量关于总压比的曲线是喷嘴的基本特征曲线之一,可为设计、选择喷嘴参数提供基本的数据。图 2-21 为不同二次流喷嘴面积比、喷嘴个数和入射角度条件下二次流喷嘴的流量关于总压比的曲线。当喷嘴位置固定后,有效喉部面积的变化范围主要与二次流/主流流量比有关。图示给出的示例包括喷嘴面积比为 30% 时的环缝喷嘴、喷嘴面积比为 20% 的 8 喷嘴及16 喷嘴的流体喉部喷管。其中,8 喷嘴包括三种布局方案的喷管(具体布局参见 2.7.1 小节)和两种喷射角度 90°及 45°,16 喷嘴包括两种喷嘴构型收缩型和直孔型。

　　放置在喷管喉部处的二次流喷嘴的流量比主要与喷嘴面积比和总压比有关,受喷嘴个数及布局方式的影响较小。不同喷嘴参数一般对应一个总压比阈值。当总压比低于该阈值时,二次流喷嘴的流量比随着总压比的升高基本无明显变化。当总压超过该阈值时,流量比随总压比才逐渐呈线性增加。总压比超过阈值后,要达到相同的流量比,喷嘴面积比越大,所需的总压比就小;在同样的面积比条件下,要达到相同的流量比,收缩型喷嘴所需的总压比也比直孔型喷嘴的小,逆向喷射所需的总压比也比垂直喷射的要小。

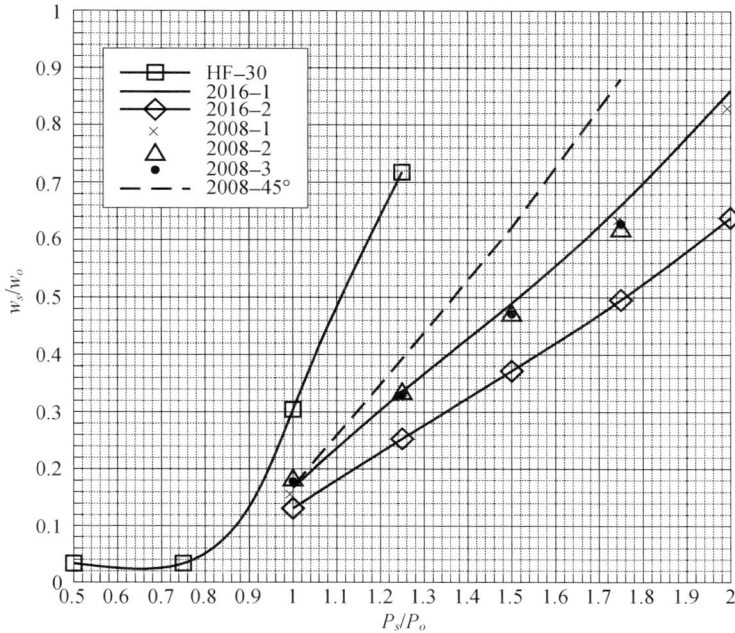

图 2-21　二次流喷嘴的流量比随压比变化的曲线

　　为减轻二次流系统的质量，一般要求在满足最大有效喉部面积变化范围的前提下，二次流系统的总压越小越好。通常就要选择面积比较大的喷嘴，但受烧蚀、结构的力学要求等因素的限制，开孔面积又存在一个上限值，如果开孔过大，烧蚀、受力条件会恶化。因而在喉部开孔的面积比通常有一个合适的上限值，从总体要求出发，喷嘴的面积比一般选在这个上限值附近为宜。在确定喷嘴面积比和喷嘴构型后，根据最大有效喉部面积变化范围要求，由对应喷嘴的流量系数比－流量比曲线可查得所需的最大流量比。根据这一最大流量比，可由图 2-21 的流量比－总压比关系曲线得到设计的总压比。

2.5　二次流参数与有效喉部面积

2.5.1　二次流总温与等效性

　　图 2-22 给出了同一个流体喉部喷管在主流工质为燃气、二次流工质为高压冷气以及主流、二次流均为冷流工质时两种工况下喉部扼流性能曲线对比。图 2-22 中燃气的比热比为 1.2，总温为 2900K，冷气总温为 300K。图 2-22（a）给出的是采用流量比作自变量时的流量比系数曲线。图 2-22（b）则是采用修正流量比作自变量时的曲线。修正流量比 $w = \dot{m}\sqrt{T_c}$（式（2-6）），二次流/

主流的修正流量比 $w_s/w_o = \dfrac{\dot{m}_s}{\dot{m}_o}\dfrac{\sqrt{T_s}}{\sqrt{T_o}}$。

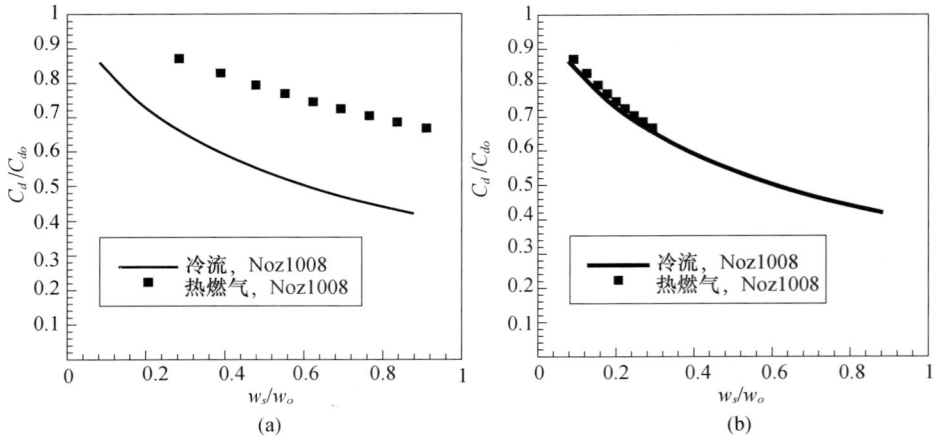

图 2 - 22　两种流量下的基本曲线
（a）流量系数比 - 流量比曲线；（b）流量系数比 - 修正流量比曲线。

从图 2 - 22(a)、(b)的对比可以看出,以流量比作自变量时,热燃气条件下的流量比曲线与冷流时的结果相差很大。但是换成修正流量比作自变量后,虽然主流的工质属性不同,总温不同,但热试条件下的结果与冷流工质时的流量系数比曲线可以很好吻合。这表明使用修正流量可以将冷流时的试验及计算结果推广到不同主流、二次流工质和温度下的工况,这样冷流工况下的结果就会具有一般性。具有一般性结果的意义在于可以减少所要考察的工质参数,并可以缩小研究范围和热试工作量。2.3 节 ~ 2.7 节将统一使用修正流量比作自变量,当主流与二次流的总温相同时,修正流量比才等于流量比。

另外,从修正流量比 - 流量系数比曲线可以知道,在相同的有效喉部面积条件下,虽然不同工质所需的修正流量比相同,但是如果二次流的总温相比主流的总温越高,则所需的质量流量比就越小。所以如果是从减少携带二次流工质质量的角度考虑,应采用高温的燃气作二次流工质。但采用高温燃气作二次流工质时,二次流供给系统的热防护结构质量也会增加,对二次流的阀门要求也会提高,在设计时要综合考虑。

2.5.2　二次流/主流流量比

有效喉部面积变化规律是流体喉部喷管扼流的一般规律曲线。流量系数比 C_d/C_{do} 的变化实际等同于喷管通入二次流前后有效喉部面积的变化,C_d 越小则有效喉部面积越小（见 2.1 节）。图 2 - 23 为不同喷嘴结构形式下流体喉部喷管通入二次流后流量系数比随修正流量比变化的典型曲线。归纳这些流体喉部喷管的流量系数比－流量比曲线可以看出,不同流体喉部喷管的流量系数比－流量比曲线的形状都很相似,有效喉部面积随二次流流量比的增加而不断减小,但减小的趋势在大流量比时渐渐变缓。

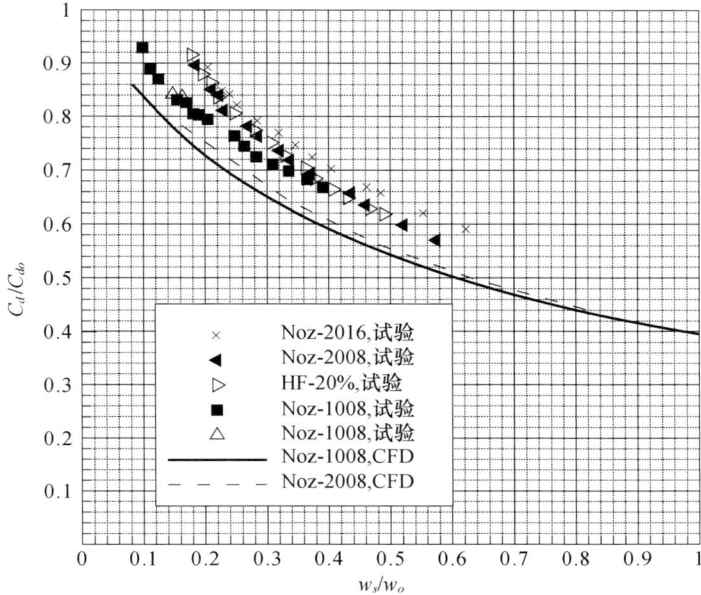

图 2－23　流量系数比－流量比曲线

2.5.3　环缝喷嘴与圆孔喷嘴的比较

环缝喷嘴形式虽然和实际使用的圆孔喷嘴形式在形态上有差别,但它们表现的规律是一致的,因而可以利用环缝喷嘴进行参数化的数值研究和进行喷射参数的优化,研究结果可以给圆孔喷嘴提供参考和指导。从试验数据还可以看出,如果圆孔喷嘴个数选取合理,可以得到和理想情况的环缝喷嘴相同的扼流性能(比较图 2－23 中 HF 喷管和 2008 喷管的数据)。

2.5.4　二次流喷嘴个数

在同等流量比的条件下,圆孔喷嘴式流体喉部喷管的喷嘴个数越多,可以得到越大的喉部面积变化(即更好的扼流性能,见图 2－23 中标号 2008 与 2016 喷管的数据)。这种优势随着修正流量比的增大而越发明显。在修正流量比 <0.2时,两者的扼流性能相当。从另一个角度说,如果在喷嘴面积比一样的条件下,喷嘴个数少的喷管要达到与喷嘴个数多一样的有效喉部面积变化范围,则需要更多

的二次流流量,即二次流系统的总压也要随之增加。这样会造成需要携带的二次流质量和二次流系统的质量增加。

然而在同样的喷嘴面积比条件下,喷嘴个数也并不是设计得越多越好。一般固体火箭发动机的喉衬和绝热层都有相当的厚度,在这样的结构里开孔,孔的长细比一般比液体火箭发动机中的液体燃料喷嘴的要大。二次流在这些狭长的孔中流动,由于摩擦等因素会有较大的总压损失,导致喷入的二次流动量减小,造成固发流体喉部喷管的扼流性能下降。因而在喷嘴面积比一定的条件下,喷嘴的个数需要仔细选择,如同前面论述的那样,实际设计时要综合考虑喷管的局部烧蚀情况、受力情况和扼流性能来选取。

2.5.5　二次流喷嘴面积比

在同等流量比的条件下,采用小面积比喷嘴的流体喉部喷管的扼流性能优于大面积比喷嘴的(见图2-23中标号2008与1008喷管的数据)。但这种性能的提高是通过提高二次流的总压得到的,并且这种优势随着流量比的增加而减小。这是因为对小喷嘴来说要达到与大喷嘴一样的二次流流量,需要更大的二次流总压。这样在同等的二次流量情况下,小喷嘴喷出的二次流动量高,所以扼流性能要好。当流量比 > 0.4 时,两者的扼流性能相当,即总压的影响已变得很小。

实际情况中,要达到相同的流量比,小喷嘴的二次流系统需要提供更大的总压,这样二次流的储箱等部件的质量会大大增加,而所能得到的喉部扼流性能增益又是有限的。从另一个角度说,如果要达到相同的喉部面积变化范围,大喷嘴所要消耗的二次流流量虽然比小喷嘴的要多,但是它所需的系统总压要远小于小喷嘴的情况。因而在实际设计中喷嘴的面积比需要结合二次流系统的质量指标、喉部的烧蚀和受力要求以及推力调节指标共同确定喷嘴的面积比。

2.5.6　二次流喷射角度

采用逆向喷射方式改善流体喉部喷管的性能时,存在一个最优角度;偏离该角度,喷射角过大或过小,流体喉部喷管的扼流性能都会下降。图2-24给出了环缝喷嘴和圆孔喷嘴流体喉部在不同二次流喷射角度后喉部扼流性能的变化。图中的例子包括了4个喷射角度:90°、60°、45°、30°。

从图2-24可以看出,喷射角度从90°减小到45°时(逆向喷射方式),流体喉部喷管的扼流性能增加。但是当喷射角度进一步减小时,如减小到30°时的情况,流体喉部喷管的扼流性能反而会减小。

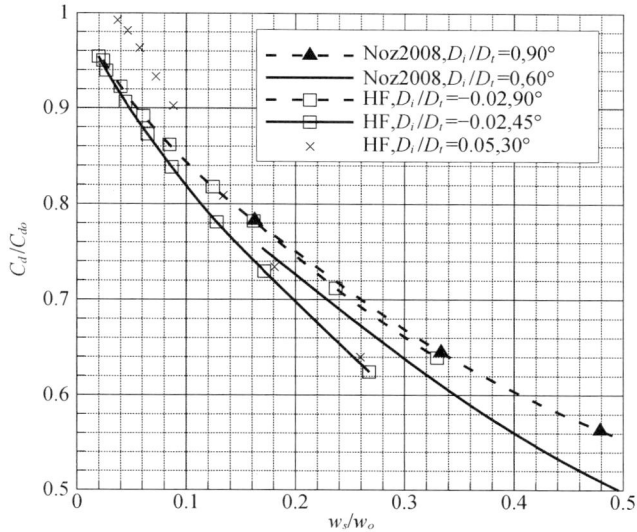

图 2 – 24   不同喷射角度下的流量系数比 – 修正流量比曲线

2.5.7   二次流喷嘴扩张比的影响

二次流喷嘴扩张比为 1 ~ 1.5 时流体喉部的调节能力较好。当扩张比大于 1.5 时,流体喉部调节能力下降。大扩张比喷嘴的流体喉部喷管的扼流性能下降,一个原因是大扩张比喷嘴的出口处分离流动现象严重,二次流的喷射动量减小,因而导致扼流性能降低。图 2 – 25 给出了不同二次流喷嘴扩张比 k_a 时的扼流性能曲线,图示二次流喷射角都为 90°。

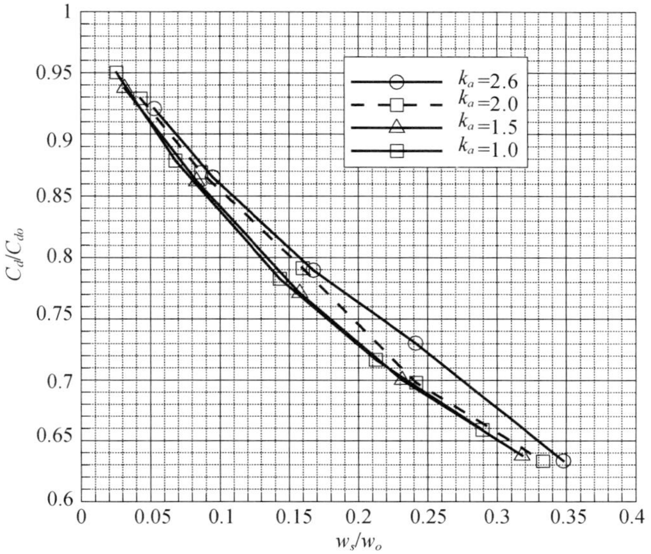

图 2 – 25   流量系数比修正流量比曲线(不同 k_a 值)

喷嘴的扩张比对流体喉部的位置也有一定的影响。即使喷嘴所处位置相同,不同扩张比喷嘴的主喷管声速线位置不同,通常采用大喷嘴扩张比喷嘴时的声速线,与小扩张比时的相比,主流声速线位置会往下游偏移。但与喷射角度和喷嘴位置等参数的影响相比,这种影响较小。喷嘴扩张比在 1～2.6 变化时,流量系数比偏差(有效喉部面积比)仅约 0.04。

2.6　主喷管参数的影响

2.6.1　主喷管收敛段

主喷管收敛段型面,主要是收敛角,对流体喉部喷管扼流性能会有影响。图 2-26 中"喷管 2016"对应某地面热试的流体喉部喷管型面,并以此作为基准型面进行对比。由于固体火箭发动机热防护结构的特点,这里的基准型面收敛段存在于台阶面。基准型面的台阶前后,收敛段的收敛半角都为 50°。"喷管 2016-1"的台阶前收敛半角增大为 75°,而台阶后仍为 50°。"喷管 2016-2"的台阶前后,收敛半角都为 75°。"喷管 2016-2"具有最小的空腔容积,而基准型的空腔容积最大。

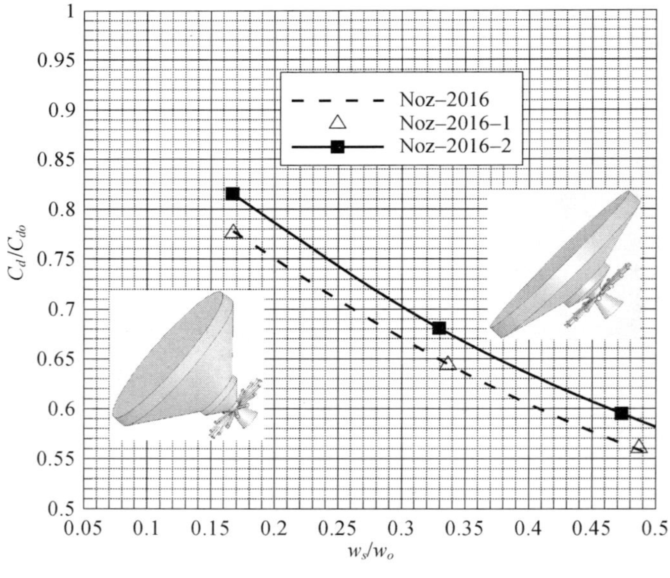

图 2-26　基本曲线

喷管喉部收敛段圆弧中心角的大小,即与喷管圆弧相连接的收敛段的收敛半角,也会影响流体喉部喷管的扼流性能,过大的收敛圆弧中心角会降低扼流性能。因此图 2-26 的性能曲线中基准型面和"喷管 2016-1"型面的扼流性能最好,"喷管 2016-2"型面的扼流性能比前两者差。另外,流体喉部喷管的推力调节响应时间与发动机空腔容积相关,在要求固发推力能迅速响应时,就需要把流体喷管型面设计成具有较小的容积。因此在兼顾响应时间和喷管的扼流性能时可以选择与"喷管2016-1"类似的型面。

2.6.2 反压比

对于扩张比较大的固体火箭发动机喷管,主流的总压/环境压强比(反压比)NPR 对流体喉部的扼流性能影响不大。在一般的固体火箭飞行轨迹包络内,可以不考虑反压对流体喉部喷管扼流性能的影响。只有小扩张比的喷管,如航空发动机喷管,环境反压才会有明显影响。图2-23 给出了典型固发流体喉部喷管在过膨胀状态(NPR=5)与满流状态时(喷管的设计 NPR 约为28)的数据。可以看出,远离喷管设计工况的过膨胀状态的喉部扼流性能(此时喷管出口存在回流)与设计状态下的情况一致,即喷管的扩张段存在回流时,它的扼流性能仍不会降低。

2.7 流体喉部的二次流方案比较

2.7.1 二次流喷嘴的布局方案

一般来说,二次流喷嘴采用径向布局方式较好,而径向对称方式又优于面对称方式。在固体火箭发动机的二次流激波诱导矢量控制的喷嘴布局方案研究中,也有类似的结论。图2-27 以 8 喷嘴流体喉部喷管为例,给出了 3 种喷嘴周向布置方案及对应的性能曲线。这些方案的喷嘴位置相同,喷嘴面积比都为 20%,喷

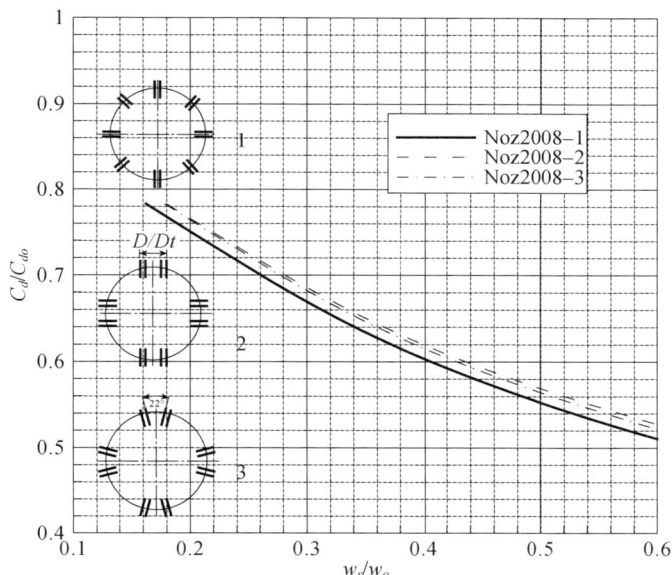

图2-27 三种布局的流量系数比-修正流量比曲线

嘴构型为收敛孔型。其中:方案一是径向对称分布;方案二的喷嘴是垂直轴线呈面对称分布;方案三的喷嘴是径向喷射但呈面对称分布。可以看出,喷嘴布局方案一的扼流性能最好,其次为布局方案三,扼流性能最差的是布局方案二。

2.7.2 无源与有源方案

相同喷嘴面积比条件下,无源方案的扼流性能比有源方案的低。当喷嘴面积比增大时,无源方案与有源方案的扼流性能差距加大。这是因为对于无源方案,二次流的来源来自于主流,这样对于主流来说,它的流通面积还要包括喷嘴的面积。因而二次流喷嘴面积比越大,主流的流通面积也会增加,故无源方案的扼流性能不如有源方案。

使用无源方案的优点是:无需自带额外的二次流,并且二次流系统简单。不足的是二次流总压比无法改变,最大的二次流流量比实际上只取决于最大的喷嘴面积比,所以有效喉部面积的变化范围有一定的限制。

图 2 -28 比较了不同喷嘴面积比时无源方案与有源方案的扼流性能曲线。注意无源方案的二次流总压比始终为 1,因而只能通过喷嘴面积比来调节流量比。图 2 -28(b)还给出了相应无源方案的等马赫数云图。

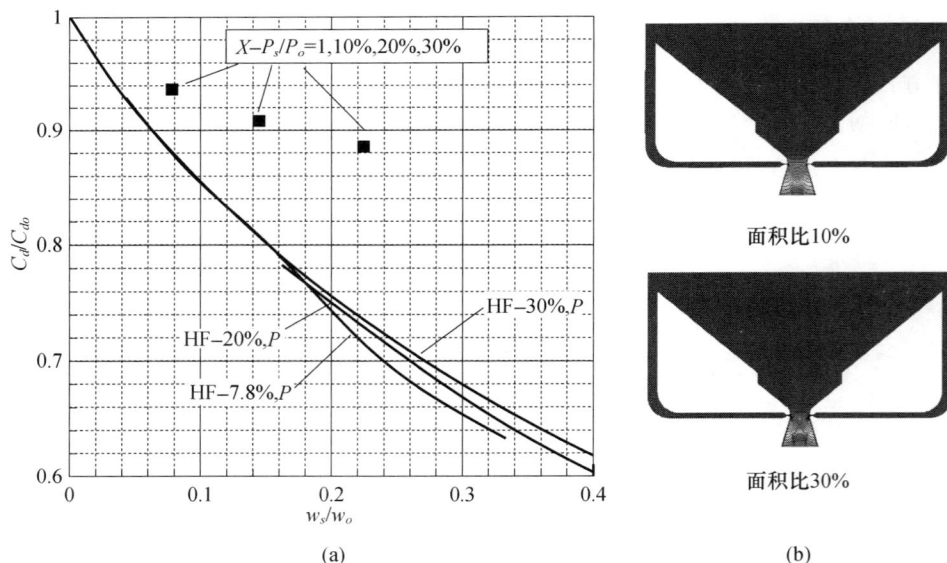

面积比10%

面积比30%

(a)　　　　　　　　　　　　　(b)

图 2 -28　两种方案的流量系数比 -修正流量比曲线

2.7.3 多喷嘴组合方案

多喷嘴方案的扼流性能曲线与单喷嘴的趋势基本一致,但前者的扼流性能稍低于后者。图 2 -29 给出采用多喷嘴组合和单喷嘴情况下的特性曲线,其中:

图 2 – 29(a)给出的是喷管扼流性能曲线,图 2 – 29(b)给出的是两种方案下的喷嘴流量比随总压比的变化曲线。

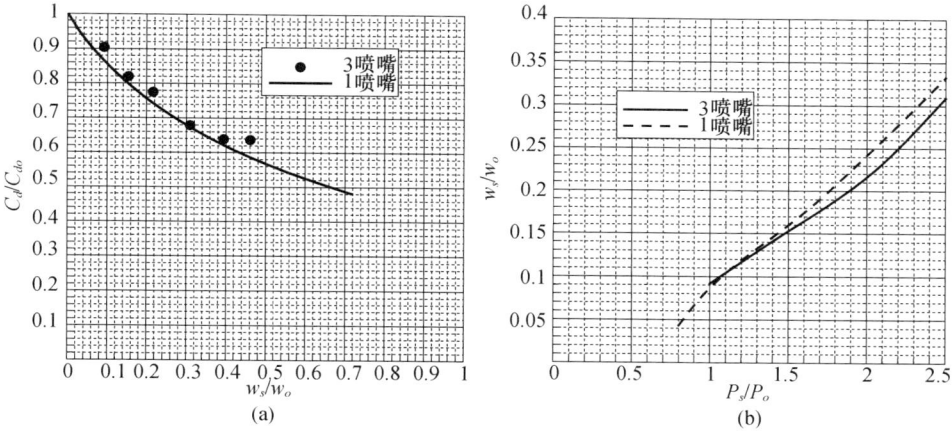

图 2 – 29   流量系数比曲线与喷嘴流量曲线

要达到同样的二次流流量比,多喷嘴方案需要高一些的二次流总压比,采用多喷嘴组合方案没有性能上的优势。多喷嘴方案的喷管扼流性能降低的原因是紧邻的多股二次流射流间存在相互作用,并且射流间存在回流;上述回流区流动细节的增加会使总的二次流动量损失增加,如图 2 – 30 所示。

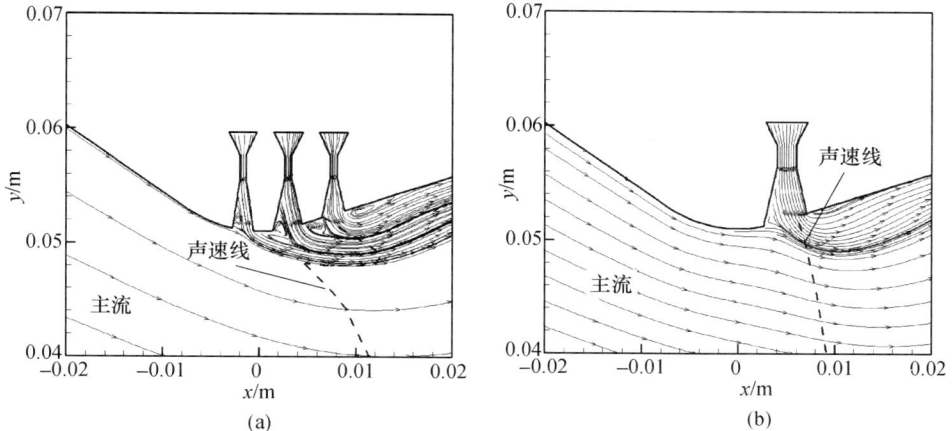

图 2 – 30   两种喷嘴方案的流线图

多喷嘴方案如果采用无源方式和有源方式的结合仍然会有工程价值。一方面,无源式喷嘴可以减少所需携带的二次流流量;另一方面,有源喷嘴可以采用高的总压比来提高有效喉部面积的调节范围,从而克服无源方式总压比不能调节的缺点。从这个意义看,无源喷嘴与有源喷嘴的组合方案在工程应用上仍值得考虑。

本章给出了气-气流体喉部稳态工作下,不同二次流参数、喷管参数对流体喉部流量系数比-修正流量比曲线的影响。其中,流体喉部有效面积最敏感的参数是二次流流量比、二次流总温比、喷嘴个数、喷嘴面积比、喷射角度及喷射位置;其次是主喷管收缩段的收敛角、喷嘴扩张比、布局方案等。而与航空发动机的小扩张比喷管不同,工作时的反压比对固体火箭发动机流体喉部的有效面积影响不大。

参 考 文 献

[1] 黄俊,范存德.固体火箭发动机测试技术[M].北京:航空工业出版社,1989.

[2] Miller D N,Catt J A. Conceptual development of fixed - geometry nozzles using fluidic injection for throat - area control[R]. AIAA Paper 95 - 2603,1995.

[3] McArdle J G. Internal characteristics and performance of an aerodynamically controlled,variable discharge convergent nozzle[R]. NACA - TN4312,1958.

[4] Damiel Y,Miller N,Patrick J Y,et al. Fluidic throat skewing for thrust vectoring in fixed - geometry nozzles [R]. AIAA Paper 99 - 0365,1999.

[5] Baruzzini D,Domel N,Miller D N. Pulsed injection flow control for throttling in supersonic nozzles - a computational fluid dynamics design study[R]. AIAA Paper 2007 - 4215,2007.

[6] 谢侃.固体火箭发动机随控流体喉部的数值和实验研究[D].北京:北京航空航天大学,2011.

[7] 谢侃,刘宇,王一白.圆孔喷嘴形成气动喉部的定常数值研究[J].航空动力学报,2011,26(4): 924 - 930.

[8] 王毅林,何国强,李江,等.非同轴式喉拴变推力固体火箭发动机试验[J].固体火箭技术,2008,31 (1):43 - 46.

[9] 李娟,李江,王毅林,等.喉拴式变推力发动机性能研究[J].固体火箭技术,2007,30(6):505 - 509.

[10] 王福军.计算流体动力学分析[M].北京:清华大学出版社,2004.

[11] 陶文铨.计算流体力学与传热学[M].北京:中国建筑工业出版社,1991.

[12] 郑亚,陈军,鞠玉涛,等.固体火箭发动机传热学[M].北京:北京航空航天大学出版社,2006.

[13] 马铁犹.计算流体力学[M].北京:北京航空学院出版社,1986.

[14] 阎超.计算流体力学方法及应用[M].北京:北京航空航天大学出版社,2006.

第3章 特征函数与喷管效率

3.1 固发流体喉部性能表征与计算方法

3.1.1 特征函数

在介绍流体喉部的特征函数前,需要涉及到以下 3 个特征流量,计算公式为

质量流量

$$\dot{m} = \int_A \rho \boldsymbol{V} \cdot \mathrm{d}\boldsymbol{A} \qquad (3-1)$$

动量流量

$$f = \int_A \rho \, | \, \boldsymbol{V} \, | \, \boldsymbol{V} \cdot \mathrm{d}\boldsymbol{A} + \int_A (P - P_{\mathrm{ref}}) \mathrm{d}\boldsymbol{A} \qquad (3-2)$$

能量流量

$$\dot{m}H = \left(\int_A \rho \boldsymbol{V} \cdot \mathrm{d}\boldsymbol{A} \right) c_p T_c \qquad (3-3)$$

式中:$\dot{m}$ 为工质质量流率;H 为焓;P_{ref} 为参考压强;$\boldsymbol{V}$ 为速度矢量;ρ 为工质密度。另有

$$P_{\mathrm{ref}} = P_{c,m} \left(\frac{2}{\gamma + 1} \right)^{\frac{\gamma}{\gamma + 1}} \qquad (3-4)$$

式中:$P_{c,m}$ 为主流总压;γ 为气体比热比。

这 3 个流量中,很难在没有其他两个流量的情况下区分另外一个变量,所以可以定义由这 3 个流量复合成一个独立变量的函数,以便在喷入不同压力、温度、马赫数等参数下的二次射流时能够方便比较有效喉部面积的大小。在下文中将看到"复合流量函数"是表征流体喉部的一个很好的函数变量,它能使无量纲的有效喉部面积系数函数压缩成为直线形式。复合流量函数 x 定义为

$$x = \sqrt{\frac{f_s}{f_m} \sqrt{\frac{\dot{m}_s (\dot{m}H)_s}{\dot{m}_m (\dot{m}H)_m}}} \qquad (3-5)$$

式中:下标 s、m 分别代表二次流与主流的物理量。

另外,定义有效喉部面积系数函数 y 为

$$y = \left(\frac{\widetilde{A}_t}{A_t} \right)^2 - 1 \qquad (3-6)$$

式中:A_t 为喷管的几何喉部面积;$\tilde{A}_t$ 为流体喉部有效面积。

$x-y$ 曲线就构成了流体喉部的特征函数。

3.1.2 流体喉部喷管推力效率

发动机的推力等于作用在发动机内外表面上压力的合力[1-5]。流体喉部工作时,发动机中的压力分布见图 3-1,取发动机运动方向为正方向。推力大小可由式(3-7)沿所有壁面积分压强得到。与传统的固体火箭发动机不同,从图 3-1 的出口参数可知合推力由两部分气体共同产生:二次流和推进剂燃烧产生的燃气。由压力分布示意图也看出,二次流主要作用在喷管扩张段的壁面上从而贡献推力,燃气则主要是作用在燃烧室头部和喷管收敛段壁面而产生推力。另外,如果是对称喷射的流体喉部,二次流的供给系统由于结构的对称性,对合推力没有贡献。由于研究流体喉部喷管只须建立发动机截面 1-1 到截面 2-2 间的模型。因而可将推力分解为两部分,见式(3-8),分别对应内压在壁面的压强积分 F_{in} 和环境压强在壁面的压强积分 F_b。对于第一部分推力又可分解为两部分,参见式(3-9)、式(3-10),前半部分对应截面 0-0 到截面 1-1 的推力值,后半部分对应喷管模型的内压在壁面的积分。最后环境压强在壁面的压强积分由式(3-12)得到。

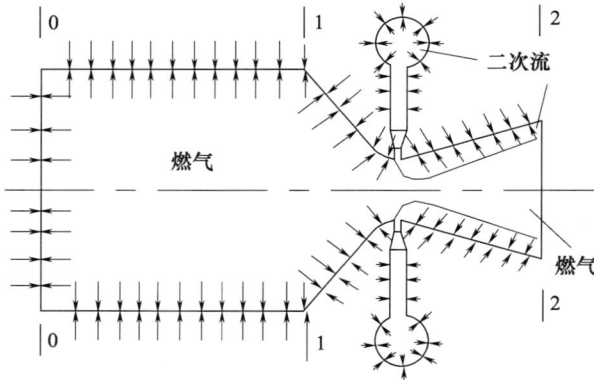

图 3-1 发动机内外表面压强分布示意图

$$F_t = \int_{\text{wall}} P_{in} \mathrm{d}A - \int_{\text{wall}} P_b \mathrm{d}A \qquad (3-7)$$

$$F_t = F_{in} + F_b \qquad (3-8)$$

$$F_{0-1,in} = \int_{1-1} v_x \mathrm{d}m + \int_{1-1} p \mathrm{d}A \qquad (3-9)$$

$$F_{1-2,in} = \int_{1-2} p_{in} \mathrm{d}A \qquad (3-10)$$

$$F_{\text{in}} = F_{0-1,\text{in}} + F_{1-2,\text{in}} \tag{3-11}$$

$$F_b = P_a A_e \tag{3-12}$$

一定流量工质等熵膨胀到环境压强的一维理想推力为

$$F_i = \dot{m} \sqrt{\frac{2\gamma R T^*}{\gamma - 1}\left(1 - \frac{1}{\text{NPR}}\right)} \tag{3-13}$$

$$\text{NPR} = P_c / P_b \tag{3-14}$$

式中:$\dot{m}$ 为工质的流量;γ 为工质的比热比;R 为气体常数;T^* 为气体总温。注意:主流对应的 $\text{NPR}_c = P_c/P_b$,二次流对应的 $\text{NPR}_s = P_s/P_b$。

定义如下两种流体喉部的固发推力效率表征方法,即

$$\eta_1 = F_t / F_{i,o} \tag{3-15}$$

$$\eta_2 = F_t / (F_{i,o} + F_{i,s}) \tag{3-16}$$

式中:F_t 为流体喉部发动机的实际合推力,计算公式见式(3-7)~式(3-12),它包括了主流和二次流两部分的推力;$F_{i,o}$ 为气体工质对应一定流量和 NPR 下的理想推力,下标 o,s 分别表示主流和二次流的工况。

推力效率 η_1 可以方便看出二次流对主推力的贡献和对主流推力的增益;η_2 则可直观表示实际流体喉部喷管的总推力损失。

3.2 流体喉部的特征函数曲线

通常只关注复合流量函数 $x < 1$ 的工况,即二次流的特征流量比主流的特征流量小的工况。图 3-2 给出了相同喷嘴个数但面积比不同时,对应不同复合流量函数 x 的有效喉部面积系数 y。从图 3-2 中可以看出 y 关于 x 可拟合为直线 $y = ax$ 的形式。直线斜率 a 的物理意义为:斜率越大,在相同的复合流量函数值下,有效喉部面积的变化范围越大,二次流在相同的特征流量情况下扼流能力越强;或者要得到相同的有效喉部面积变化范围,所需的 x 值越小,即所要消耗的二次流的特征流量越小。因而可以按上述特征函数形式整理固发流体喉部喷管的热试、冷流试验和数值仿真的结果,并比较拟合直线的斜率,也能方便地得出对扼流性能影响敏感的二次流喷嘴参数。另外,流体喉部特征函数的直线函数形式也便于工程使用和参考,可大大减少试验和数值计算的工况。

比较图 3-2 中喷嘴个数都为 8,喷嘴面积比分别为 10%、20% 的两种情况可知,两者特征函数斜率基本一致,即在相同的喷嘴构型和喷嘴个数条件下,喷嘴面积比对气动喉部特征函数的斜率影响微小。要获得相同的气动喉部面积变化范围,无论是大面积比还是小面积比的喷嘴,都需要消耗同等的二次流特征流量(x 值相同)。不同的是小面积比喷嘴需要比大面积喷嘴高得多的二次流压比才能达到预定的特征流量,即提高二次流的动量流量,这会使二次流供给系统的耐压要求提高,并增加系统质量。这和第 2 章利用"流量系数比 – 修正流量比"

曲线讨论得到的规律实际上是一致的。

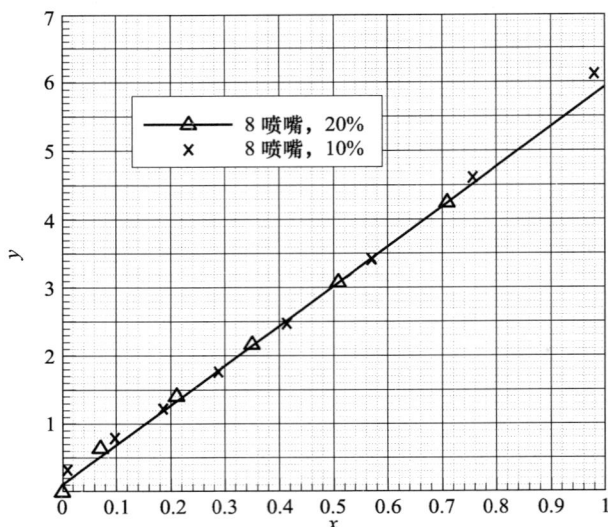

图 3-2　相同喷嘴个数下面积比不同的复合流量函数曲线

图 3-3 比较了面积比为 20% 的收缩型及普通圆孔型喷嘴(见图 2-6)的特征函数曲线。由图可知收缩型喷嘴的特征函数曲线斜率大,流体喉部性能明显优于直孔型喷嘴构型。但在实际选型中,直孔喷嘴具有结构简单、加工方便、受力好等优点仍值得考虑和研究。图 3-3(b)给出了收缩型喷嘴与直孔型喷嘴在同一位置横截面上的等马赫线云图。比较可以看出二次流在两种喷嘴的出口处均达到了声速。但二次流经收缩型喷嘴后渗入主流的深度比普通圆孔的要大,一个原因是狭长的普通圆孔型二次流喷嘴的总压损失较大,这也是图中收缩型喷嘴的扼流性能比直孔型喷嘴要高的原因。

由第 2 章分析可知,采用逆向喷射有助于提高流体喉部的扼流性能。图 3-4 给出的特征函数曲线示例也说明了该问题。图中给出了面积比都为 20%,喷嘴个数为 8,入射角度分别为 90° 及 60° 时流体喉部的特征函数曲线。采用逆向喷射时特征函数曲线的斜率明显增大。

实际上不同喷嘴构型、喷嘴个数、喷嘴面积比以及不同喷管型面参数的流体喉部喷管,在用特征函数表征它的扼流性能时,特征函数曲线都能写成直线形式"$y = ax$"。采用特征函数曲线比较不同喷射参数、结构参数下流体喉部喷管的扼流性能所得到的结论与第 2 章采用"流量系数比 - 修正流量比"曲线来表征流体喉部喷管性能时的结论是一致的。

特征函数曲线和"流量系数比 - 修正流量比"曲线都能用来表征流体喉部扼流性能,虽然前者形式简单,但在设计和工程上使用后者更直观些。因为特征流量比中喷嘴出口的二次流的动量流量一般在试验中较难直接测定,而要应用特征函数曲线设计流体喉部喷管就需要估算不同喷嘴参数和构型下喷嘴出口的动量流量。但在理论分析和初步设计中，特征函数仍是很好的表征方法。表 3-1 给出了对应第 2 章典型方案下的特征函数曲线的斜率，方便工程初步设计查表和插值使用。

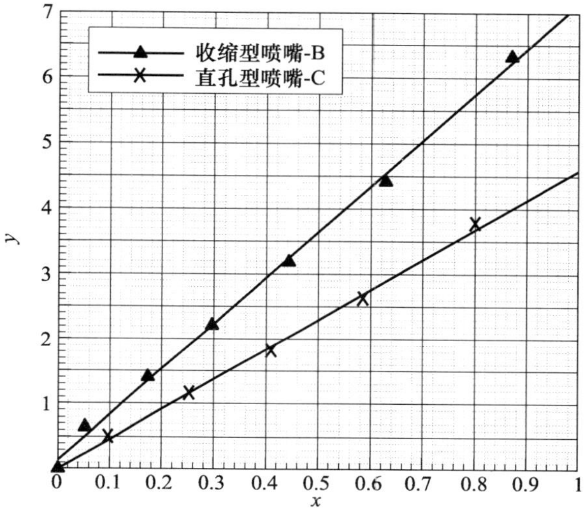

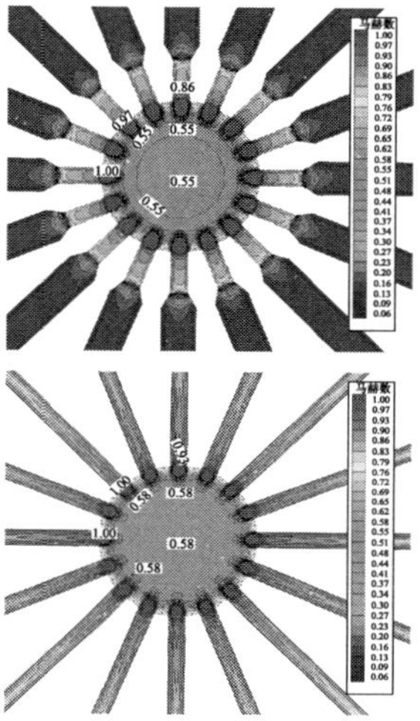

图 3-3　两种喷嘴构型下的特征函数曲线与流场图

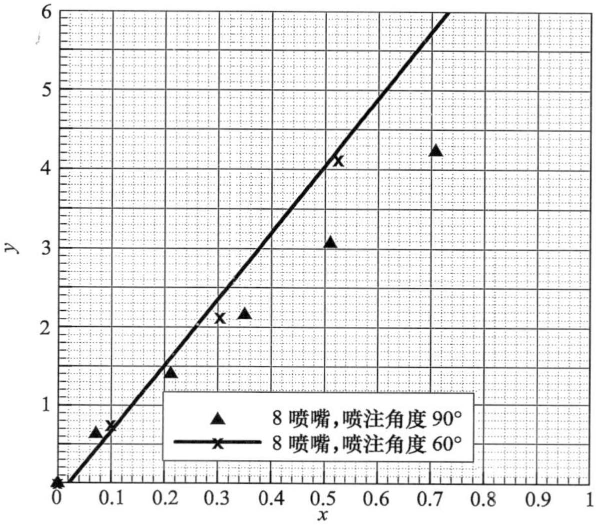

图 3-4　不同喷射角度的复合流量函数曲线

表 3-1　典型流体喉部喷管方案的特征函数斜率 a

喷管	斜率 a	喷射角度	喷嘴构型	喷嘴面积比	喷嘴个数 n	说明
HF	4.96	90°		20%		环缝喷嘴
2008-1	6.19	90°	B	20%	8	喷嘴径向对称分布
2008-2	5.86	90°	B	20%	8	见图2-26
2008-3	6.05	90°	B	20%	8	见图2-26
1008	6.72	90°	B	10%	8	喷嘴径向对称分布
2016	6.01	90°	B	20%	16	喷嘴径向对称分布
2016-T	5.67	90°	C	20%	16	喷嘴径向对称分布
2016-1	5.53	90°	B	20%	16	见图2-27
2016-2	4.52	90°	B	20%	16	见图2-27

3.3　流体喉部喷管的推力效率

3.3.1　推力效率与修正流量比的关系

由于流体喉部喷管调节固体火箭发动机的推力,一方面燃烧室的压力会改变,另一方面新形成的气动扩张型面的扩张比也会与几何喷管的不同。因此即使流体喉部发动机处于几何喷管的设计高度,此时的流体喉部喷管也很难刚好是在设计压比下工作。因而在讨论流体喉部喷管的推力效率时,在一定的压比范围内考察更切合实际情况。图 3-5 ~ 图 3-15 给出了以圆孔喷嘴的流体喉部喷管 1008 为例在不同喷射参数和工况下的两种推力效率曲线,该几何喷管的设计压比为 33.6。推力效率 η_1 和 η_2 的定义见式(3-15)、式(3-16)。

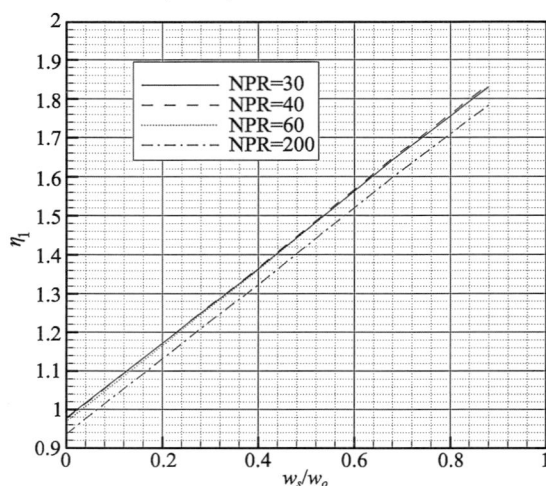

图 3-5　不同反压下的 η_1 -修正流量比曲线

由于 η_1 仅以主流的等熵膨胀推力为参照,因而 η_1 可以大于 1;η_2 是以主流和二次流的总理想推力为参照,η_2 的值小于 1。随着流量比增加,二次流对主流的推力贡献增加,因而 η_1 通常随修正流量比的增大而线性增加,见图 3 – 5。在喷管设计压比附近,η_1 – 修正流量比曲线基本相差不大。当在大工作压比时(如图 3 – 5 中的压比 NPR = 200),由于喷管处在欠膨胀状态,η_1 会下降,但 η_1 – 修正流量比曲线的斜率与在设计压比附近时的斜率相同。图 3 – 6 给出不同压比下 η_2 随修正流量比的变化曲线。当修正流量比在 10% 以内时,η_2 随修正流量比的增加略为增大或基本不变;当修正流量比大于 10%,η_2 随修正流量比的增加开始下降,总推力损失增加。在设计压比附近(图 3 – 6 中 NPR = 30 ~ 60 的情况),η_2 的下降趋势较明显,而在高压比时(NPR = 100 和 200),η_2 的下降趋势变缓。以该流体喉部喷管在 NPR = 30 时的工况为例,当修正流量比为 30% 时,推力效率 η_2 与无二次流时的效率相比会下降约 1.4%,但高压比时则下降不多。

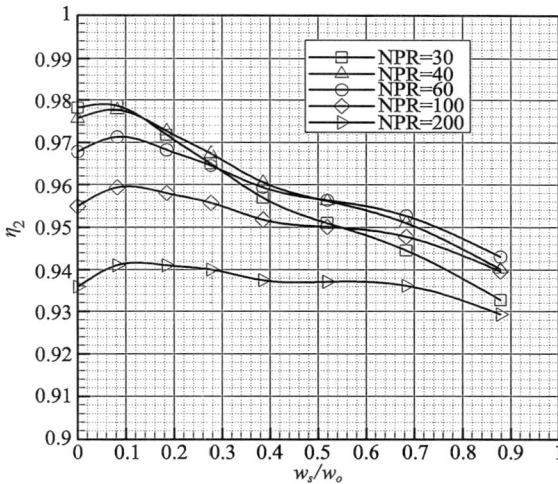

图 3 – 6　不同反压下的 η_2 – 修正流量比曲线

3.3.2　推力效率与压比 NPR 的关系

推力效率在几何喷管的设计压比附近会达到最大值,在远离设计压比的工况下推力效率下降。图 3 – 7、图 3 – 8 分别给出了典型固体火箭发动机流体喉部喷管有无二次流时推力效率 η_1 和 η_2 随压比 NPR 的变化曲线。从图 3 – 8 还可以看出随着修正流量比的增加,η_2 达到最大值时的压比逐渐偏离几何喷管的设计压比并向高压比一侧移动。这是因为流体喉部喷管气动扩张型面的扩张比相比几何喷管的扩张比增大(见图 2 – 15)。

51

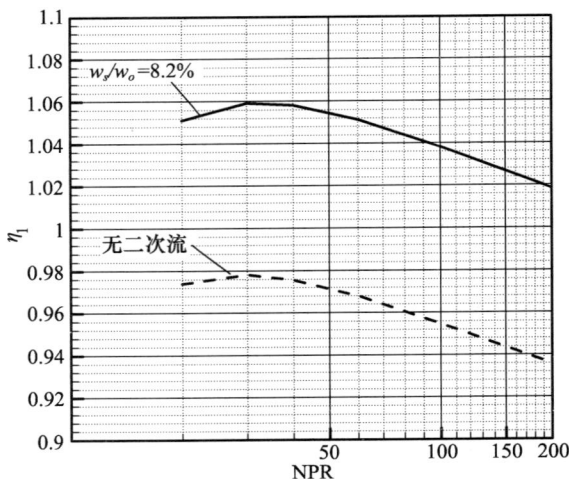

图 3 - 7　有无二次流时的 η_1 - NPR 曲线

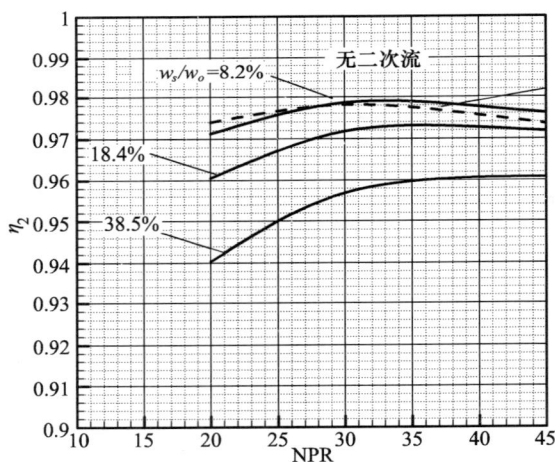

图 3 - 8　有无二次流时的 η_2 - NPR 曲线

　　对小几何扩张比(1.1~1.2)的航空喷管,同样存在类似的规律。图 3 - 9 给出了某小扩张比喷管的推力效率 η_2 随 NPR 的变化曲线,试验工质为空气。试验喷管的设计压比约为 3.3,采用的二次流喷嘴为缝式喷嘴,喷射角度为 60°。虽然试验喷管型面、喷嘴构型都与固体火箭发动机的圆孔喷嘴流体喉部喷管模型不同,但图中给出的推力效率随 NPR 的变化规律与图 3 - 7 中的一致:推力效率在几何喷管的设计压比附近达到最大值,在远离设计压比的工况下效率下降;随着流量比的增加,喷管效率达到最大值的压比,偏离几何喷管的设计压比并向高压比一侧移动。图 3 -9(b)为固定压比条件下,该小扩张比喷管的推力效率

52

随流量比变化的试验曲线和 CFD 结果。图中的推力效率 – 流量比曲线与图 3 – 6 中的规律也一致,即:当流量比在 10% 以内时,η_2 随修正流量比的增加略为增大或下降缓慢;当流量比大于 10% 时,效率随流量比的增加开始下降。

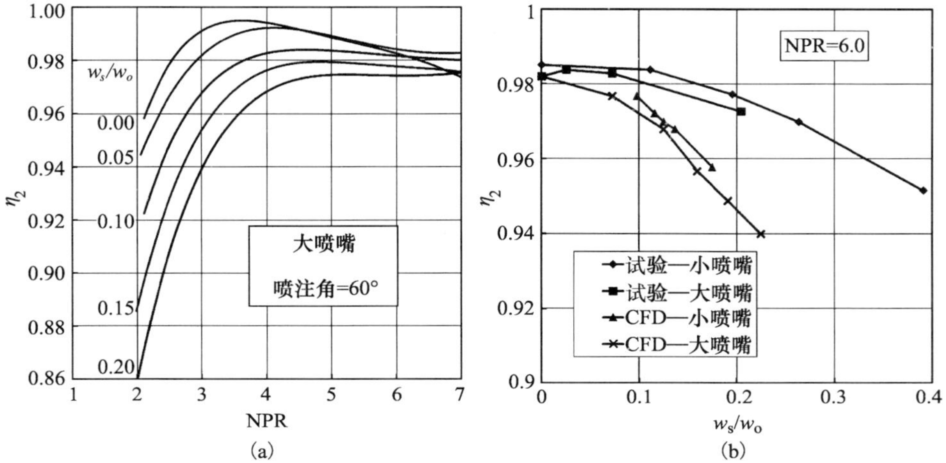

图 3 – 9　小扩张比喷管的试验曲线

(a)推力效率随压比的变化;(b)推力效率随流量比的变化。

3.3.3　推力效率与喷嘴面积比的关系

在相同流量比的条件下,采用大面积比喷嘴的流体喉部喷管的推力效率要比小面积比喷嘴的高,并且喷管效率曲线开始明显下降时对应的二次流流量比也比采用小喷嘴时的大。

图 3 – 10、图 3 – 11 给出了示例喷管 2008、1008 在不同工况下的推力效率,这两个喷管的喷嘴个数相同,但喷嘴面积比不同。从图 3 – 10 看出在设计压比附近,大面积比喷嘴(2008 喷管)和小面积比(1008 喷管)喷嘴喷管的 η_1 – 修正流量比的曲线基本重合,喷嘴面积比对 η_1 的影响不大。

图 3 – 11 为设计压比附近推力效率 η_2 随修正流量比的变化曲线。可以看出在相同二次流流量比的条件下,大面积比喷嘴的流体喉部喷管比小面积比喷嘴的推力效率要高。因而在烧蚀、结构受力允许的条件下,采用大面积比喷嘴的流体喉部喷管不仅可以采用小的二次流总压比,还可以得到高的喷管效率。另外,大喷嘴面积比喷管效率开始明显下降的二次流流量比大约 20% 左右,而小面积比喷嘴在二次流流量比为 10% 时已开始明显下降。

图 3 – 11 中的离散点还给出了固定二次流总压比条件下($P_s/P_c = 1$ 和 1.5),通过改变喷嘴面积比来改变流量比时的喷管效率变化。与通过改变二次流总压比来改变二次流流量比的情况相比,推力效率 η_2 随流量比的变化缓慢得

多。二次流总压比越高,推力效率与无二次流时的情况相比下降越多,说明二次流总压比也是影响流体喉部喷管效率的主要因素。

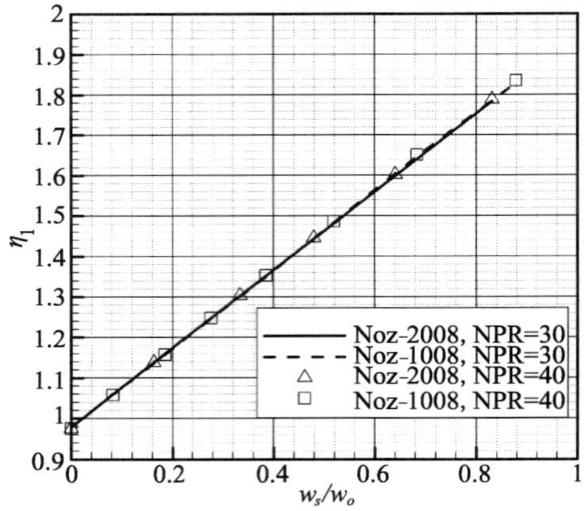

图 3 – 10 不同面积比的 η_1 – 修正流量比曲线

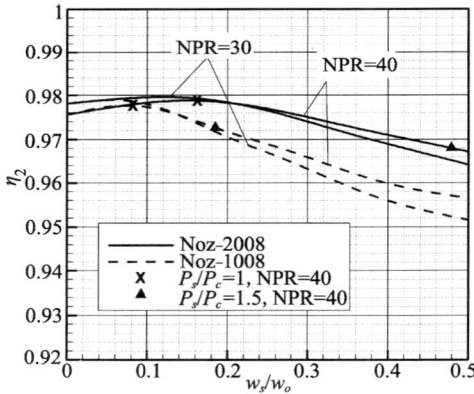

图 3 – 11 不同面积比的 η_2 – 修正流量比曲线

3.3.4 推力效率与喷射角度的关系

采用逆向喷射时,流体喉部喷管的推力效率 η_2 会降低,并且逆向喷射角度越小,喷管的效率越低。图 3 – 12、图 3 – 13 给出示例喷管 2008 分别以 90°、60° 喷入二次流时在不同工况下的推力效率。设计压比附近,喷射角度对 η_1 的影响不大。采用小喷射角度时的 η_2 比大喷射角度情况下的要低。图 3 – 13 中,在几何喷管的设计压比附近,当修正流量比为 30% 时,60°喷射比 90°喷射时的效率低约 0.4%。

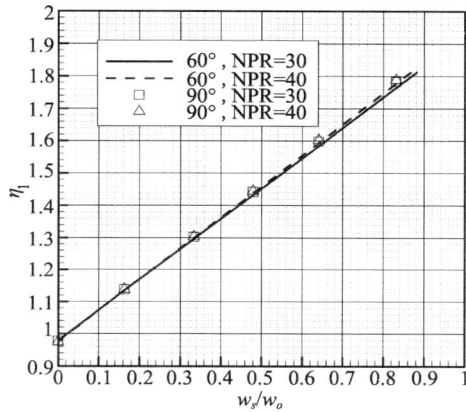

图 3 - 12　不同喷射角度的 η_1 - NPR 曲线图

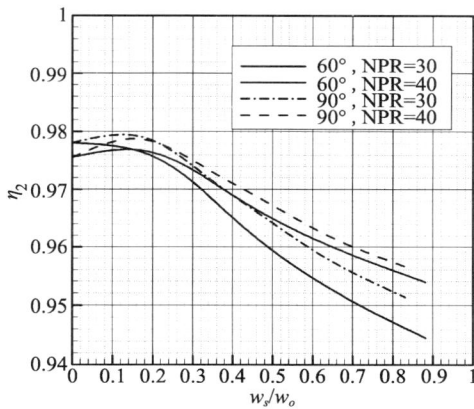

图 3 - 13　不同喷射角度的 η_2 - NPR 曲线

3.3.5　推力效率与喷嘴个数的关系

在修正流量比 <20% 时,不同二次流喷嘴个数的推力效率 η_2 基本相同。在大修正流量比条件下,喷嘴个数越多,喷管效率 η_2 越低,如图 3 - 14 所示。图 3 - 14 对比了设计压比附近,具有相同喷嘴面积比但喷嘴个数不同时 η_2 随修正流量比变化的曲线。

对典型的流体喉部喷管方案,当喷管的有效喉部面积变化在 20% 以内时,喷管的推力效率 η_2 变化不大;当有效喉部面积变化范围超过 20% 时,推力效率 η_2 开始明显下降。一般来说,当有效喉部面积变化为 40% 时,流体喉部喷管的推力效率 η_2 与无二次流时的相比会下降 1% ~2% 之间。图 3 - 15 给出了不同喷嘴面积比、喷嘴个数和喷射角度下,流体喉部喷管的 η_2 与有效喉部面积变化范围($1 - C_d/C_{do}$)的关系曲线。

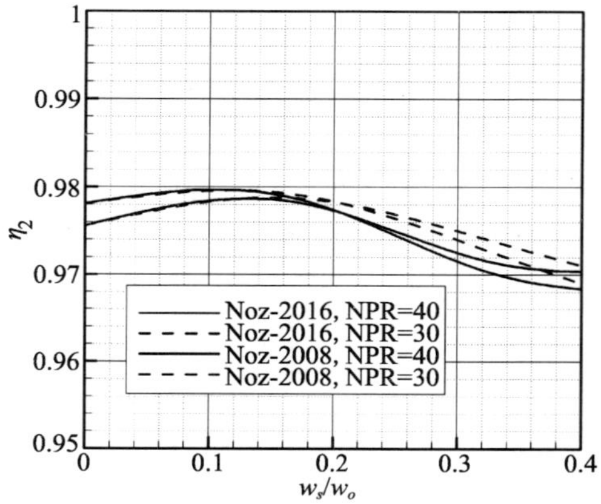

图 3 - 14　不同喷嘴个数的 η_2 - 修正流量比曲线

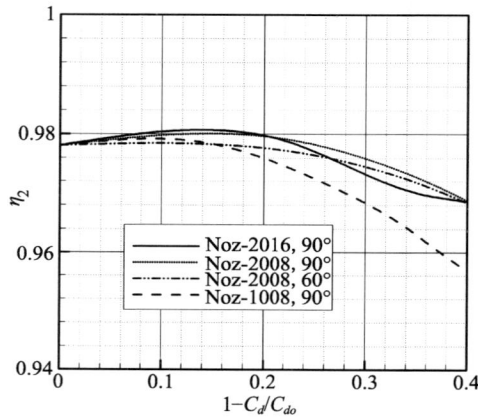

图 3 - 15　不同喷嘴个数的 η_2 - 修正流量比曲线

参 考 文 献

［1］　李宜敏,张中钦,赵元修.固体火箭发动机原理［M］.北京:国防工业出版社,1985:111 - 128.

［2］　张吉瑞,叶庆棠,王天佑,等.固体火箭发动机设计基础(上册)［M］.北京:兵器工业部第二一〇研究所,1982.

［3］　王元有.固体火箭发动机设计［M］.北京:国防工业出版社,1984.

［4］　阮崇智,张扬中,等.固体火箭发动机设计与研究(上)［M］.北京:国防工业出版社,1990.

［5］　陈汝训,李志明,等.固体火箭发动机设计与研究(下)［M］.北京:国防工业出版社,1990.

第4章　气－粒两相流条件
下的流体喉部

4.1　颗粒相对流体喉部的扰动

流体喉部喷管应用在固体火箭发动机上会遇到一个新问题:为提高固体火箭发动机的比冲,往往在推进剂中加入金属粉末;燃气流中颗粒相的存在,会对流体动喉部产生扰动并带来喷管性能的改变。因此在设计一个固发流体喉部喷管时有必要知道气－粒两相流对它性能的影响。

图4－1给出了颗粒相对喷管主流及流体喉部的干扰示意图。颗粒相对主流和二次流的扰动分为两方面:一方面,由于颗粒相的惯性,气相和颗粒相之间存在速度差,通常颗粒相的参数要滞后于气相参数,因而颗粒相会拖曳气相;另一方面,同样颗粒相和气相间还存在温度差,颗粒相的温度要高于气相,所以两相之间还存在热交换。

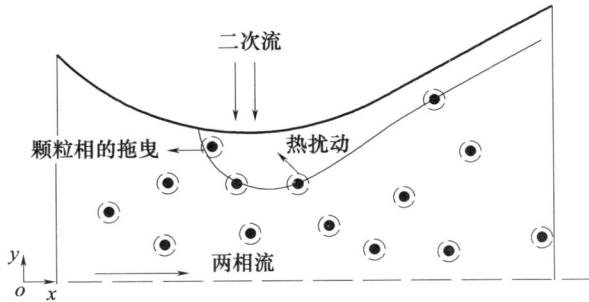

图4－1　颗粒对气动喉部的干扰示意图

颗粒相的上述干扰会造成二次流、主流在喉部处的动量比,进而影响流体喉部的扼流特性。颗粒相对主流的拖曳会使流体喉部处的主流动量变小。虽然二次流贴近喷管壁面流动,颗粒轨迹通常在喉部又开始"颈缩",颗粒相对二次流的拖曳主要集中在流体喉部边缘;但是流体喉部处主流参数的改变,实际也改变了二流喷嘴的喷射环境(如喷嘴的背压),这会影响二次流喷嘴出口的喷射参数,从这个角度看颗粒相参数同时也间接改变了二次流的喷射动量。

4.2 两相流动理论基础与 FLNT – V1.1 分析代码

因为很难单纯从热试结果中把两相流损失与喷管的其他损失,如黏性损失、扩散损失等剥离开来,所以目前分析颗粒相对固体火箭发动机喷管性能的影响主要是利用气 – 粒两相流理论及数值模型进行,然后和热试结果对比确定喷管的气 – 粒两相流损失。

4.2.1 气 – 粒两相流模型

气 – 粒两相流的计算方法可分为颗粒轨道模型(拉格朗日)[1-6]和拟流体(欧拉)模型[7-11]两种方法。两种计算方法的主要差别在对凝相的处理上。前者对颗粒相的计算采用拉格朗日方法追踪颗粒的运动,对颗粒运动的细节比较容易把握,有助于深刻了解两相流场现象,但是随着所计算的颗粒轨道数目的增加,计算量大大增加。后者从宏观的角度将颗粒相视为拟流体,采用和气相类似的方法建立控制方程,求解颗粒相流场。对于拟流体方法,气、粒两相的控制方程是类似的,因而可以在不引进很大计算量的情况下,较好地模拟凝相的湍流扩散。国内外对喷管的两相流计算,多采用颗粒轨道模型,包括美国固体火箭发动机工业界标准程序 SPP[12],这种模型已被证明可以描述固发喷管流场的主要特征,并能较好地预示其性能。

北京理工大学针对固发流体喉部开发了 FLNT – V1.1 分析代码。该代码采用颗粒轨道模型,可以对流体喉部喷管的两相流场进行计算,并对颗粒相对流体喉部喷管性能的影响进行预测。另外,该代码还包含一个一维旋流理想模型,可以分析颗粒相对旋流流体喉部的影响,如涡流阀发动机的情况,这将在本章 4.7 节介绍。

4.3 节 ~ 4.5 节以环缝喷嘴和圆孔喷嘴的流体喉部喷管为例说明颗粒相对固发流体喉部性能的影响。示例中的颗粒相为 Al_2O_3 粒子,颗粒平均直径尺寸为 $1 \sim 10\mu m$,颗粒尺寸分布的范围为 $1 \sim 100\mu m$,颗粒质量分数为 $5\% \sim 30\%$。上述参数是固体火箭发动机中典型的颗粒参数范围。

4.2.2 两相流控制方程

对于固体火箭发动机中的颗粒相,由于含量较少,一般认为是"稀相两相流",可以忽略颗粒所占的容积和对压强的贡献。这里两相之间的相互作用仅考虑阻力和对流换热,没有质量交换。两相流和壁面之间也没有质量交换,壁面绝热。另外,在喷管中不考虑颗粒的相变,认为颗粒为固态。

上述假设下,耦合颗粒相源项的二维 N – S 方程组为

$$\frac{\partial U}{\partial t} + \frac{\partial E}{\partial x} + \frac{\partial F}{\partial y} = \frac{\partial E_v}{\partial x} + \frac{\partial F_v}{\partial y} + \boldsymbol{S}_p \qquad (4-1)$$

式中：$\boldsymbol{S}_p$ 为气体 – 颗粒作用源项。其表达式为

$$\boldsymbol{S}_p = \left\{ \begin{matrix} 0 \\ S_u \\ S_v \\ S_e \end{matrix} \right\} \qquad (4-2)$$

$$S_u = \sum_k \dot{n}_k \big[(m_p u_p)_{\text{in}} - (m_p u_p)_{\text{out}} \big] / \Delta V$$

$$S_v = \sum_k \dot{n}_k \big[(m_p v_p)_{\text{in}} - (m_p v_p)_{\text{out}} \big] / \Delta V$$

$$S_e = \sum_k \dot{n}_k \left[m_p \left(h_p + \frac{u_p^2 + v_p^2}{2} \right)_{\text{in}} - m_p \left(h_p + \frac{u_p^2 + v_p^2}{2} \right)_{\text{out}} \right] \Big/ \Delta V \qquad (4-3)$$

式中：$\dot{n}_k$ 为粒子数通量；m_p 为单个颗粒的质量；u_p 和 v_p 分别为颗粒在 x 和 y 方向上的速度分量；k 为粒子分组；下标 in 代表网格入口；out 代表网格出口；ΔV 为单元网格体积。

耦合颗粒相源项的三维 N – S 方程组可由二维方程推出。离散相颗粒的轨道则通过积分拉氏坐标系下的颗粒作用力微分方程来求解得到。颗粒的作用力平衡方程，即颗粒相的动力学描述方程为：颗粒惯性 = 作用在颗粒上的各种力。以 x 方向的分量形式为例（其余方向的分量类似），在笛卡儿坐标系下的形式为

$$\frac{\mathrm{d}u_p}{\mathrm{d}t} = F_D(u - u_p) + \frac{g_x(\rho_p - \rho)}{\rho_p} + F_x \qquad (4-4)$$

式中：$F_D(u - u_p)$ 为颗粒的单位质量曳力。其表达式为

$$F_D = \frac{18\mu}{\rho_p d_p^2} \frac{C_D Re}{24} \qquad (4-5)$$

式中：u 为流体相速度；u_p 为颗粒速度；μ 为流体动力黏度；ρ 为流体密度；ρ_p 为颗粒密度；d_p 为颗粒直径；Re 为相对雷诺数（颗粒雷诺数），其定义为

$$Re = \frac{\rho d_p |u_p - u|}{\mu} \qquad (4-6)$$

式（4 – 5）中系数 C_D 的计算方法见文献[1 – 6]。颗粒相的动力学方程中 F_x 表示为其他的力，这些可能的力有附加质量力、热泳力、布朗力、Saffman 升力等，视具体模拟问题的需要可在方程中添加。在固体火箭发动机的两相流模拟中，一般只考虑气相对颗粒的拖拽力即可。

流体喉部喷管两相流场的计算区域和网格同第 2 章。气相方程中的对流项采用二阶迎风格式离散，湍流模型仍采用 S – A 湍流模型。二次流喷嘴及喷管的入口处给定气体总温和总压，喷管右侧边界为压力出口边界条件，壁面为绝热

无滑移条件。另外,喷管进口处还需给定颗粒相的质量流量、温度和颗粒直径分布。计算过程中,颗粒到达固体壁面,则假设完全反弹;颗粒到右侧边界,则离开计算区域。

4.2.3　喷管损失与校核算例

影响喷管效率的主要因素是燃气性质、组分及喷管的结构形状。固体火箭发动机喷管的损失包括化学动力学损失 η_k,边界层损失 η_B,两相流损失和扩散损失 η_{TD},喷管潜入损失 η_s 以及喷管烧蚀损失 η_E。因而喷管的实际推力系数为

$$C_F = \eta_{CE} \times C'_F$$

式中: C'_F 为理论推力系数; η_{CE} 为喷管效率系数。 η_{CE} 可表示为

$$\eta_{CE} = 1 - (\eta_K + \eta_B + \eta_{TD} + \eta_S + \eta_E)$$

喷管的两相流和扩张损失 η_{TD} 是上述所有损失中最主要的。美国固体火箭发动机工业界标准程序 SPP 主要通过喷管两相流场的数值模拟来预测两相流损失和喷管扩散损失,其他损失则使用经验公式预测。校检算例的目的主要是检验采用的数值模型及代码预测固发喷管两相流和扩张损失的相对精度。

两相流损失主要和颗粒尺寸、质量百分数有关。校检算例中的 Al_2O_3 颗粒直径采用 SPP 经验法中的经验公式,即

$$D_p = 9.3722 D_t^{0.2932} (1 - e^{0.0816 \times 10^{-5} \xi \tau}) \tag{4-7}$$

式中: P_c 为燃烧室压强; D_t 为喷管喉径; ξ 为 Al_2O_3 粒子摩尔分数(mol/100g); τ 为 Al_2O_3 粒子在燃烧室内平均滞留时间。

以下采用开发的 FLNT – V1.1 代码分别对美国的 AM 发动机和法国的 SEP 发动机进行性能预示,并与试验结果及其他的预示结果进行比较。

一、AM 发动机预示结果

AM 固体火箭发动机是美国海军武器中心提供的,其喷管型面如图 4 – 2(a)所示,其坐标采用与喉部半径 R_t 的比值进行无量纲。喷管型面由三心圆弧收敛段(入口段圆弧半径为 14.478mm、喉部曲率半径为 53.086mm)和锥形扩张段(扩张半角 19.7°)组成。喷管初始扩张比 103.2,燃烧室平均压强 5.04MPa,推进剂为铝粉含量 16.4% 的丁羟推进剂,推进剂燃速为 6.25mm/s,工作时间为 33.12s。发动机试验前、后的喷喉直径分别为 51.708mm 和 53.374mm。该喷管是一潜入喷管,其潜入深度 44.45mm。发动机试验真空比冲 2874.5N·s/kg。

根据式(4 – 7)计算了对应颗粒尺寸为 2.48~2.95μm 时[5] AM 发动机的两相流场。图 4 – 2 给出了 $d_p = 2.95$μm 的等马赫线图和颗粒轨迹图,并和纯气相条件下的流场图进行了对比。由于颗粒相的扰动,喉部处的声速线位置相比纯

气相条件下的位置向下游移动。另外,由于颗粒相的惯性,颗粒轨迹在喷管喉部有"颈缩"现象,并存在极限颗粒轨迹。

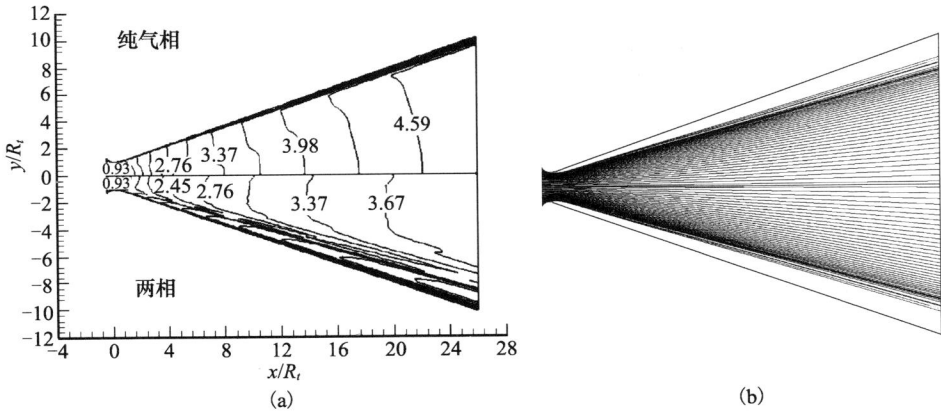

图 4 - 2 $d_p = 2.95\mu m$ 时的流场图和颗粒轨迹图

FLNT - V1.1 代码预测得到的两相流和扩张损失列于表 4 - 1(其他损失值与 SPP 的预测结果一致)。为便于比较分析,表中一并列出了德国 BC、美国 SPP、意大利 SNIABPD、法国 SEP、英国 RO、法国 Aerospatile、德国 Landsbaum、意大利 SBS 等软件的预示结果。从表中可以看出所有预测软件预测的 AM 发动机固发喷管的两相流损失和扩散损失占总损失的百分比在 67.45% ~ 82.5% 间,说明两相流和扩散损失占总损失的绝大部分,因而能否预测好两相流和扩散损失是准确预测喷管效率的关键。其中,SPP、四院的软件都采用的是流场模拟方法进行两相流损失和扩散损失的预测,这比用经验方法预测的相对要准确些。SPP 预测的两相流和扩散损失值为 234.3,四院的预测值为 239.3,而本模型的预测值为 223.1 ~ 233.74(对应的颗粒尺寸范围 2.48 ~ 2.95μm[5])。

表 4 - 1 AM 发动机比冲的预示结果

项目	德 BC	美 SPP	意 SN IA BPD	英 RO	法 Aerospatile	意 SBS	四院[5]	FLNT
真空理论比冲	3177.35	3183.5	3185.2	3185.2	3185.2	3185.2	3185.4	3187.39
扩散损失	95.12	234.3	208.88	284.39	237.6	93.33	239.3	223.1 ~ 233.74
两相流损失	100.02					113.27		

项目	德 BC	美 SPP	意 SN IA BPD	英 RO	法 Aerospatile	意 SBS	四院[5]	FLNT
边界层损失	68. 65	20. 27	20. 13	29. 32	29. 32	50	24. 2	
化学动力学损失	0	24. 49	20. 45	0	7. 35	16. 08	15. 6	
喷喉烧蚀损失	10. 79	8. 74	7. 84	0	9. 81	7. 96	7. 14	采用 SPP 中的经验公式预测
喷管潜入损失	14. 71	19. 99	20. 83	0	24. 22	20. 69	22. 55	
特征速度损失	0	6. 84	15. 93	30. 99	0	0	0	
总损失	289. 29	314. 63	294. 06	344. 7	308. 32	301. 33	308. 79	
预示比冲	2888. 1	2868. 9	2891. 1	2840. 5	2876. 88	2883. 87	2876. 6	
（两相流损失＋扩散损失）/总损失	67. 4%	74. 5%	71. 0%	82. 5%	77. 1%	68. 6%	77. 5%	74. 1%

二、SEP 发动机预示结果

SEP 固体火箭发动机是法国 SEP 提供的,喷管型面如图 4 - 3 所示。喷管收敛段为锥形,收敛半角为 45°,喷喉上游曲率半径为 30. 75mm,喷喉下游型面是特型扩张段。发动机试验前后喷喉半径分别为 20. 5mm 和 21. 075mm,喷管出口半径为 158. 85mm。燃烧室压强为 7. 34MPa,推进剂铝粉含量为 20%。该发动机基于试验的真空比冲为 2909. 63N·s/kg。

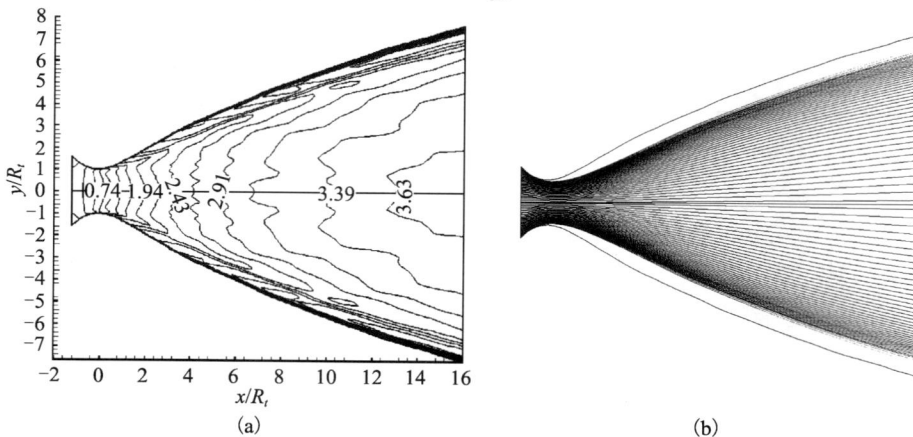

图 4 - 3　$d_p = 2.5\mu m$ 时的流场图和颗粒轨迹图

根据式(4-7)计算了对应颗粒尺寸为 $2\sim2.5\mu m$ 时 SEP 发动机的两相流场。图 4-3 给出了 $d_p=2.5\mu m$ 的流场图和颗粒轨迹图,得到的流场规律与 AM 发动机的情况相似。

本模型连同其他软件预测的发动机的理论真空比冲和各项损失列于表 4-2 中。从表中可以看出各软件预测的该发动机的两相流损失和扩散损失占总损失的比例在 64.91%~86.92% 间,仍是占总损失的绝大部分。其中,SPP 预测的两相流和扩散损失值为 249,四院的预测值为 273.11,而本模型的预测值为 258.24~274.63(对应的颗粒尺寸范围 $2\sim2.5\mu m^{[5,6]}$)。

表 4-2 SPE 发动机比冲的预示结果

项目	德 BC	美 SPP	意 SN IA BPD	英 RO	法 Aerospatile	意 SBS	四院	FLNT
真空理论比冲	3194.03	3186.5	3185.2	3185.2	3185.2	3190.1	3193.11	3193.11
扩散损失	94.14	249.00	269.00	232.42	241.24	83.94	273.11	258.24~274.63
两相流损失	99.05					122.68		
边界层损失	62.76	37.3	25.99	39.23	35.3	93.46	26.45	采用 SPP 中的经验公式预测
化学动力学损失	4.9	8.33	14.32	0	6.96	14.32	11.01	
喷喉烧蚀损失		1.87	3.92	0	4.41	3.92	3.62	
喷管潜入损失	0	0	20.83	0	24.22	20.69	22.55	
特征速度损失	0	1.27	0	40.21	0	0	0	
总损失	260.85	297.77	313.23	344.7	287.91	318.32	314.21	
预示比冲	2933.18	2888.7	2876.87	2882.16	2898.66	2871.78	2878.9	
(扩散损失+两相流损失)/总损失	74.1%	83.2%	85.9%	67.4%	83.8%	64.9%	86.9%	87.0%

以上两个校检算例的计算表明,北京理工大学开发的 FLNT-V1.1 代码预测喷管的两相流和扩散损失的精度与美国工业界 SPP 软件的精度相当。4.3 节~4.5 节中利用该代码预测两相流条件下流体喉部喷管性能的改变。

4.3　颗粒尺寸的影响

颗粒相对流体喉部存在扰动,扰动的结果使两相流条件下流体喉部喷管的"流量系数比 – 流量比"曲线偏离纯气相时的结果。在修正流量比范围 0% ~ 40% 和颗粒相含量 5% ~ 30% 范围内,流体喉部喷管的流量系数比与纯气相时相比,偏差 $\Delta(C_d/C_{do})$ 一般在 ±4% 内。$\Delta(C_d/C_{do})$ 的数值跟颗粒相的尺寸、含量和修正流量比都有关。当颗粒尺寸比较小时,流体喉部的扼流性能曲线与纯气相时的差别不大。当颗粒尺寸增大、颗粒含量较大时,两者相比会有明显的偏离。对于圆孔喷嘴的流体喉部喷管,修正流量比越大时,这种偏差也有增大的趋势。因而在两相流条件下设计流体喉部喷管时,应视具体情况需要对使用的纯气相时的试验、理论计算数据进行修正,或者留出余量。

4.3.1　环缝喷嘴算例

图 4 – 4 给出了某环缝喷嘴流体喉部喷管的流量系数比 – 修正流量曲线。两相流条件下的修正流量比定义和纯气相条件下的相同,见式(2 – 6);只是式中主流的流量 $\dot{m}_o$ 包含颗粒相的流量,即 $\dot{m}_o = \dot{m}_g + \dot{m}_p$,式中:$\dot{m}_g$ 为主流中气相的流量。示例中二次流工质为高压冷气,主流为燃气,喷嘴面积比为 15% ,颗粒相的质量含量 f 固定为 20% ,颗粒尺寸为单一尺寸。

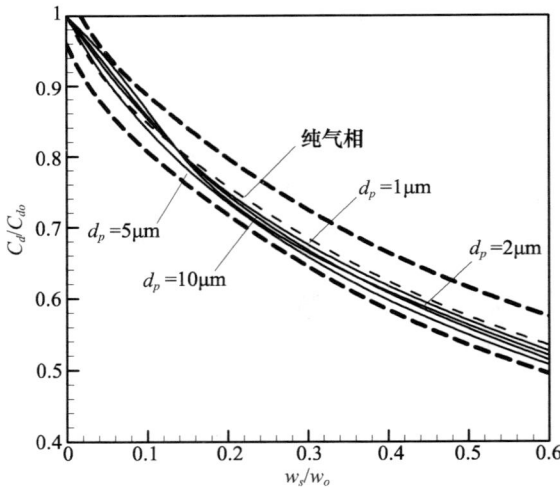

图 4 – 4　流量系数比 – 修正流量比曲线

两相流条件下环缝喷嘴流体喉部的流量系数比 – 修正流量比曲线与纯气相条件下的趋势基本一致。当颗粒相平均直径 $d_p = 1\mu m$ 时,曲线与纯气相条件下的基本重合;但随着颗粒尺寸的增大,曲线有偏离纯气相时的情况。因而在颗粒相平均尺寸较小时,纯气相下得到的试验和计算结果仍可以用来预估两相条件下的情况。但是当颗粒尺寸较大时,在设计中,需要对纯气相时的值进行一定的修正或给出一定的余量(参看图4-4中的粗虚线)。

图4-5进一步给出了不同二次流修正流量比下,流体喉部喷管的流量系数比C_d/C_{do}值随颗粒尺寸变化的曲线。可以看出流量系数比偏差的趋势大致相同,即首先随颗粒尺寸的增大先减小,而后再增大。而且在固体火箭发动机常见的平均颗粒尺寸范围内,流量系数比预测值比纯气相时的小,即扼流性能增加。这里的分析曲线能够为拓展纯气相的数据到两相流条件下提供修正和参考。

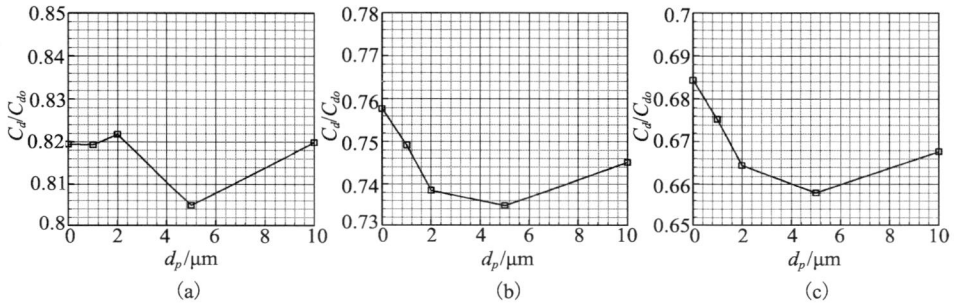

图4-5 不同二次流流量比下流量系数比随颗粒尺寸的变化
(a)$w_s/w_o = 13\%$;(b)$w_s/w_o = 20\%$;(c)$w_s/w_o = 30\%$。

平均颗粒尺寸对流体喉部喷管两相流场及声速线位置的影响见图4-6。其中,图4-6(a)对比了纯气相及平均颗粒直径$d_p = 5\mu m$时流体喉部喷管的等马赫线云图($f = 20\%$)。可以看出,颗粒相的存在使流体喉部处的声速线相比纯气相时向下游移动。图4-6(b)中给出了$d_p = 1\mu m$和$10\mu m$时的等马赫线云图,可以看出$d_p = 1\mu m$的声速线比$d_p = 10\mu m$时的稍靠下游。

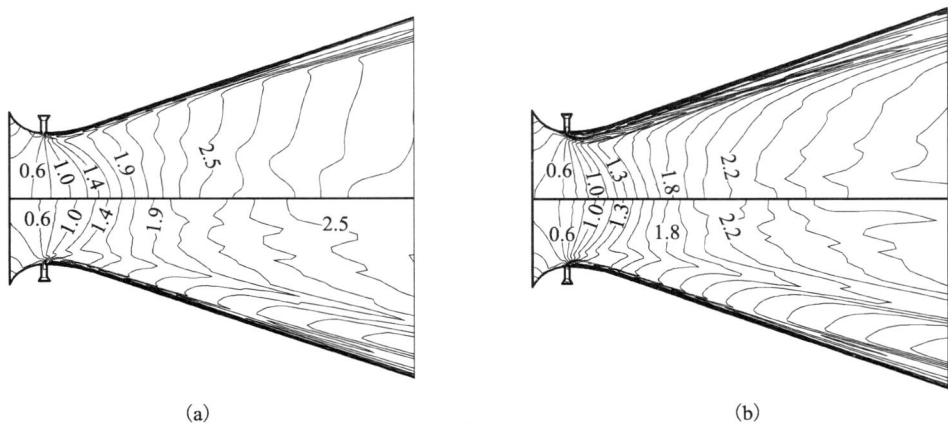

图4-6 等马赫线云图
(a)纯气相与$d_p = 5\mu m$;(b)$d_p = 1,10\mu m$。

颗粒尺寸对固发流体喉部喷管中的颗粒轨迹也有明显影响。颗粒尺寸较小时,颗粒的极限轨迹和无二次流时会有明显不同,见图 4-7(a)。当 $d_p = 1\mu m$ 时,极限颗粒轨迹在流体喉部处明显受喷入二次流的影响而突然往轴线偏移。与无二次流时的情况相比,二次流与喷管中颗粒作用的结果使得原来靠近喷管物理壁面流动的颗粒沿着由二次喷流形成的剪切层"气动壁面"流动。极限颗粒轨迹远离物理壁面说明颗粒对喷管的碰撞概率减小。随颗粒尺寸的增大,见图 4-7(b),在喉部处的颗粒轨迹与无二次流时的差别减小,极限颗粒轨迹在扩张段处的位置也基本相同。这是由于颗粒尺寸增大后,颗粒的惯性增大,颗粒轨迹向轴线汇聚的趋势增强,喉部处的劲缩现象更明显,因而与喉部处二次流的作用区域和程度减小。

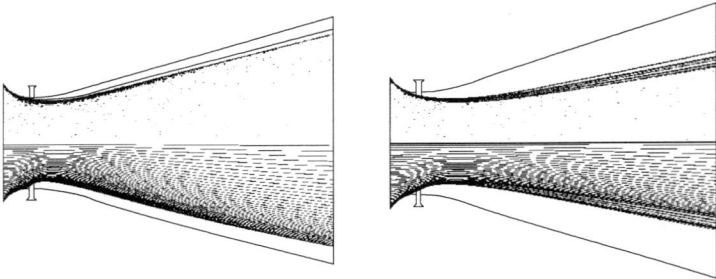

(a)   (b)

图 4-7 有无二次流的颗粒轨迹

(a) $d_p = 1\mu m$; (b) $d_p = 10\mu m$。

另外,从图 4-8 喷管壁面的静压分布看出,颗粒相对气动喉部的扰动集中在喷嘴出口的上游一侧及喷嘴下游一侧的回流区附近,并且随颗粒相含量的增大,这个区域内的静压差别越明显。

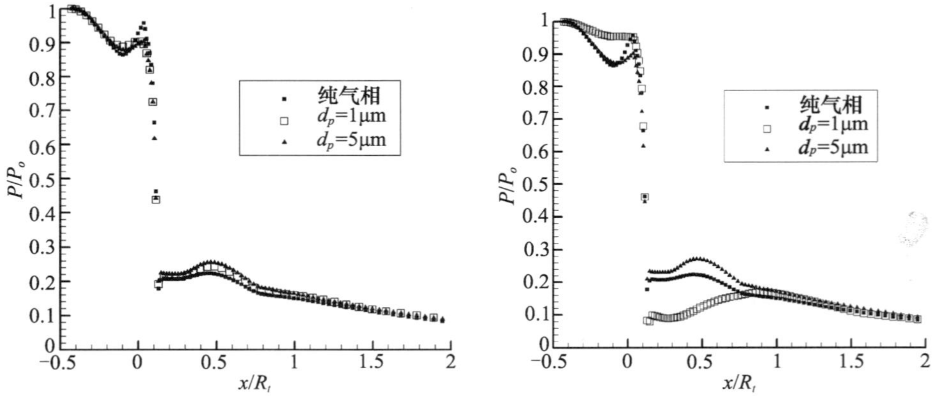

(a)   (b)

图 4-8 不同颗粒相含量下沿喷管壁面的静压分布

(a) $f = 20\%$; (b) $f = 30\%$。

4.3.2 圆孔喷嘴算例

与环缝喷嘴时的情况类似,小颗粒尺寸下圆孔喷嘴流体喉部的扼流曲线与纯气相时的差别不大;当颗粒尺寸增大时,两者差别增大。对圆孔喷嘴流体喷管,这种扼流性能的差别是一直增大的,但在大颗粒尺寸时增大的趋势减缓(参看图4-9中 $d_p=20\mu m$)。在一般的修正流量比条件下(小于20%),圆孔喷嘴的扼流性能基本上都是随颗粒尺寸的增大而增加的。

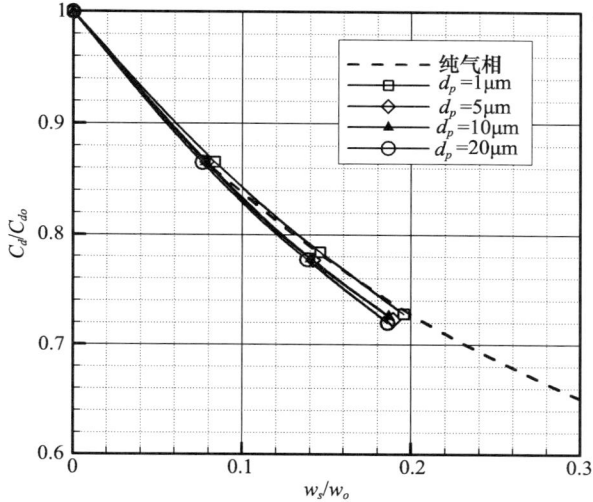

图4-9 两相流下喷管性能

在小修正流量比时,圆孔喷嘴流体喉部喷管的流量比系数随颗粒尺寸变化的趋势与环缝喷嘴的也类似。但在大修正流量比时的趋势则稍微不同,这里 C_d/C_{do} 值随颗粒尺寸的增大先是降低然后升高而后又下降。图4-10给出了典型修正流量比下,圆孔喷嘴流体喉部的 C_d/C_{do} 值随颗粒尺寸变化的曲线。

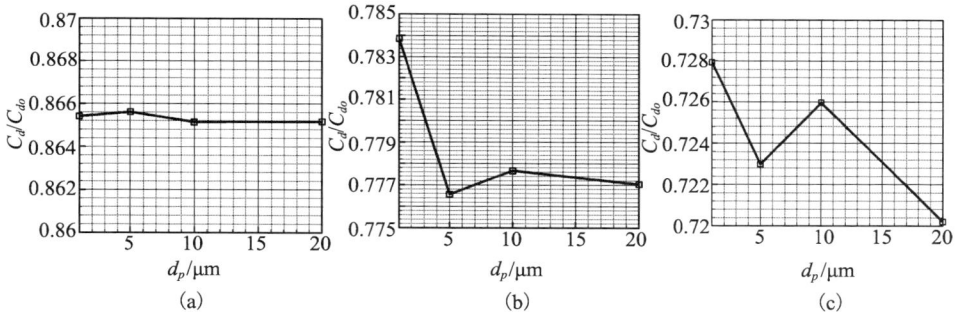

图4-10 流量系数比随颗粒尺寸的变化

(a) $w_s/w_o=8\%$;(b) $w_s/w_o=17.5\%$;(c) $w_s/w_o=23.4\%$ 。

值得注意的是,与环缝喷嘴不同,由于圆孔喷嘴间存在缝隙,喷入的二次流在往下游流动的过程中会与缝隙中的主流燃气混合,主流的燃气会存在被二次流卷吸向壁面的倾向,见图4-11。因而在大的二次流流量比时,圆孔喷嘴流体喉部喷管颗粒的极限轨迹会被卷吸向喷管壁面,而不会像在环缝喷嘴喷管里表现的那样远离喷管壁面。这可能也是造成圆孔喷嘴流体喉部喷管在两相流条件下与环缝喷嘴的变化规律虽然趋势相似但又不完全一致的原因。这说明颗粒对流体喉部的干扰也取决于流体喉部的形态和颗粒在流场中的分布。

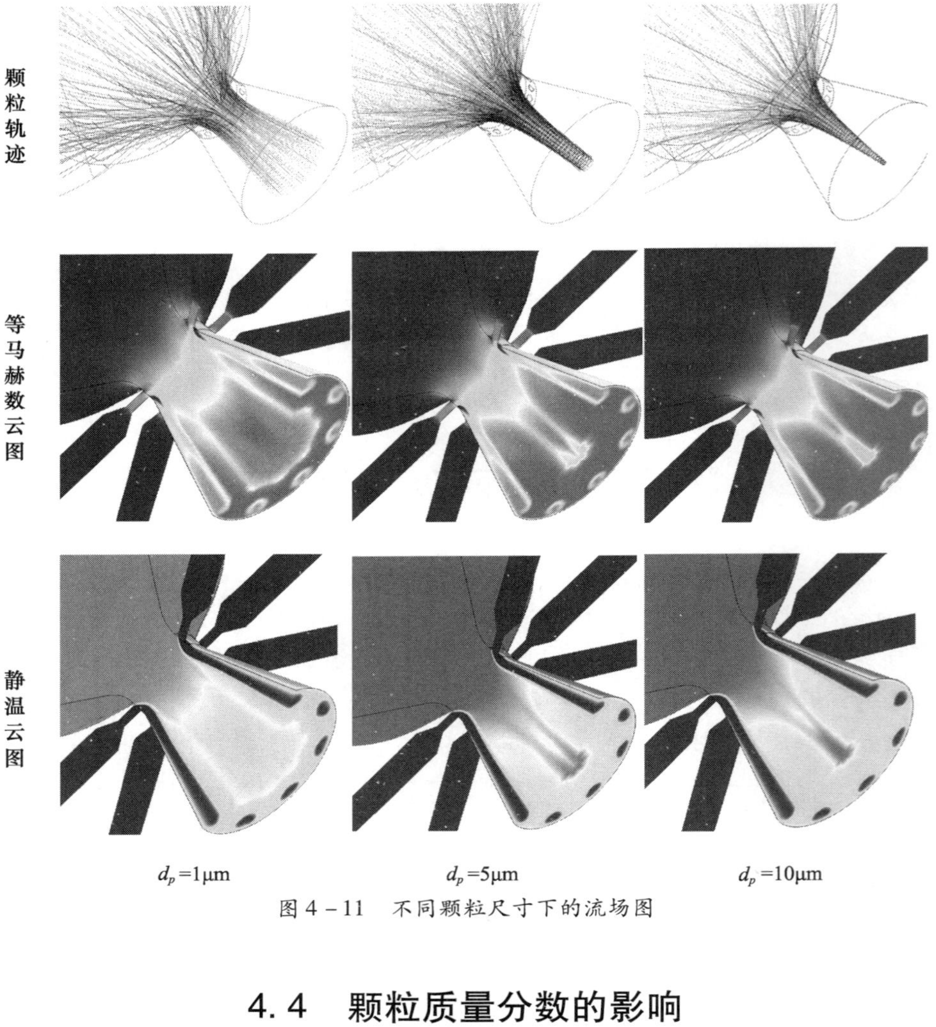

颗粒轨迹

等马赫数云图

静温云图

$d_p=1\mu m$ $d_p=5\mu m$ $d_p=10\mu m$

图4-11 不同颗粒尺寸下的流场图

4.4 颗粒质量分数的影响

4.4.1 环缝喷嘴算例

当颗粒尺寸增大,颗粒含量较大时,环缝喷嘴流体喉部喷管的扼流性能曲线与纯气相时相比会有明显的偏离;当颗粒含量较小时则这种偏离较小。但在固体火箭发动机中常见的颗粒相参数范围内,通常这种最大偏差 $\Delta(C_d/C_{do})$ 仍在 $\pm 4\%$ 内,如图 4-12 所示。

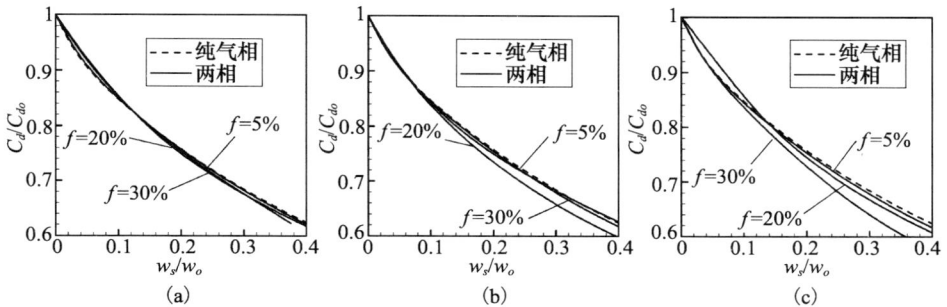

图 4-12　不同颗粒尺寸下的流量系数比-修正流量比曲线
(a) $d_p = 1\mu\mathrm{m}$;(b) $d_p = 5\mu\mathrm{m}$;(c) $d_p = 10\mu\mathrm{m}$ 。

4.4.2　圆孔喷嘴算例

如图 4-13 所示,与环缝喷嘴的结果类似。圆孔喷嘴流体喉部在小尺寸颗粒的结果与纯气相时的曲线相差不大;当颗粒尺寸和含量较大时,则会有明显偏离。

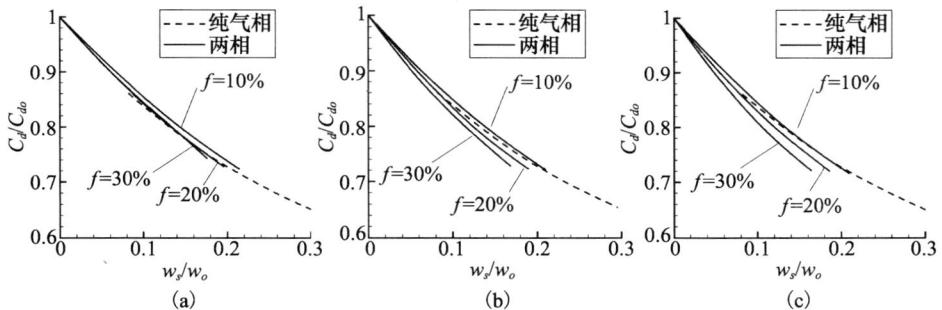

图 4-13　不同颗粒尺寸下的流量系数比-修正流量比曲线
(a) $d_p = 1\mu\mathrm{m}$;(b) $d_p = 5\mu\mathrm{m}$;(c) $d_p = 20\mu\mathrm{m}$ 。

另外,圆孔喷嘴的流体喉部喷管表现出的规律性比环缝喷嘴更强一些,即在大颗粒尺寸下,随着颗粒含量的增加,喷管的扼流性能增加,并当 $f > 10\%$ 时,扼流性能要优于纯气相时的情况。

图 4-14 给出了 $d_p = 5\mu\mathrm{m}$ 时,典型的壁面附近的马赫数云图、二次流的质量含量云图及不同颗粒含量下马赫数云图。图中的二次流高压氮气,从氮气含量分布云图可以看出二次流喷入后,二次流的核心流经过回流区后并不是贴合

壁面流动,而是离开喷管壁面一定距离向下游流动,与环缝喷嘴的情况有所不同;并且二次流与喷嘴间隙的主流存在横向参混。

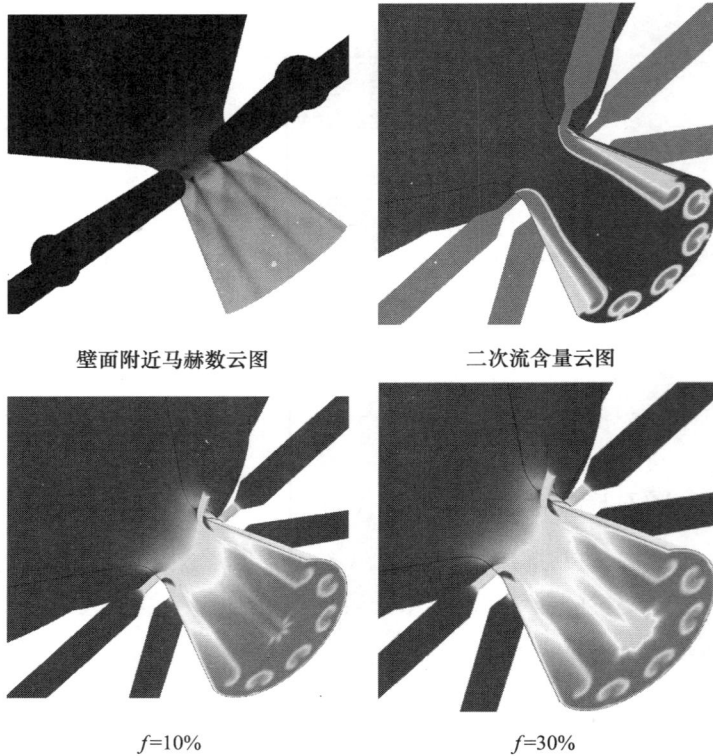

壁面附近马赫数云图   二次流含量云图

f=10% f=30%

图 4 – 14   不同颗粒相含量下的流场图

从喷管壁面附近的马赫数分布云图可以看到二次流射流间所形成的干涉激波系,在相同的喷嘴面积比下,喷嘴个数越多,这种干涉激波系和喷嘴的横向流动细节也会增加,二次流的动量损失也就增加。这解释了当喷嘴个数过多时圆孔喷嘴流体喉部喷管的扼流性能会降低并低于环缝喷嘴的原因(见第 2 章)。

4.5   颗粒尺寸分布的影响

4.5.1   扼流性能

图 4 – 15 ~ 图 4 – 19 讨论主要颗粒参数对流体喉部扼流性能的影响时都是基于单一尺寸模型的。而在实际固体火箭发动机中,颗粒的尺寸是在一定范围内连续分布的,并不是单一值。对传统喷管的研究表明,采用多尺寸分级模型计算得到的流场特征更接近实际情况[13]。下文进一步介绍颗粒尺寸分布对流体

喉部喷管性能的影响。

　　固体火箭发动机中颗粒尺寸的分布大致可分为单峰分布和双峰分布两种类型[5,6,13]，如正态分布就是一种典型的单峰分布。图 4－15 给出了 3 种典型单峰分布模型的联系分布密度 $Y(d_p)$，即 $Y(d_p) = \dfrac{1}{m_p} \dfrac{\mathrm{d}m}{\mathrm{d}(d_p)}$，其中：$\mathrm{d}m$ 是对应颗粒直径 d_p 以 $\mathrm{d}(d_p)$ 为半径的区间内粒子的质量；m_p 为粒子总质量。在计算时，将粒子尺寸离散成 10 组，每组尺寸的粒子对应的质量分数为 C_i（C_i 由 $Y(d_p)$ 积分得到），每组对应一个质量加权平均颗粒直径 $\overline{d}_{p,i}$，C_i 还满足以下关系式，即

$$\sum C_i = 1 \ (i = 1,2,\cdots,10)$$

　　3 种尺寸分布模型对应的数学期望值都为 $10\,\mu\mathrm{m}$。图 4－16 给出了对应这 3 种尺寸分布模型下的流体喉部喷管扼流曲线，并和纯气相时的情况进行了对比。在平均颗粒尺寸相同的条件下，颗粒尺寸分布的差别对流体喉部喷管的流量系数比影响不大。3 种颗粒尺寸分布模型下的扼流性能曲线基本重合，表明在预测颗粒相对流体喉部扼流性能的干扰时，单一尺寸模型的精度与多尺寸分级模型的是一致的。

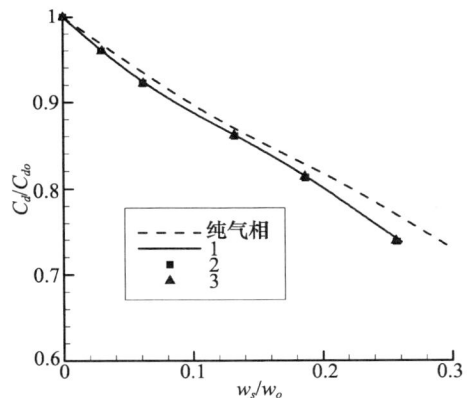

图 4－15　3 种尺寸分布　　　　　图 4－16　离散分布（尺寸分级模型）

4.5.2　两相流场与颗粒轨迹

　　虽然不同的颗粒尺寸分布对流体喉部喷管的扼流性能曲线影响不大，但颗粒的尺寸分布却对喷管的流场特征、流动细节和喷管推力效率都有一定的影响。图 4－17 给出了对应图 4－15 中 3 种尺寸分布，采用多尺寸分级模型得到的等马赫数云图并和采用单一尺寸模型时的计算结果进行了对比。可以看出：多级尺寸模型计算得到的流场参数云图与单一尺寸的不同，并且不同尺寸分布下的流场参数也不相同，特别是管壁面和轴线处的参数分布。

　　图 4－18 为对应尺寸分布模型 1 和 3 下喷管喉部附近的颗粒轨迹图。粒子

在经过流体喉部后,大尺寸粒子向轴线汇聚,而小颗粒尺寸粒子轨迹则相对要靠近喷管壁面,小尺寸颗粒与二次流相互作用的概率要大于大尺寸的颗粒。从二次流喷嘴出口的局部放大图可以观察到壁面附近的颗粒有部分与喷嘴出口发生碰撞。两种尺寸分布的计算表明与喷嘴出口发生碰撞的颗粒尺寸集中在 50 ~ 70μm 间,而在这个尺寸范围外的颗粒则没有观察到碰撞。这是单一尺寸模型所不能捕捉到的流动细节。这说明在二次流喷嘴流量不大或总压比不大的情况下,某些尺寸的颗粒很可能会和喷嘴出口发生碰撞,严重时会沉积堵住喷嘴或影响喷嘴的流量、喷射动量,进而影响流体候喷管的扼流性能和工作过程。因而在设计两相流条件下的流体喉部喷管时,要仔细设计喷嘴的位置,尽量减小颗粒撞击喷嘴出口的概率,防止工作过程中沉积的颗粒堵住喷嘴。

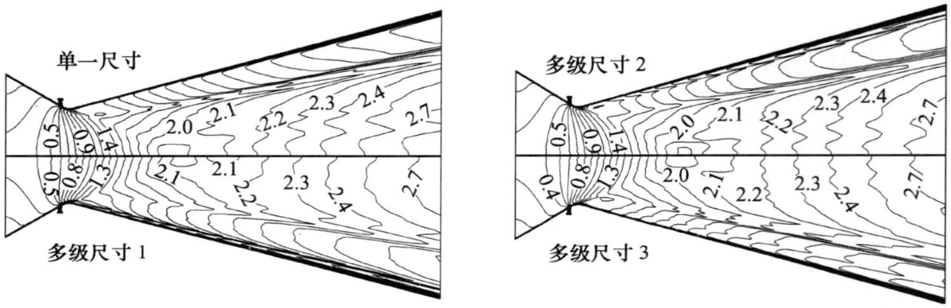

图 4 - 17 不同尺寸分布下的等马赫线图
(a)单一尺寸及尺寸分布 1;(b)尺寸分布 2、3。

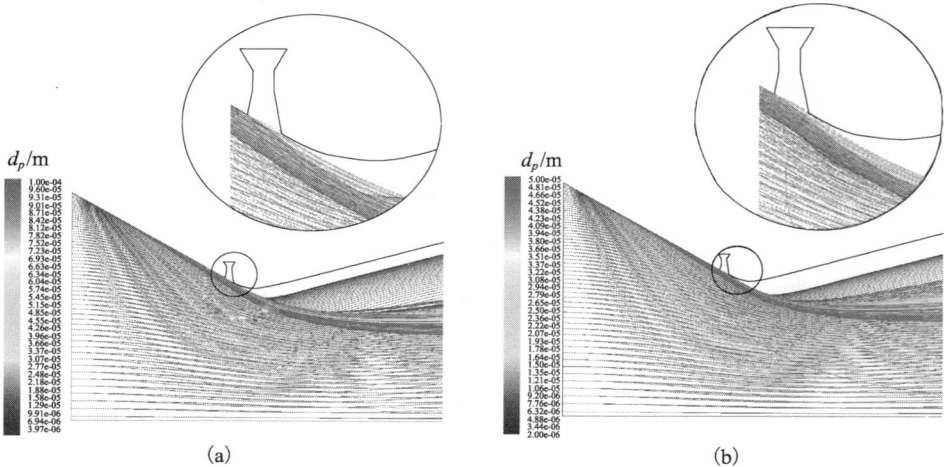

图 4 - 18 不同尺寸分布下的颗粒轨迹图
(a)尺寸分布 1;(b)尺寸分布 3。

4.5.3 两相流条件下喷嘴位置的选择

与上文采用单一尺寸模型计算小尺寸颗粒时得到的规律相同,喉部的二次喷射会改变喷管扩散段中颗粒极限流线的位置,见图4－19。图4－19计算采用的是分级的颗粒尺寸模型,颗粒尺寸分布为类型3。对比图4－19中不同的二次流喷射位置,喷注点如果选在喉部上游,颗粒极限流线很接近二次流喷口,即二次流碰撞喷口的概率要大(图4－19(b)上半部分);如果喷注点选在喉部下游(图4－19(b)下半部分),颗粒极限流线则远离二次流喷口,这样给颗粒堵住的概率会小很多。这在实际设计选择二次流喷注位置时值得注意。

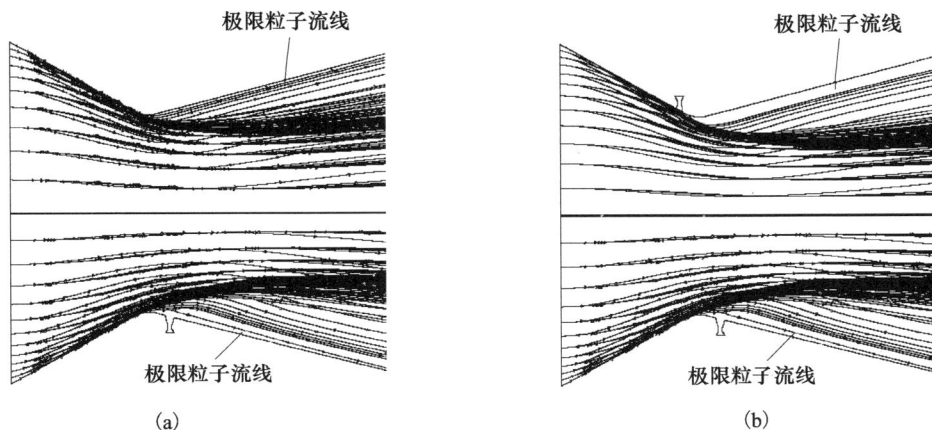

图4－19 不同喷嘴位置下的颗粒轨迹图
(a)无二次流和喷嘴位置A;(b)喷嘴位置B、C。

4.6 两相流条件下流体喉部喷管的效率

由于颗粒相的存在改变了喷管的流量,所以比较两相流条件下流体喉部喷管的效率时,我们用实际比冲与理论比冲之比来定义,见式(4－8)~式(4－10)。为区别前面的喷管效率定义,记为 η_3。理论比冲取纯气相条件下对应相同环境压强时的比冲值。流体喉部喷管推力的计算方法仍按照第3章介绍的方法得到。

$$\eta_3 = I_p / I_g \qquad (4-8)$$
$$I_g = F_{t,g} / (\dot{m}_g + \dot{m}_s) \qquad (4-9)$$
$$I_p = F_{t,p} / (\dot{m}_p + \dot{m}_g + \dot{m}_s) \qquad (4-10)$$

式中:$F_{t,g}$、$F_{t,p}$ 分别为气相条件和两相流条件下的合推力;$\dot{m}_p$、$\dot{m}_g$、$\dot{m}_s$ 分别代表颗粒相、主流气相和二次流的流量。

随着修正流量比的增加,两相流流体喉部喷管的效率总体趋势是增加的,喷管效率逐渐增加并接近纯气相时的情况,见图 4 – 20。这是因为二次流在流场中的比重增加,颗粒相对二次流的直接影响减小(只有小尺寸的颗粒在气动壁面边缘与二次流直接相互作用)。另外,随着主流比重的减少,颗粒相也相应减少,因而颗粒相对气相造成的宏观两相流损失减少。

而随着颗粒相的尺寸增加,流体喉部喷管效率下降,并且环缝喷嘴和圆孔喷嘴流体喉部喷管的下降趋势类似,如图 4 – 21 所示。另外,两种喉部喷管的效率都明显随着颗粒相含量的增加而下降,如图 4 – 22 所示。但是两者下降的趋势稍有不同,环缝喷嘴流体喉部喷管的效率曲线向外"凸"起,而圆孔喷嘴的则向内"凹"。

图 4 – 20 η_3 随修正流量比的变化

图 4 – 21 η_3 随颗粒直径的变化

颗粒分布对喷管的比冲也有一定影响。图 4 – 23 比较了颗粒尺寸分布在类型 1、3 下流体喉部喷管的效率。其中,分布类型 3 下的比冲低于分布类型 1 时的情况。这里的结果与对传统的固发喷管研究得到的规律是一致的。

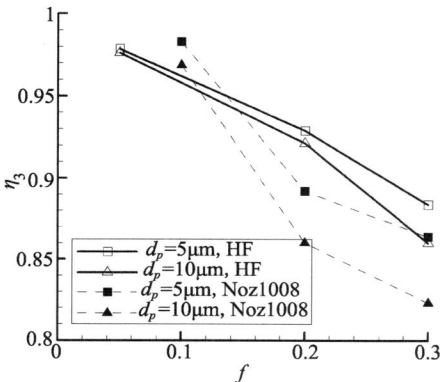

图 4 – 22 η_3 随颗粒相质量含量的变化

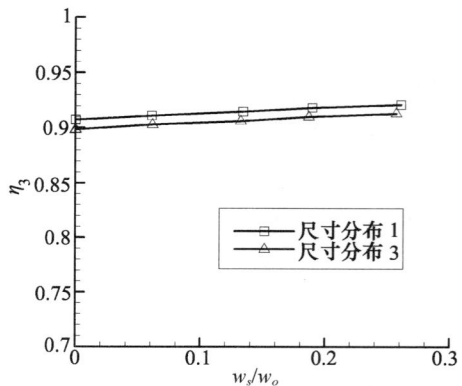

图 4 – 23 η_3 – 流量比曲线

74

综合上述分析可知:二次流/主流的流量比、颗粒相的含量对流体喉部喷管的效率影响最大;其次是颗粒的平均尺寸;最后颗粒尺寸的分布对喷管性能有影响,但影响相对前面几个因素要小很多。随着颗粒相尺寸或颗粒相含量的增加,流体喉部喷管的效率都会下降,这和传统喷管的规律相同。另外,在预测两相流条件下流体喉部喷管的扼流性能时,采用单一尺寸模型是足够的,但要更准确预测喷管的比冲,尺寸分级模型则更接近实际情况。

4.7 两相流旋流流体喉部特性

在第 1 章我们介绍了还可以通过切向喷入二次流的方式,使喷管中主流旋转从而也能达到控制主流有效喉部面积的目的。这种旋流式流体喉部在固体火箭发动机上也有很好的应用前景,如涡流阀发动机。图 4 - 24 给出了利用该种流体喉部调节冲压发动机上燃气发生器流量的方案。

我们的 FLNT - V1.1 代码中包含了一个一维流(沿主流流动方向)理想模型模块,能很快预测出该种旋流流体喉部的有效喉部面积,及颗粒相对这种流体喉部性能的影响。

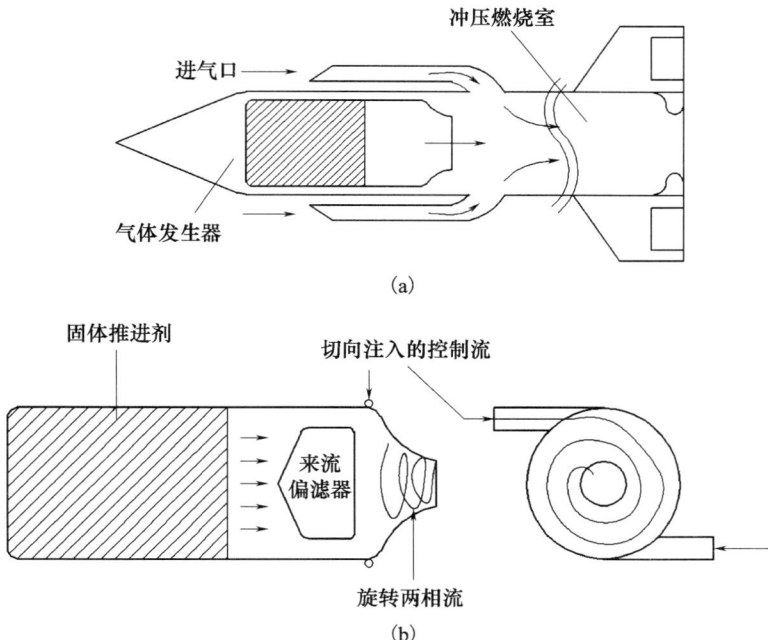

(a)

(b)

图 4 - 24 涡流式流体喉部在固发冲压发动机上的应用

4.7.1 两相流条件下一维理想旋流模型

气体与粒子的相互作用可以用参数拖曳速度系数 K 表示。它由等式(4-11)定义[14]。为了简化分析模型,假设这里的拖曳速度系数是常量。由于粒子的速度总是相对于气体的速度小,所以拖曳速度系数的取值是 0 到 1 之间。当拖曳速度系数的值接近 1 时,表示粒子的速度与气体的速度相同,粒子可以跟随气体运动;当拖曳速度系数的值接近 0 时,表示粒子速度远远落后于气体速度。通过气-粒间相互作用,粒子的拖曳使气体速度下降,造成喷管中的两相流损失。

$$\frac{U_p}{U_g} = K = \text{const} \tag{4-11}$$

这里我们把颗粒相看作拟流体,即粒子是气体混合物中的一种特殊成分。粒子与气体之间的相互作用力,被视为整体混合物的内力。在此引入质量流率比 f_p,它可以定义为

$$\frac{\dot{m}_p}{\dot{m}_g} = f_p \tag{4-12}$$

式中:$\dot{m}_p$ 为颗粒相质量流量;$\dot{m}_g$ 为气体相质量流量。

对于一个稳态下的气-粒两相流场,并且流动无化学反应时,气体混合物的运动方程可表示为

$$\frac{(1 + Kf_p)}{2} \nabla |U_g|^2 - U_g \cdot \nabla U_g = 0 \tag{4-13}$$

假如 $f_p = 0$,等式(4-13)将变为单一气相流动的运动方程,即

$$\frac{1}{2} \nabla |U_g|^2 - U_g \cdot \nabla U_g = 0 \tag{4-14}$$

收缩-扩张喷管中的旋流流动情况如图 4-25 所示。

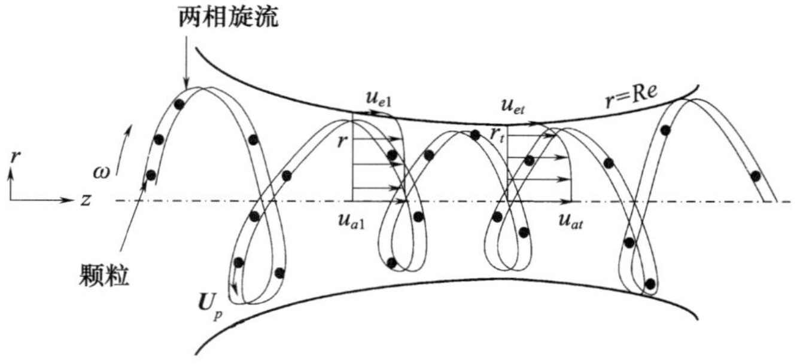

图 4-25 拉瓦尔喷管中的两相旋流

如果喷管的流动是轴对称的,并且喷管的横截面是充分渐变的,我们在研究喷管内流流场时,可以忽略径向速度以及它所产生的影响。文献[15]通过试验已验证,在上述情况下,径向速度分量与轴向或切向速度分量比较时,可以被忽略。

忽略径向速度分量后,等式(4-13)在柱坐标下可表示为

$$u_g \frac{du_g}{dr} + \frac{\omega_g}{r} \frac{d(r\omega_g)}{dr} + Kf_p \left(u_g \frac{du_g}{dr} + \frac{\omega_g}{r} \frac{d(r\omega_g)}{dr} - \frac{\omega_g^2}{r} \right) = 0 \tag{4-15}$$

76

式中:下标 g 表示气相参数;下标 p 表示颗粒相参数。

这个等式将气相速度的轴向分量与切向分量(u_g,ω_g)联系起来。在任意确定横截面内,将式(4 – 15)整理后为

$$u_g^2 = u_{g,a}^2 - \left(2 \int_0^r \frac{\omega_g}{\tau} \frac{\mathrm{d}(\omega_g \tau)}{\mathrm{d}\tau} \mathrm{d}\tau + \frac{2Kf_p}{1 + Kf_p} \int_0^r \frac{\omega_g^2}{\tau} \mathrm{d}\tau \right) \qquad (4 – 16)$$

式中:下标 e 为喷管壁面上的参数;下标 a 为在轴线上的参数,见图 4 – 25。

在横截面上的切向速度分布可以表示为

$$\omega_g = \omega_{g,e} F(r) \qquad (4 – 17)$$

式中:$\omega_{g,e}$ 为每个特定横截面喷管壁上的切向速度;$F(r)$ 为关于 r 的一般无量纲函数。

将 $G(r)$ 记成

$$G(r) = 2 \int_0^r \frac{F(\tau)}{\tau} \frac{\mathrm{d}(F(\tau)\tau)}{\mathrm{d}\tau} \mathrm{d}\tau + F_p \int_0^r \frac{F^2(\tau)}{\tau} \mathrm{d}\tau \qquad (4 – 18)$$

其中,F_p 被定义为

$$F_p = 2Kf_p / (1 + Kf_p) \qquad (4 – 19)$$

这样等式(4 – 16)可以变成

$$u_g^2 = u_{g,a}^2 - \omega_{g,e}^2 G(r) \qquad (4 – 20)$$

由于颗粒相与气相之间的相互作用被视为混合气体的一种内力,所以沿流线方向上,混合气体的角动量方程为($1 + Kf_p$)$\omega_g r =$ 常数。实际上,对于两个十分接近的部分,f_p 的值几乎相等,又由于假设 K 为常数,所以 $\omega_g r \approx$ 常数。这个近似式表明,在两个很接近的横截面之间,切向气体速度分布 $F(r)$ 近似。

接下来看一下几何喉部横截面处的参数。喉部的相关参数用下标 t 来表示,接近喉部的相关参数用下角标 1 来表示。收缩 – 扩张喷管的喉部特征可以用一个几何准则来表征,即

$$\frac{\mathrm{d}R_e}{\mathrm{d}z} = 0 \qquad (4 – 21)$$

又由于超声速下,在收缩 – 扩张喷管喉部有 $\mathrm{d}u_g / \mathrm{d}z \neq 0$,所以有如下表达式可以用作收缩 – 扩张喷管的喉部准则,即

$$\frac{\mathrm{d}R_{e,t}}{\mathrm{d}u_{g,at}} = 0 \qquad (4 – 22)$$

根据在喷管轴向上的质量守恒,$\mathrm{d}r$ 的定义为

$$\rho_g u_g r \mathrm{d}r = \rho_{g,1} u_{g,1} r_1 \mathrm{d}r_1 \qquad (4 – 23)$$

对式(4 – 23)进行整理,可以得到 R_e 和 u_g 的关系为

$$R_e^2 = 2 \int_0^{R_{e,1}} \frac{\rho_g, 1 u_{g,1}}{\rho_g u_g} r \mathrm{d}r \qquad (4 – 24)$$

在收缩 – 扩张喷管中,对于两相流的拖曳速度系数 K,我们已假设恒定。气体相的等熵比可以近似表达为

$$\rho_g/\rho_{g0} = \left[1 + \frac{\overline{\gamma}-1}{2}(\overline{M}_z^2 + \overline{M}_\theta^2)\right]^{\frac{1}{\overline{\gamma}-1}} \tag{4-25}$$

在跨声速流动区域,等式(4-25)可以用泰勒展开法进一步化简,得到等式(4-26),即

$$\rho_g/\rho_{g0} \approx \left[\left(1 - \frac{\overline{\gamma}-1}{\gamma+1}\right)(\overline{M}_z^2 + \overline{M}_\theta^2)\right]^{\frac{1}{\overline{\gamma}-1}} \tag{4-26}$$

参数 $\overline{\gamma}$ 在等式(4-25)和等式(4-26)中是等效比热比,参数 $\overline{M}$ 为等效马赫数,则有

$$\overline{\gamma} = 1 + (\gamma-1)\frac{\beta}{C'} \tag{4-27}$$

$$\overline{M} = \sqrt{C'}M \tag{4-28}$$

其中:δ,β 和 C' 的定义为

$$\delta = c/c_p \tag{4-29}$$

$$\beta = \frac{1 + f_p K^2}{1 + f_p \delta L} \tag{4-30}$$

$$C' = 1 + f_p\{K[\gamma(1-K)+K] + (\gamma-1)\delta L\beta\} \tag{4-31}$$

式中:c 为颗粒相比热;c_p 为气相的定压比热;L 是两相流温度滞后系数。

粒子的温度总是比气体温度高,两相流温度滞后系数 L 的定义为

$$L = \frac{T_{g0}-T_p}{T_{g0}-T_g} \quad (0 < L < 1) \tag{4-32}$$

式中:T_{g0} 为气体的总温度。

特别说明,当 K 是一个常数时,L 和 K 不是独立的[14],它们的关系由等式(4-33)表示,即

$$L = \frac{1}{1 + 3p_r\delta\left(\frac{1-K}{K}\right)} \tag{4-33}$$

在等效比热比 $\overline{\gamma}$ 的定义中,实际上包含了两部分颗粒相扰动,阻力扰动和热扰动,分别以参数 K 和 L 来表征。将等式(4-24)和等式(4-16)代入等式(4-19)联立,根据等效马赫数重新整理,可以得到

$$\rho_g\overline{M}_z/\rho_{g0} = \lambda^b\overline{M}_{z,a}\{1 - [\varepsilon^2 - (a/\lambda)d^2\overline{M}_{z,a}^2]\}^b \sqrt{1-d^2} \tag{4-34}$$

其中:ε,d,a 和 b 的定义分别为

$$\varepsilon^2 = (a/\lambda)\overline{M}_\theta^2 = (a/\lambda)\overline{M}_{\theta,e}^2 F^2 \tag{4-35}$$

$$d^2 = (\overline{M}_{\theta,e}/\overline{M}_{z,a})^2 G \tag{4-36}$$

$$\lambda = 1 - \overline{a}\overline{M}_{z,a}^2 \tag{4-37}$$

$$a = (\overline{\gamma}-1)/(\overline{\gamma}+1) \tag{4-38}$$

$$b = 1/(\overline{\gamma}-1) \tag{4-39}$$

与等式(4-34)联立,等式(4-24)可以被写成

$$\frac{R_e^2}{2} = \left(\frac{R_e}{R_{e,1}}\right)^2 \int_0^{R_{e,1}} \sqrt{\frac{1-d_1^2}{1-d^2}} \left\{\frac{1 - \left[\varepsilon_1^2 - (a/\lambda_1) d_1^2 M_{z,a1}^2\right]}{1 - \left[\varepsilon^2 - (a/\lambda) d^2 M_{z,a}^2\right]}\right\} r_1 \mathrm{d}r_1 \quad (4-40)$$

$$\left(\frac{R_e}{R_{e,1}}\right)^2 = \left(\frac{\overline{M}_{z,a1}}{\overline{M}_{z,a}}\right) \left(\frac{\lambda_1}{\lambda}\right)^b \quad (4-41)$$

在无旋两相流且 K 为常数的条件下,等式(4 – 41)实际上是一个喷管面积比与马赫数的关系。当横截面 1 位于几何喉部横截面 t 时,可以得到

$$\frac{\overline{M}_{z,at}^2 - 1}{M_{z,at} \lambda_t} \frac{R_{e,t}^2}{2} - 2 \int_0^{R_{e,t}} \frac{b}{\overline{M}_{z,at} \lambda_t} \frac{1 - \lambda_t}{\left[(1-\varepsilon_t^2)/d_t^2 - 1\right]\lambda_t + 1} r_t \mathrm{d}r_t = 0 \quad (4-42)$$

将等式(4 – 42)中的一些项展开成 ε_t^2 和 d_t^2 表达式,忽略高阶项 $\sigma(d_t^6, \varepsilon_t^2 d_t^4, \varepsilon_t^4 d_t^2)$,再将等式(4 – 35)、式(4 – 36)代入,可以得到

$$\left(\frac{\overline{M}_{\theta,et}}{M_{z,at}}\right)^4 \int_0^{R_t} \frac{1-\lambda_t}{\lambda_t}(GF^2 - G^2)r\mathrm{d}r + \left(\frac{\overline{M}_{\theta,et}}{M_{z,at}}\right)^2 \int_0^{R_t} Gr\mathrm{d}r - \frac{\lambda_t R_{e,t}^2 (\overline{M}_{z,at}^2 - 1)}{4b(1-\lambda_t)} = 0 \quad (4-43)$$

通过求解等式(4 – 43)可以得到 $\overline{M}_{z,at}$ 的值。如果 $\overline{M}_{\theta,et} = 0$(无旋两相流情况),则等式(4 – 43)变成一维恒定拖曳速度系数情况下,可压缩两相流中横截面面积与等效马赫数关系的表达式。在这样的条件下,喉部部分的轴向等效马赫数 $\overline{M}_{z,at} = 1$。

在这里,我们用 C_m 表征无量纲的有效喉部面积,或称为质量流量系数,以区分直接喷射流体喉部的情况。C_m 可表示为

$$C_m = \frac{\dot{m}_g}{\pi R_{e,t}^2 \rho_{g,t} (a^*/\sqrt{C'})} \quad (4-44)$$

式中:a^* 为声速。

等式(4 – 44)的分母项表示无旋流流场的气体质量流量。在两相流中我们已经知道,喉部的速度是小于声速的。在恒定拖曳速度系数条件下,几何喉部处的气体速度等于 $a^*/\sqrt{C'}$($\sqrt{C'} > 1$)。有效喉部面积可定义为

$$\widetilde{A}_t = \frac{\dot{m}_g}{\rho_{g,t} (a^*/\sqrt{C'})} \quad (4-45)$$

代入等式(4 – 44)变形,则有

$$C_m = \frac{\widetilde{A}_t}{\pi R_{e,t}^2} = \frac{\widetilde{A}_t}{A_t} \quad (4-46)$$

式中:A_t 为几何喉部处的几何面积。我们用 C_m 来表示旋流流体喉部的流量系数,以区分直接喷射流体喉部的流量系数 C_d。

$\dot{m}_g$ 可表达为

$$\dot{m}_g = \int_A \rho_g u_g \mathrm{d}A \qquad (4-47)$$

利用等式(4-26)中的关系,等式(4-44)可以修改为

$$C_m = \frac{2\pi \int_0^{R_{e,t}} \rho_g (\sqrt{C} u_{g,t}) r_t \mathrm{d}r_t}{\pi R_{e,t}^2 \rho_{g,t} a^*} = \frac{2}{R_{e,t}^2} \left(\frac{\rho_{g0,t}}{\rho_{g,t}} \right) \int_0^{R_{e,t}} \frac{\rho_g \overline{M}_{z,t}}{\rho_{g0,t}} \mathrm{d}r_t \qquad (4-48)$$

需要注意的是$(\rho_{g0,t}/\rho_{g,t}) = (1-a)^b$,替换等式(4-44),可以最终获得如下表达式,即

$$C_m = \frac{2}{R_{e,t}^2} \left(\frac{\lambda_t}{1-a} \right)^{-b} M_{z,t} \int_0^{R_{e,t}} \left\{ 1 - \left[\varepsilon_t^2 - (a/\lambda_t) d_t^2 \overline{M}_{z,at}^2 \right] \right\}^b \sqrt{1 - d_t^2} \, r_t \mathrm{d}r_t$$

$$(4-49)$$

注意到式(4-46)中无量纲的有效喉部面积又可表示成有旋流喷管入口流量与无旋流喷管入口流量之比,见式(4-45)。之所以用流量来衡量有效喉部面积是因为,当引入二次旋流后,喷管喉部的有效喉部面积不再是一个具体的几何形状,而是一个抽象不易计算面积的形状;但通过质量守恒原理,流入喷管的流量与流出喷管的流量相等,所以可以通过喷管主流流量的变化来衡量有效喉部面积的变化。

4.7.2 旋流流体喉部性能及颗粒相的影响

不同的二次旋流强度与模式,对喷管几何喉部区域的影响是不同的。因而首先用式(4-50)描述旋流,即用旋流任意位置的切向速度表示为

$$\omega_g = \omega_{g,e} F(r) = \omega_{g,e} (r/R_e)^n \qquad (4-50)$$

式中:n值可以被用来描述旋流的类型,$n \leqslant 0$ 的旋流称作自由旋涡式旋流,$n > 0$的旋流称作固定式旋流。

通过求解等式(4-43),可以分别得到两类旋流的几何喉部壁面马赫数与喉部轴线马赫数的方程。

对于固定式旋流,$n > 0$,有

$$\overline{M}_{\theta,et} = \sqrt{ \frac{\lambda_t \varphi}{a} \left\{ 1 + \frac{F_p}{2(n+1)} \frac{1}{1+\psi(F_p)} - \sqrt{ \frac{1 - \frac{n(M_{z,at}^2 - 1)}{b\varphi} + \phi(F_p)}{[1+\psi(F_p)]^2} } \right\} } \qquad (4-51)$$

$$\psi(F_p) = \frac{F_p(F_p + 2n + 4)}{4(n+1)} \qquad (4-52)$$

$$\phi(F_p) = F_p \left(\frac{1}{n+1} + \frac{F_p}{4(n+1)^2} - \frac{(\overline{M}_{z,at}^2 - 1)(F_p + 2n + 4)}{b} \frac{1}{4n+2} \right) \qquad (4-53)$$

对于自由漩涡式旋流,等式(4-16)与等式(4-43)中的积分下限由0变为Δr,因为$r = 0$为奇点。之后,再用$M_{z,\Delta r}$来表示距离轴线Δr距离的轴向马赫数($\Delta r \ll R_e$)。

当 $n=0$ 时,有

$$\overline{M}_{\theta,et} = \sqrt{\frac{\lambda_t\varphi}{a}\left\{\frac{1}{1+\psi(F_p)} - \sqrt{\frac{1 - \dfrac{1}{2\xi-1}\dfrac{(\overline{M}_{z,at}^2-1)}{b\varphi} + \phi(F_p)}{\left(1+\dfrac{F_p}{2}\right)^2\left[1+\psi(F_p)\right]^2}}\right\}} \qquad (4-54)$$

$$\xi = \ln\left(\frac{R_{e,t}}{\Delta_t}\right) \qquad (4-55)$$

$$\psi(F_p) = \frac{2F_p\left(\xi^2-\xi+\dfrac{1}{2}\right)}{4\xi^2-6\xi+3} \qquad (4-56)$$

$$\phi(F_p) = \frac{F_p}{\left(\xi-\dfrac{1}{2}\right)^2}\left\{\left(1+\frac{F_p}{4}\right)\left(\xi-\frac{1}{2}\right)^2\right.$$

$$\left. - \frac{(\overline{M}_{z,at}^2-1)}{4b}\left[8\xi^2-10\xi+5+2F_p\left(\xi^2-\xi+\frac{1}{2}\right)\right]\right\} \qquad (4-57)$$

当 $n=-0.5$ 时,有

$$\overline{M}_{\theta,et} = \sqrt{\frac{\lambda_t\varphi}{a}\left\{\frac{1}{1+\psi(F_p)} - \sqrt{\frac{1 - \dfrac{1}{\xi-2}\dfrac{(\overline{M}_{z,at}^2-1)}{b\varphi} + \phi(F_p)}{\left[1+\dfrac{2F_p(\ln\xi-\xi)}{4\ln\xi-6\xi+\xi^2} + (2+F_p)\psi(F_p)\right]^2}}\right\}}$$
$$(4-58)$$

$$\xi = \frac{R_{e,t}}{\Delta_t} \qquad (4-59)$$

$$\psi(F_p) = \frac{2F_p\left(\dfrac{\xi^2}{2}-2\xi+\ln\xi\right)}{4\ln\xi-6\xi+\xi^2} \qquad (4-60)$$

$$\phi(F_p) = \frac{F_p}{4(\xi-2)^2}\left\{(2+F_p)\left(\ln\xi+\frac{\xi^2}{2}-2\xi\right) - \right.$$

$$\left. \frac{(\overline{M}_{z,at}^2-1)}{4b}\left[\ln\xi-\xi+(2+F_p)\left(\ln\xi+\frac{\xi^2}{2}-2\xi\right)\right]\right\} \qquad (4-61)$$

通过等式(4-28),可以从两相流的等效马赫数得到气体马赫数。在式(4-51)~式(4-61)中,函数 $\psi(F_p)$ 和 $\phi(F_p)$ 与 F_p 有关。注意到当 $f_p=0$, $F_p=0$ 时,有 $\psi(F_p)=0$, $\phi(F_p)=0$。在这种情况下,式(4-51)、式(4-54)、式(4-58)是纯气相时的旋流表达式。

一、旋流类型和旋流强度

图4-26 显示了由上述一维理想模型预测的在不同旋流强度下,喷管喉部壁面切向马赫数与喉部轴向马赫数的关系曲线。几何喷管喉部的轴向马赫数随切向马赫数的增加(旋流强度的增加)而增加。另外,不同旋流模式下,喷管喉

部处轴向马赫数沿径向的分布不同,见图4-27。

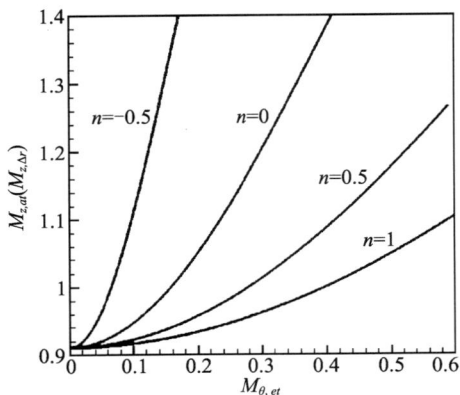

图4-26 不同旋流下的轴向马赫数分布

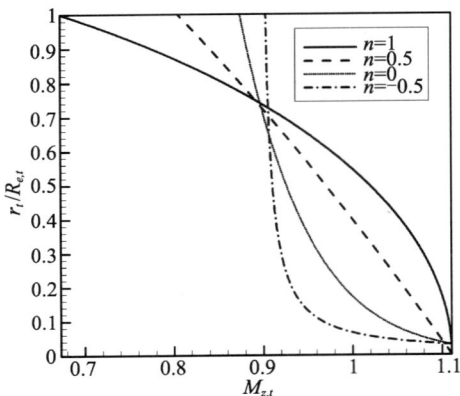

图4-27 几何喉部处轴向马赫数分布

图4-28至图4-30中还给出了一维理论模型与CFD计算结果的对比。可以看到一维理想预测结果与CFD的仿真结果吻合。实际的两相流旋流流动中,喉部处的轴向马赫数分布更接近 $n=1$ 类型的旋流,如图4-28所示;而喉部有效面积随旋流强度的关系曲线更接近 $n<0$ 的自由式涡流,如图4-29所示。

图4-28还说明拖曳阻力系数越大,喉部的轴向马赫数越小;含越小尺寸颗粒的两相旋流,喷管几何喉部处的轴向马赫数也越小。颗粒相的拖曳速度系数(也称作颗粒相的速度阻力系数)与粒子直径有关,粒子尺寸越大,拖曳速度系数越小[14]。

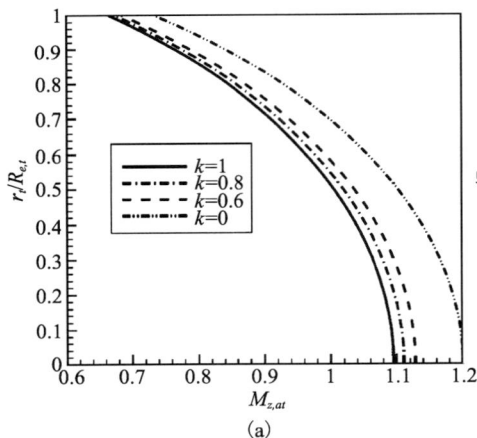

(a)

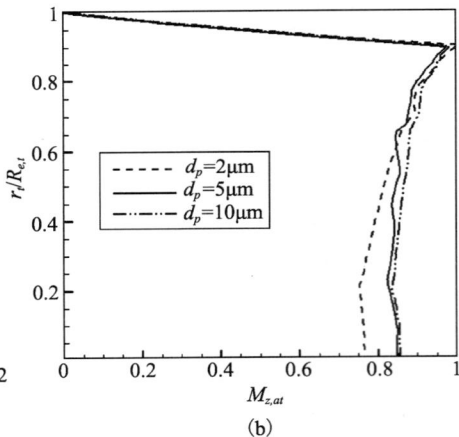

(b)

图4-28 不同旋流强度下的轴向马赫数分布

在 $r/R_{e,t}$ 为 $0\sim0.6$ 的范围内,数值模拟得到的几何喉部处的马赫数分布与理论模型结果的趋势基本一致。在靠近几何喉部壁面区域,两者存在明显的区别,这是由于在CFD模型中考虑了壁面粘性,而理想模型则忽略了粘性。

图4-29中的一维理论模型和CFD仿真表明:随着喉部壁面切向马赫数的

增加,即旋流强度的增加,旋流流体喉部的有效喉部面积减小。

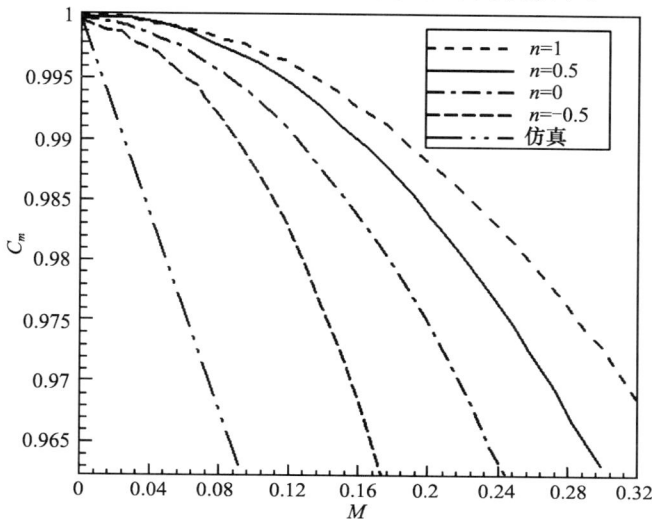

图 4-29　有效喉部面积随旋流强度的变化曲线

二、颗粒相的含量

除了上述提到的旋流强度与旋流类型会对旋流流体喉部喷管的特性造成影响之外,两相流的质量流率、颗粒相的直径也会对喷管喉部造成一定影响。

在喷管壁面切向马赫数相同的情况下,颗粒相含量越大,旋流的有效喉部面积越小,见图 4-30。这也说明,颗粒相的存在会使旋流的有效喉部面积变化范围要比纯气相的大。换句话说,要想使旋流的有效喉部面积变化范围大,可以适当增加颗粒相的质量流率。这也说明对于估计两相流条件下的旋流有效喉部面积时,不考虑颗粒相的扰动是不合理的。

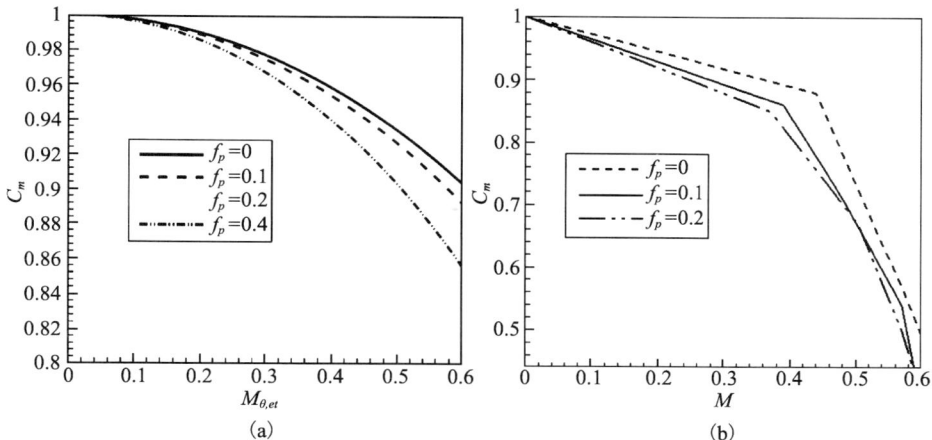

图 4-30　颗粒相含量对流体喉部有效面积的影响

三、颗粒相尺寸

旋流流体喉部的有效喉部面积,还与颗粒尺寸有关。图4-31表明,气体切向马赫数增加时,也就是旋流强度增加时,拥有较大拖曳速度系数的有效喉部面积减小得快些。

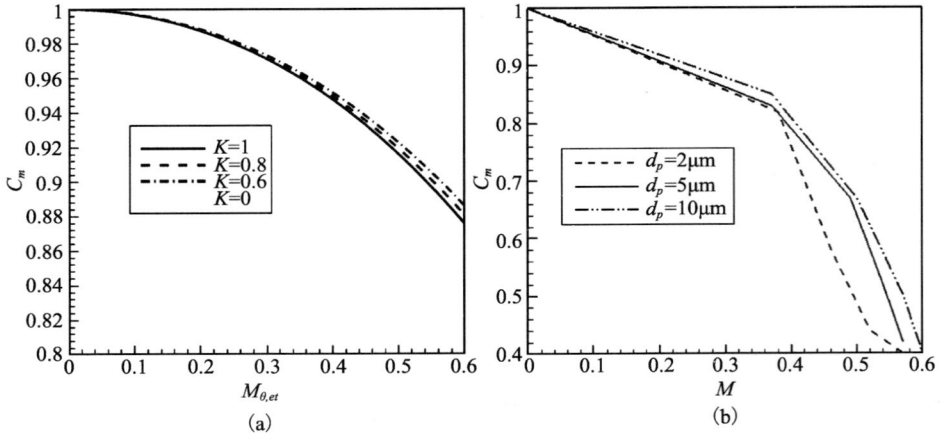

图4-31 不同颗粒尺寸对 C_m 的影响

图4-31(b)为利用CFD方法模拟得到的结果,其反映的规律和趋势与理论模型计算结果一致。拥有较大颗粒相速度阻力系数,较小直径的颗粒相两相流,其有效喉部面积变化范围大。

归纳上述两相旋流流体喉部的规律,在颗粒相质量流率和速度拖曳系数一定情况下,旋流强度越大,有效喉部面积越小;在旋流强度与速度拖曳系数一定情况下,有效喉部面积变化范围随颗粒相质量流率增大而增加;而固定旋流强度与颗粒相质量流率,速度拖曳系数越大,有效喉部面积变化范围越大。因此,对于两相旋流流体喉部,如果要获得更大的推力控制范围和质量流率变化范围,应该保证流场中颗粒尺寸小、颗粒相含量大并且旋流强度高。所以旋流流体喉部方案特别适合用在使用高含量金属粉末的贫氧推进剂的燃气发生器上调节流量。

参 考 文 献

[1] 孙敏,方丁酉,张超才. 二维喷管两相流动实验理论研究[J]. 航空学报,1988,9(11):572-576.

[2] 谢侃,刘宇,任军学,等. 两相流环缝塞式喷管理想型面的设计方法[J]. 固体火箭技术,2007,30

（3）:223 – 228.

[3] 谢侃,刘宇,任军学,等. 两相流环缝塞式喷管设计方法研究[J]. 航空学报,2007,28（6）: 1339 – 1344.

[4] 李雅娣,陈林泉,蹇泽群. 粒子尺寸分级的喷管两相流场计算[J]. 固体火箭技术,2003,26（3）: 32 – 34.

[5] 方丁酉,夏智勋,张为华. 固体火箭发动机性能预示[J]. 固体火箭技术,2000,23（1）:1 – 5.

[6] 陈林泉,侯晓,李岩芳,等. 固体火箭发动机喷管效率计算[J]. 固体火箭技术,2002,25（4）:9 – 11.

[7] Tang X,Wang F,Wu Y. An improved large eddy simulation of two – phase flows in a pump impeller[J]. Acta Mechanica Sinica,2007,23（6）:635 – 643.

[8] Guo YC,Chen XG,Xu CM. Applying theory of dense gas to model gas – particle flow[J]. Chem. React. Eng. Technol. 1999,115（4）:416 – 423.

[9] Tang XL,Xu Y,Wu YL. Kinetic model for silt – laden solid liquid two – phase flow[J]. Acta Mechanica Sinica,2002,34（6）:956 – 962.

[10] Tang XL,Qian ZD,Wu YL. Improved subgird scale model for dense turbulent solid – liquid two – phase flows[J]. Acta Mechanica Sinica,2004,20（4）:354 – 365.

[11] Chen S,Liu ZH,Shi BC,et al. A novel incompressible finite difference lattice Boltzmann equation for particle – laden flow[J]. Acta Mechanica Sinica,2005,21（6）:574 – 581.

[12] CoatsD E,Nickerson G R,DangA L,et al. Solid performance program（SPP）[R]. AIAA Paper 87 – 1701, 1987.

[13] 许宏涛. 固体火箭燃烧室内粒子取样方法研究[D]. 西安:中国航天科技集团公司第四研究 院,2007.

[14] Xie Kan,Liu Yu,Chen Xiaodong,et al. Study on methods for plug nozzle design in two – phase flow[R]. AIAA Paper 2009 – 5329,2009.

[15] Batson J L,Sforzini R H. Swirling flow through a nozzle[J]. Journal of spacecraft and rockets,1970,7 （2）:159 – 163.

第 5 章　流体喉部喷管的二次流喷射 TVC

前几章讨论了固发流体喉部大小的基本调节规律。在实际应用中,采用了二次流喷射的流体喉部喷管系统还可以与二次流喷射矢量控制(Thruster Vector Control,TVC)[1-22]系统自然的整合,使二次流喷射系统既能实现固体火箭发动机的推力大小控制,还能进行推力矢量控制。这种整合的方案可以有效地提高系统的效能,使流体喉部喷管更具工程应用价值。本章主要针对适合于固发流体喉部喷管的 TVC 方式及喷射参数进行讨论,重点对二次流同时控制喉部面积和主流偏转这一工况下流体喉部喷管的工作特点、性能及射流间的相互作用进行介绍。本章内容可为固发流体喉部喷管系统的总体方案设计、选型提供参考。

5.1　工作模式与 TVC 机制

适合使固发流体喉部喷管中的主流偏转产生侧向力的二次流喷射机制有两种:一种是通过在喉部附近引入非对称的二次流,使声速面在亚声速区产生偏转,同时实现流量控制和推力矢量控制(喉部倾斜矢量控制),如图 5-1(a)所示;另一种是在喷管扩张段喷入二次流产生诱导激波,从而使主流偏转进行矢量推力矢量控制(激波诱导矢量控制),如图 5-1(b)所示。

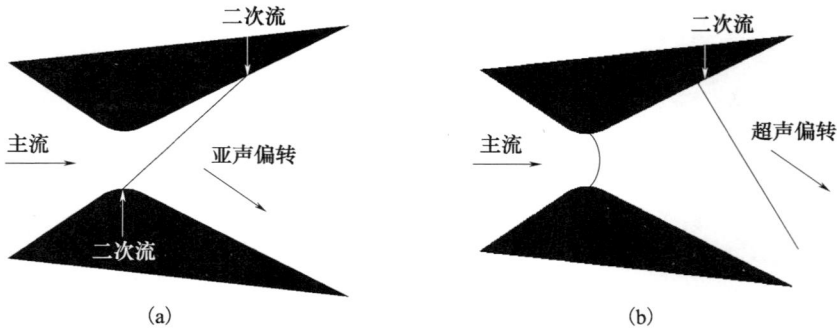

图 5-1　两种推力矢量控制方案的示意图
(a)喉道倾斜矢量控制方案;(b)激波诱导矢量控制方案(SVC)。

其中,二次流激波诱导 TVC 是一种较成熟的技术,目前已用在多个火箭发动机型号上。图 5-2 给出了这种 TVC 方式的物理过程和流场特征。在喷管扩张段的侧壁喷射入二次流后,这股二次流迅速膨胀并转折成附壁流动,对靠近喷射口一侧的超声速主气流形成一个障碍,类似于超声速气流绕钝头物体流动情况,从而在喷射口上游产生一道弓形激波。

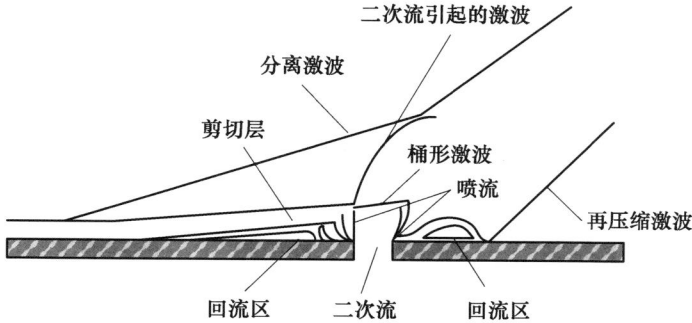

图 5 - 2　气体二次喷射物理图象

根据空气动力学理论,经过弓形激波后的主气流流动方向会发生偏转,流动参数也随之改变,导致整个喷管排气流离开喷管出口时不再通过喷管中心线,而是以一个偏斜角离开喷管,造成推力偏斜,其横向分量即为所需要的侧向控制力。

在不同的方位喷射二次流,就可以得到不同方向上的侧向力。通过调节二次流的某些参数,如二次流流量、二次流喷射角度等,就可以改变弓形激波的强度和角度,主气流偏斜程度也随之改变,从而达到控制侧向力大小的目的。因此,只要在喷管横截面的四个象限内各布置一套二次流喷射装置,就和全轴摆动的可动喷管一样,既能够实现全轴推力矢量控制,又能够提供飞行器俯仰和偏航控制力。

由于流体喉部喷管本身在喷管几何喉部处已有二次流喷射孔,因而也可以考虑使用喉部倾斜的 TVC 方式进行流体喉部喷管的全轴推力矢量控制。

5.2　推力矢量的稳态表征方法

无论是哪种二次流喷射的推力矢量机制,对于采用流体喉部喷管的固体火箭发动机来说,流体二次喷射产生的侧向力都由两部分组成:一部分是流体喷射的反作用力;另一部分是流体与燃气互相掺混、相互作用的扰流区与未扰流动的区域压强差所产生的的诱导作用力。所以侧向力的计算公式可表示为

$$F_n = F_{n,s} + F_{n,p} \qquad (5-1)$$

式中:F_n 为流体二次喷射产生的总侧向力;$F_{n,s}$ 为喷射流体产生的反作用力;$F_{n,p}$ 为扰流区与非扰流区之间的诱导侧向力。

从侧向力的计算公式可知,侧向力由二次流喷射的反用力 $F_{n,s}$ 和诱导侧向

力 $F_{n,p}$ 组成,两个分量可分别表示为

$$F_{n,s} = \dot{m}_s \cdot v_s + (p_{se} - p_{sa}) A_s \tag{5-2}$$

$$F_{n,p} = \int p ds_n \tag{5-3}$$

式中:$\dot{m}_s$ 为二次流的流量;v_s 为喷射出口二次流流速;p_{se} 为喷射出口二次流的压强;p_{sa} 为二次流喷射系统的环境压强;A_s 为二次流喷射出口的面积;p 为二次流扰动后喷管壁面的压强;ds_n 为喷管壁面的积分微元面积在侧向力方向上的投影。

从二次流喷射反作用力 $F_{n,s}$ 的表达式易知,二次流的喷射过程类似一台火箭发动机的工作过程,主要影响参数就是二次流的流量 $\dot{m}_s$、喷射口出口的速度 v_s、喷射口出口的压强 p_{se} 以及二次流喷射的出口面积 A_s。在二次流其他参数不变的情况下,二次流喷射孔出口的速度 v_s 和压强 p_{se} 与喷射孔的出口面积有关。由第 2 章的讨论可知,二次流喷嘴的流量则与二次流/主流的总压比和喷嘴位置有关。

而影响诱导侧向力 $F_{n,p}$ 的参数主要有两个:一个是二次流扰动后扰动区域内的压强增量;另一个是压强扰动区域的面积。在流体喉部喷管工作压比和二次流喷射孔位置不变的条件下,影响这两个参数的因素也主要与二次流的工作参数有关,如二次流的流量、喷射角度、总温、总压以及喷射孔的数量。

在表征推力矢量的侧向力大小和性能时用推力偏角 θ 表示,它定义为侧向力 F_n 与轴向力 F_a 之比的反正切值,即

$$\theta = \arctan\left(\frac{F_n}{F_a}\right) \tag{5-4}$$

在小的二次流/主流流量比范围内,还常使用推力矢量效率来表征侧向力性能,即

$$K_{va} = \frac{\theta}{(\dot{m}_s / \dot{m}_o) \times 100} \tag{5-5}$$

式中:$\dot{m}_s$ 为二次流的流量;$\dot{m}_o$ 为主流流量;θ 为相应流量比下的推力偏角。

推力矢量效率 K_{va} 的含义为每单位百分流量比的推力偏角值。而结合了二次流 TVC 系统的流体喉部喷管的推力效率仍然可以用两种效率表征方法 η_1、η_2 表示,定义见第 3 章式(3-15)、式(3-16)。合力计算公式为

$$F_t = \sqrt{F_n^2 + F_a^2}$$

其中,轴向力 F_a 的计算方法仍可用式(3-7)~式(3-12)计算,法向力 F_n 由式(5-1)~式(5-3)计算得到。

5.3　二次流 TVC 的六分力测量

固体火箭发动机的推力矢量实际上就是一个空间矢量。地面试验主要测量的就是该推力矢量的大小和方向。早期主要使用三点支撑式火箭推力压力试验

台配合光线示波器组成测试系统,这种方法测量精度低且后期数据处理要用人工方法来外理。随着多维力传感器的发展,六分力试验台的理论逐渐成熟,开始应用到航天领域。美国最早于 20 世纪 60 年代首次运用六分力试验台来测量具有矢量推力技术发动机的推力矢量,我国于 20 世纪 70 年代开始了六分力试验台的理论研究与实践应用工作。

目前六分力试验台(推力架)分为立式和卧式两种。这里以立式推力架为例介绍流体喉部喷管推力矢量的测量原理、测量误差和标定,如图 5 – 3 所示。图中测试的流体喉部喷管发动机结构参见第 2 章。

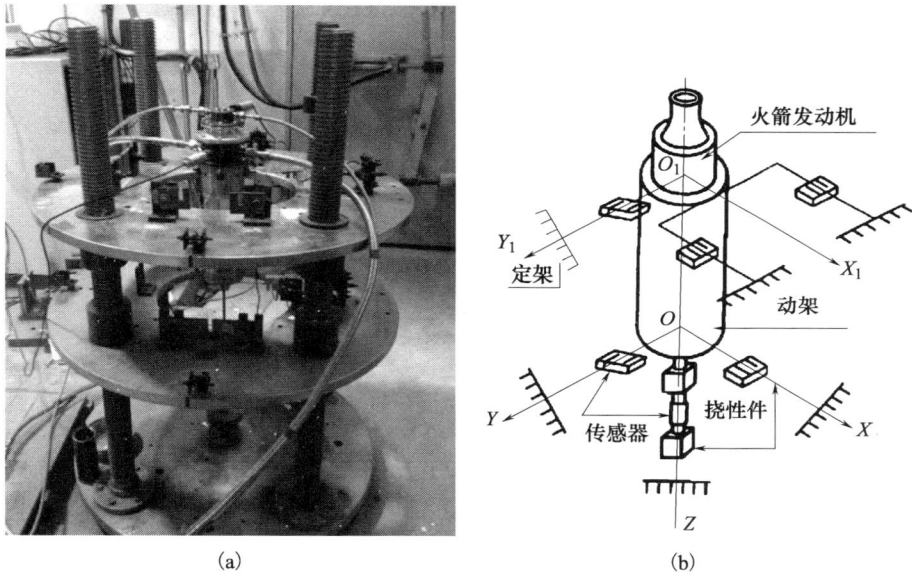

(a)   (b)

图 5 – 3　六分力推力架

5.3.1　六分力测量原理与推力架构成

对于要测量的流体喉部喷管发动机的推力矢量,通常其方向和作用点均是未知的;此时空间力系由 6 个未知分量组成,分别为 3 个垂直的力分量和 3 个垂直的力矩分量。六分力的试验台的任务就是通过一定数量的传感器来测出这 6 个分量,进而求解出发动机的推力矢量。原则上,六分力试验台的传感器数量不少于要测量的未知力分量数目。另外,传感器的布局还要相互独立,各个测量分量之间的干扰要尽可能小,如使用挠性杆结构等。

六分力试验台主要由动架、定架、测力组件、标定组件和计算机数据采集系统组成,其主要组成示意图见图 5 – 3。

(1)动架是定位和固定试验发动机的重要结构,动架的设计要求较高,主要有以下几点:①在保证有足够高的强度和刚度条件下,尽可能减少它的质量,并使

89

质量分布尽可能地均匀对称,并使惯性力矩尽可能小;②与火箭发动机的轴向和径向配合,都要保证有较高的精度,使火箭发动机的轴线与动架轴线同轴的误差尽可能的小;③与扰性件组合件连接的位置,包括角度与距离,都必须有足够的精度。

(2)定架是由钢筋混凝土基座和金属结构的立柱两部分组成,主要用于安装传感器、挠性组件、原位标定组件,对定架的要求是保证足够的强度和刚度。

(3)测力组件主要包括1组主推力测力组件和5组侧向力测力组件。测力组件包括传感器和挠性组件,其中圆杆式柔性件是一种常用的挠性组件。

(4)标定组件主要包括滑轮、支架和砝码。标定组件主要用来在试验前对推力架的综合静态精度进行标定。

5.3.2 六分力测量力学模型

可将图5-3中的六分力试验台结构简化为如图5-4所示的力学模型。以O为原点建立空间直角坐标系和平面直角坐标系,各轴的正方向如图所示。其中,C为发动机的质心,传感器受拉为正、受压为负。力矩正方向按右手螺旋法则。$F_1 \sim F_6$各力的正方向如图所示。$2R$为F_1和F_2两个方向的水平距离,L为两个坐标系平面的距离。

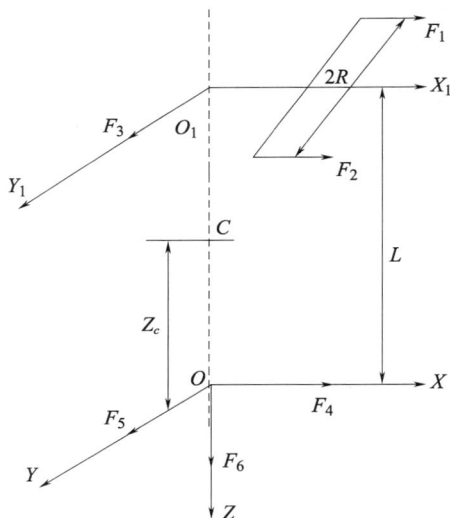

图5-4 六分力试验台简化力学模型

一、分力和分力矩

设O点为简化中心,由刚体平衡条件可得分力和分力矩的平衡方程为

$$\begin{cases} F_X = -(F_1 + F_2 + F_4) \\ F_Y = -(F_3 + F_5) \\ F_Z = -F_6 \end{cases} \quad (5-6)$$

$$\begin{cases} M_X = F_3 \times L \\ M_Y = -(F_1 + F_2) \times L \\ M_Z = (F_1 - F_2) \times R \end{cases} \qquad (5-7)$$

式中：$F_1 \sim F_6$ 为传感器测得的相应方向力的数值；F_X、F_Y、F_Z 分别为主推力在 X、Y、Z 轴正方向的投影；M_X、M_Y、M_Z 分别为主推力对 O 点的矩在 X、Y、Z 轴正方向上的投影。

二、推力偏心距和幅角的计算

如图 5-5 所示，ρ 为推力偏心距，ϕ 为 CD 与 X 轴的夹角，称为幅角。γ 为推力偏心角。推力偏心距、推力偏心角和幅角是描述发动机主推力矢量偏心程度的参数。由图可得

$$\rho = \overline{CD} = \sqrt{CM^2 + CN^2} = \sqrt{\rho_X^2 + \rho_Y^2} \qquad (5-8)$$

$$\varPhi = \arctan \frac{\rho_Y}{\rho_X} \qquad (5-9)$$

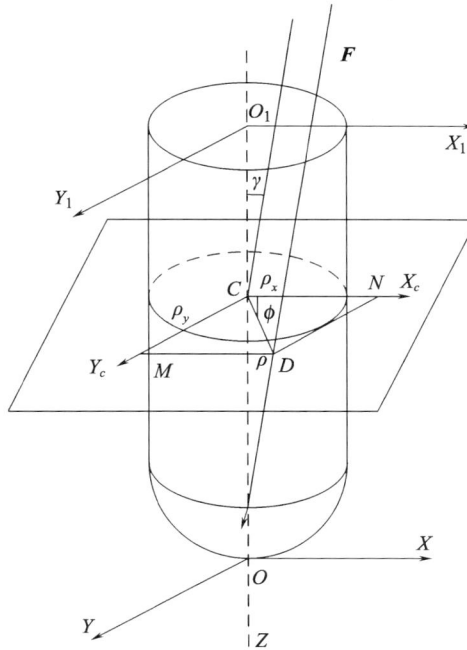

图 5-5　推力偏心距和幅角示意图

根据力的平移定理，由式（5-6）和式（5-7）得到发动机主推力在 O 点简化的一个主矢 F 和主矩 M，可以将力矩 M 分解为平行于 F 的力矩 $M_{/\!/}$ 和垂直于 F 的力矩 $M_{\perp}$。如果点 C 的坐标为 $(0,0,Z_C)$，则点 D 的坐标为 (ρ_X,ρ_Y,Z_C)，并有

$$\boldsymbol{M}_{\perp} = \boldsymbol{OD} \times \boldsymbol{F} = \begin{vmatrix} \boldsymbol{i} & \boldsymbol{j} & \boldsymbol{k} \\ \rho_X & \rho_Y & Z_C \\ F_X & F_Y & F_Z \end{vmatrix}$$

$$= (\rho_Y F_Z - F_Y Z_C)\boldsymbol{i} + (F_X Z_C - \rho_X F_Z)\boldsymbol{j} + (\rho_X F_Y - F_X \rho_Y)\boldsymbol{k} \qquad (5-10)$$

$$\boldsymbol{M}_{/\!/} = \boldsymbol{M} - \boldsymbol{M}_{\perp} = (M_X + Z_C F_Y - \rho_Y F_Z)\boldsymbol{i} +$$
$$(M_Y + \rho_X F_Z - Z_C F_X)\boldsymbol{j} + (M_Z + \rho_Y F_X - \rho_X F_Y)\boldsymbol{k} \qquad (5-11)$$

由于 $M_{/\!/} /\!/ F$ 中可得

$$\frac{M_{/\!/X}}{F_X} = \frac{M_{/\!/Y}}{F_Y} = \frac{M_{/\!/Z}}{F_Z} = \frac{M_{/\!/}}{F} \qquad (5-12)$$

解得

$$\begin{cases} M_{/\!/X} = \dfrac{F_X}{F} M_{/\!/} \\[2mm] M_{/\!/Y} = \dfrac{F_Y}{F} M_{/\!/} \\[2mm] M_{/\!/Z} = \dfrac{F_Z}{F} M_{/\!/} \end{cases} \qquad (5-13)$$

由式(5-11)和式(5-13)可得

$$\begin{cases} M_X + Z_C F_Y - \rho_Y F_Z = \dfrac{F_X}{F} M_{/\!/} \\[2mm] M_Y + \rho_X F_Z - \rho_Y F_Z = \dfrac{F_Y}{F} M_{/\!/} \\[2mm] M_Z + \rho_Y F_X - \rho_X F_Y = \dfrac{F_Z}{F} M_{/\!/} \end{cases} \qquad (5-14)$$

$$\begin{cases} \rho_X = \dfrac{F_X}{F_Z} Z_C - \dfrac{M_Y}{F_Z} + \dfrac{F_Y}{F F_Z} M_{/\!/} \\[2mm] \rho_Y = \dfrac{F_Y}{F_Z} Z_C + \dfrac{M_X}{F_Z} - \dfrac{F_X}{F F_Z} M_{/\!/} \\[2mm] M_{/\!/} = \dfrac{1}{F}(M_X F_X + M_Y F_Y + M_Z F_Z) \end{cases} \qquad (5-15)$$

一般情况下, $M_{/\!/}$ 的数量级在 $10^{-4} \sim 10^{-6}$ 之间, 可以忽略不计, 故式(5-15)可化简为

$$\begin{cases} \rho_X = \dfrac{F_X}{F_Z} Z_C - \dfrac{M_Y}{F_Z} \\[2mm] \rho_Y = \dfrac{F_Y}{F_Z} Z_C + \dfrac{M_X}{F_Z} \end{cases} \qquad (5-16)$$

将式(5-6)、式(5-7)代入到式(5-16)得到

92

$$\begin{cases} \rho_X = \dfrac{1}{F_6}\left[\,(F_1 + F_2)(Z_C + L) + Z_C F_4\,\right] \\ \rho_Y = \dfrac{1}{F_6}\left[\,F_3(Z_C + L) + Z_C F_5\,\right] \end{cases} \tag{5-17}$$

式（5-17）中，Z_C 和 L 都为常数，故可以求解出 ρ_X 和 ρ_Y 值。由此根据式（5-8）、式（5-9）可以解出 ρ 和 φ 的值。

推力偏心角 γ 计算方程组为

$$\begin{cases} \tan\gamma = \dfrac{\sqrt{F_X^2 + F_Y^2}}{F_Z} \\ \gamma = \arctan\left(\dfrac{\sqrt{F_X^2 + F_Y^2}}{F_Z}\right) \end{cases} \tag{5-18}$$

主矢与主力矩分别为

$$F = \sqrt{F_X^2 + F_Y^2 + F_Z^2} \tag{5-19}$$

$$M = \sqrt{M_X^2 + M_Y^2 + M_Z^2} \tag{5-20}$$

5.3.3　测量误差和标定

对于二次流推力矢量试验，由于测量的力为非交变力，可采用静态标定方法得到推力架的系统误差。

一、静态标定方法

六分力测试系统静态标定的主要目的是获得六路传感器的输出与发动机主推力在 6 个方向的分力线性关系，可用矩阵形式表示为

$$X = KF + B \tag{5-21}$$

$$X = \begin{bmatrix} x_1 \\ x_2 \\ \vdots \\ x_6 \end{bmatrix} \quad K = \begin{bmatrix} k_{11} & k_{12} & \cdots & k_{16} \\ k_{21} & k_{22} & \cdots & k_{26} \\ \vdots & \vdots & \ddots & \vdots \\ k_{61} & k_{62} & \cdots & k_{66} \end{bmatrix} \quad F = \begin{bmatrix} F_1 \\ F_2 \\ \vdots \\ F_6 \end{bmatrix} \quad B = \begin{bmatrix} b_1 \\ b_2 \\ \vdots \\ b_6 \end{bmatrix}$$

式中：F_i 为第 i 方向的力；x_i 为第 i 方向传感器的输出；k_{ij} 为第 j 方向力对第 i 方向传感器输出影响程度的大小；矩阵 K 为标定矩阵；矢量 B 为六分力测试系统的等值系统误差。

静态线性标定方法根据标定方式可以分为两种。一种是较常用的方式，称为独立标定法。它采用各路分别标定的方式，即分别向动架施加不同方向的标定力，读取六路传感器的输出电压值，然后计算标定参数矩阵。另一种称为同时标定法。该法采用六路同时标定的方式，即同时向动架加载各个不同方向的标定力，读取六路传感器的输出读数，然后求解标定矩阵参数：

一种简便的六分力测试系统原位静态标定装置见图 5-6。该装置包括主

推力标定装置、侧向力标定滑轮、支架、绳索和砝码。对于图中的方案,可采用 1、2 路同时标定,3～6 路分别标定。标定过程中砝码通过滑轮绳索与动架相连。

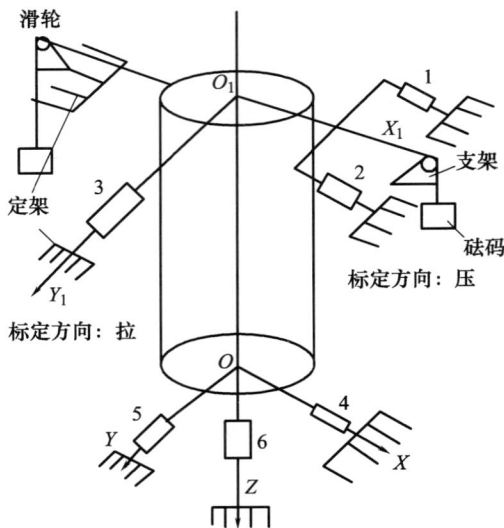

图 5-6　独立标定方法

以单通道为例,如果系统标定次数为 2 次,标定阶数为 3,则标定全过程采样过程如图 5-7 所示。

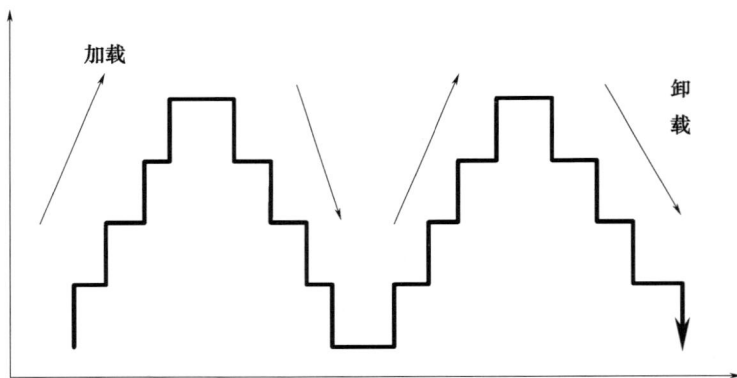

图 5-7　标定过程的加载与卸载

二、静态标定系统数据处理

六分力测试系统的 6 个通道可看成线性系统,其静态性能包括非线性、重复性、滞后性等指标。系统的静态指标特性可由测量的静态特性曲线得到。

如果对六分力台的 6 个通道采用独立标定法,假设向 j 方向施加标准力 F_j,则各方向传感器输出读数 x_i 与 F_j 之间的关系为

$$\begin{cases} x_1 = k_{1j}F_j + b_1 \\ x_2 = k_{2j}F_j + b_2 \\ \quad \vdots \\ x_6 = k_{6j}F_j + b_6 \end{cases} \qquad (5-22)$$

通过线性拟合方法可求得 6 个通道标定数据的拟合曲线,即为静态特性曲线。拟合方法通常采用最小二乘法。根据最小二乘法原理,对式(5-22)处理可得

$$\begin{cases} k_{ij} = \dfrac{\sum\limits_{j=1}^{n}(x_{ik}-\overline{x_i})(F_{jk}-\overline{F_j})}{\sum\limits_{j=1}^{n}(F_{jk}-\overline{F_j})^2} \\ B_{ij} = \overline{x} - k_{ij_i}\overline{F_j} \end{cases} \qquad (5-23)$$

式中:B_{ij} 代表当向 j 方向加标定力源时根据最小二乘法得到的值。

单通道的 B_i 估计值可以通过对 B_{ij} 求平均得到,即

$$B_i = \frac{1}{6}\sum_{j=1}^{6} B_{ij} \qquad (5-24)$$

从而线性回归方程为

$$\overline{x_i} = K_{ij}F_j + B_i \qquad (5-25)$$

矩阵形式为

$$X = KF + B \qquad (5-26)$$

式中:K 为灵敏度矩阵。

式(5-22)为传感器输出电压与各方向力的关系。在试验时,需要通过各路传感器的输出电压求出各方向上力的值,因而将式(5-26)改写为

$$F = K^{-1}(X - B) \qquad (5-27)$$

式中:K^{-1} 称为解耦矩阵。

三、测试系统的不确定度分析

六分力测试系统中产生测量不确定度的主要原因(误差源)有:

(1)传感器的测量误差;

(2)第 6 路传感器轴线和动架轴线的不同轴性引起的误差;

(3)第 1~5 路传感器实际位置偏离理论直角坐标系的轴线而引起的误差;

(4)火箭发动机轴线及动架轴线与测量坐标的不同轴性引起的误差;

(5)扰性件组合件与动架之间的反作用及其相互之间的干扰引起的误差;

(6)标定误差(标定传感器的精度误差、标定装置的误差等);

(7)电测系统误差。

图 5-8 给出了典型通道间干扰的标定数据图,图中 2 通道加载时,3 通道的零点发生漂移,并且漂移量与 2 通道加载的力值有关。

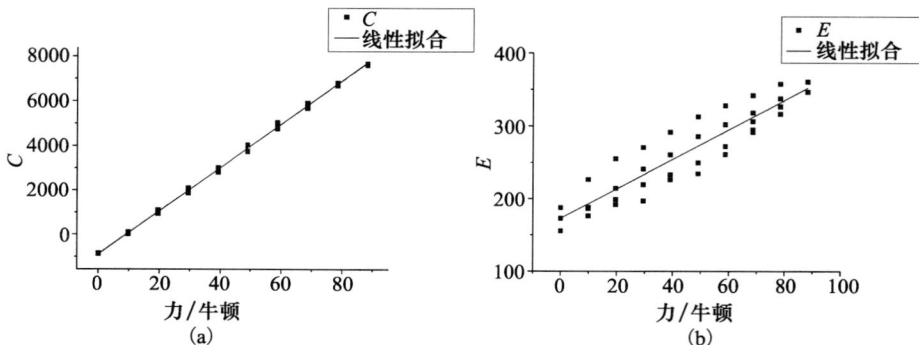

图 5-8 通道间的耦合干扰
(a)2 通道;(b)3 通道。

下面对几种主要误差的性质、大小以及对推力及偏心角的影响做简要分析。

（一）安装误差

安装引起的测量误差包括火箭发动机轴线与测量的 Z 轴（铅垂线）平行移动 dL 而引起的测量误差、火箭发动机轴线与 Z 轴的夹角 dθ 引起的测量误差。这些误差都是相互独立的。

（1）dL 引起的测量误差。

首先分析火箭推力轴线在测量坐标系 YOZ 平面投影下的误差，如图 5-9 所示。

图 5-9 中，F_3 为第 3 路挠性杆的反力，F_5 为第 5 路挠性杆的反力，F_6 为第 6 路挠性杆的反力，F 为火箭的推力，L 为火箭推力线在 OXY 平面内偏离 O 点的距离，θ 为火箭推力线与轴线的夹角，l 为上挠性杆测量面和下挠性杆测量面的距离。

由图 5-9 分析可以得到计算公式为

$$F_5 \cdot l = F \cdot L\cos\theta$$

所以，对 L 求导后可得 $\mathrm{d}F_5 = \dfrac{F\cos\theta}{l}\mathrm{d}L$。

同理，$\mathrm{d}F_3 = \dfrac{F\cos\theta}{l}\mathrm{d}L, \mathrm{d}F_6 = 0$。

在 XOY 平面有 $\mathrm{d}F_4 = \mathrm{d}F_5, \mathrm{d}F_1 = \mathrm{d}F_2 = 0.5\mathrm{d}F_3$。

（2）dθ 引起的测量误差。

由图 5-10 中的关系可得 $F_6 = -F\cos\theta$。

因此，$\mathrm{d}F_6 = F\sin\theta \mathrm{d}\theta$。

由 $F_5 \times l = F \times 0$，有 $\mathrm{d}F_5 = 0$。

由 $F_3 \times l = F \times l \times \sin\theta$，有 $\mathrm{d}F_3 = F\cos\theta \mathrm{d}\theta$。

同理，在 XOZ 平面有 $\mathrm{d}F_4 = \mathrm{d}F_5, \mathrm{d}F_1 = \mathrm{d}F_2 = 0.5\mathrm{d}F_3$。

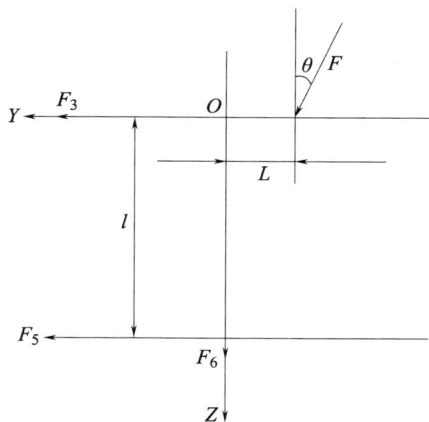

图 5 - 9　安装位置引起的测量误差　　　　图 5 - 10　安装角度引起的误差

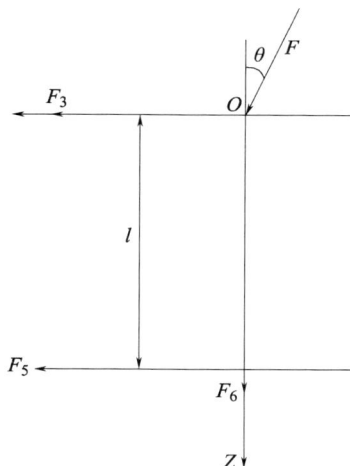

（二）标定误差

传感器进行原位标定时将带来静态标定误差。这个误差为一综合值,可由多次标定数据及拟合的静态特性曲线得到。

（三）加载力源不确定度

原位标定系统误差在很大程度上取决于标定系统的测量误差和标定力加载误差。标定系统的测量误差主要源自于数据采集系统的信号检测和放大电路的漂移,以及各种干扰所引起的误差。标定力加载误差可分为标定力值大小的偏差和标定力位置的偏差。标定力的位置偏差,可以经过水平仪、百分表等仪器将其减小甚至消除。

（四）综合不确定度

六分力测试系统的综合不确定度由以上方面的不确定度组成,且各个不确定度相互独立。六分力测试系统的综合不确定度计算公式可表示为

$$dF_{1-6} = \sqrt{\sum_{i=1}^{n} dF_i^2} \qquad (5-28)$$

表 5 - 1 给出了某六分力推力架的主要误差源及误差数值,其中标定误差是主要的。这是因为该误差已经是一个综合值。需要注意的是对于流体喉部喷管,与之相连的二次流管路也会对六分力测量产生影响。可以采用柔性连接,如较长的波纹管,将管路的影响降到最低。另外,标定中需要发动机连接二次流管路一起进行标定,相当于把管路的影响当于作系统误差包含在标定误差中。

表 5 - 1　典型的六分力推力架误差源及数值

	通道 1	通道 2	通道 3	通道 4	通道 5	通道 6
dL	0.07%	0.07%	0.14%	0.14%	0.14%	0.00%

	通道 1	通道 2	通道 3	通道 4	通道 5	通道 6
dθ	0.29%	0.29%	0.58%	0.00%	0.00%	0.00%
标定	4.62%	4.83%	3.61%	1.6%	2.83%	0.95%
加载力源	0.50%	0.5%	0.5%	0.5%	0.50%	0.50%
综合不确定度	4.60%	4.80%	3.66%	1.70%	2.87%	1.07%

5.4　喷嘴位置与 TVC 特征

当喉部和扩张段内同时存在二次流喷流时,二次流与主流的作用特征、机制与喷嘴的相对位置有很大关系。在二次流与主流的流量比不变的前提下,不同喷嘴位置时不对称喷射的流场特征见图 5-11。图中喉部处的二次流喷嘴 D_{i1} 位置固定并处在参考坐标系的原点,D_{i2} 是表示喷管扩张段上的二次流喷嘴位置,两者的间距为 D_i。

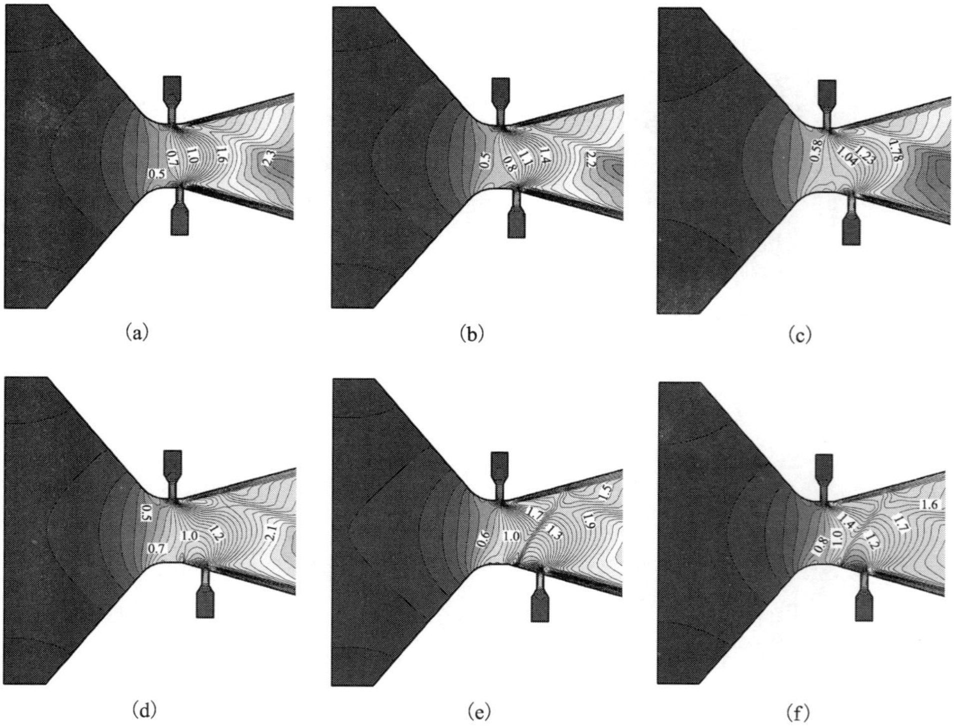

图 5-11　不同喷嘴位置下的等马赫数云图
(a)$D_i/D_t = 0.125$;(b)$D_i/D_t = 0.25$;(c)$D_i/D_t = 0.375$;
(d)$D_i/D_t = 0.5$;(e)$D_i/D_t = 0.625$;(f)$D_i/D_t = 0.75$。

当喉部处和扩张段的喷嘴靠的较近时，一般地 D_i/D_t 在 0.12 ~ 0.5 时，二次流使主流偏转的机制表现为喉部倾斜方式。喉部与扩张段壁面上的不对称二次流喷射使得喉部声速面倾斜，主流在喷管收缩段就开始发生偏转，这是喉道倾斜矢量控制的主要特征。此时，侧向力主要是由声速面倾斜引起的。

D_i/D_t 继续增大时，喉部声速面倾斜的特征减弱，扩张段上的二次流喷嘴前开始出现明显的弓形激波，此时二次流与主流的作用机制开始表现为激波诱导方式（SVC）。侧向力由声速面倾斜与激波诱导作用共同产生，并且声速面倾斜的程度减小。

如果 D_i/D_t 继续增大，则喉道倾斜特征基本消失，喉部的二次流只起到缩小喉道面积的作用，此时侧向力主要由扩张段上的二次流激波诱导方式产生。

图 5 - 12 给出了不同流体喉部喷管，包括二元喷管、三维轴对称喷管模型，在不同压比、喷嘴位置下，推力偏角随流量比的变化曲线。其中三维轴对称"喷管 3D - 1"对应 5.7 节表 5 - 2 中的"喷管 - B2"，"喷管 3D - 2"对应该节中的"喷管 - B1"。

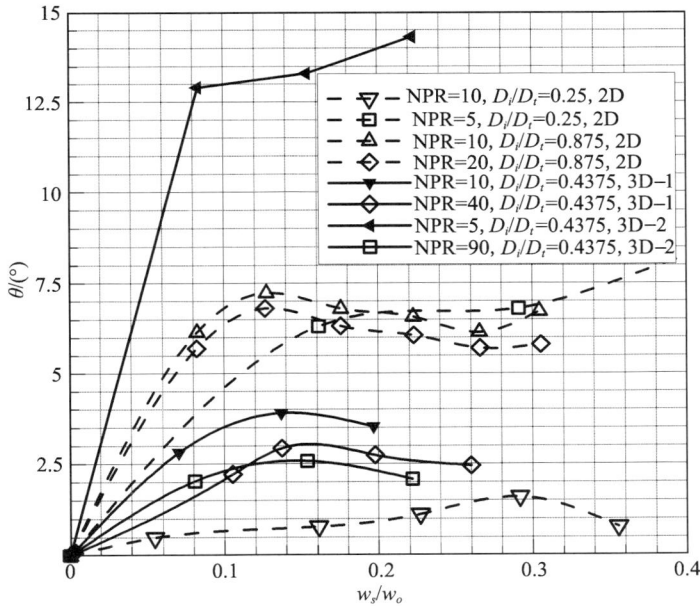

图 5 - 12　矢量角随流量比的变化

对于喉部和扩张段这种不对称二次喷流情况，无论是哪种侧向力产生机制为主，二元喷管和三维喷管都呈现了较一致的变化趋势。推力偏角随二次流流量比的增加先近似线性增加，随后当二次流流量比继续增加到一定值时，推力偏角曲线斜率逐渐转变缓。当扩张段处喷嘴较接近喉部时，喷管对应的流量比转折点较大（30% 左右），而对应的最大推力偏角 θ_{max} 较小。当扩张段处的喷嘴处于扩张段中间位置附近时,对应的流量比转折点较小(12% 左右),而对应的最大推力偏角 θ_{max} 较大。

流体喉部喷管这种不对称喷射所表现的规律与单射流的激波诱导情况实际上是类似的,即每种喷嘴位置会对应一个最大偏转角 θ_{max}。喷嘴位置越靠近喉部,最大推力偏角越小。无论是单射流还是不对称双射流情况,喉道倾斜机制还是以激波诱导机制为主,侧向力随流量的变化规律与传统 SVC 类似,即推力偏角在一定的流量范围内,随着喷射流量的增加而增加,当喷射流量达到某一特定值后,推力偏角达到最大值,而后流量继续增加,推力偏角下降。对于 SVC,当二次流流量达到某一值后,扰流逐渐扩大到整个喷管壁面上(弓形激波打到对面的喷管壁面),有一部分侧向力互相抵消,导致整个侧向力降低,如图 5-13 所示。对于喉部倾斜推力矢量方式,二次流量增大到一定值后继续增加,扩张段上下侧的二次流影响区同时向喷管轴线扩大并趋于对称,使得主流在扩张段内的倾斜程度减小,流场及壁面压强分布也趋于对称。

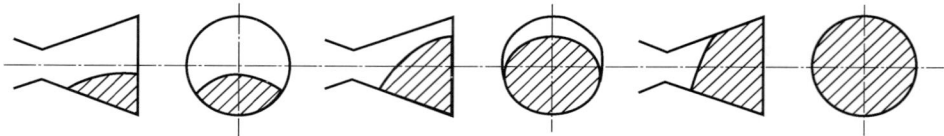

图 5-13 传统轴对称喷管流体二次喷射推力矢量控制侧向力与二次流流量的关系

在实际应用中,流量比大于转折点的工况是应该避免的,否则此时二次流量的进一步增大会导致推力偏角的负增益或零增益。另外,图 5-12 还说明两种机制的矢量控制方式都可以使用推力矢量效率 K_{va} 这一线性化参数表征在转折点前二次流改变推力偏角的效益。

图 5-14(a) 给出了在不同压比下,流体喉部喷管推力矢量效率随喷嘴位置的变化曲线。可以看出,随着扩张段上的喷嘴逐渐远离喷管喉部,喷管推力矢量效率增加。对于扩张比较大的喷管,采用传统的激波诱导方式较合适,因为在可接受的喷管效率下,扩张段上的喷嘴可以布置在下游稍远的位置,以获得更大的推力偏角和推力矢量效率。

但同时注意到,在接近设计压比及高压比条件下,喉道倾斜方式比激波诱导方式的推力损失要小,见图 5-14(b)。这是因为喉道倾斜方式下的主流在亚声速区就开始偏转,流场中无明显的强激波(在低压比的工况下,由于喷管扩张段存在复杂的流动分离和回流,推力效率的变化趋势则和高压比时相反)。因而,可以视总体要求和具体的喷管参数选择合适的二次喷射 TVC 方式。

另外,当喷嘴位置固定不变时,在设计压比附近及高压比条件下,无论哪种 TVC 方式,其推力效率随压比的升高而下降,见图 5-14(c)、(d)。这与第 2 章中仅有喉部存在二次流时的情况类似。

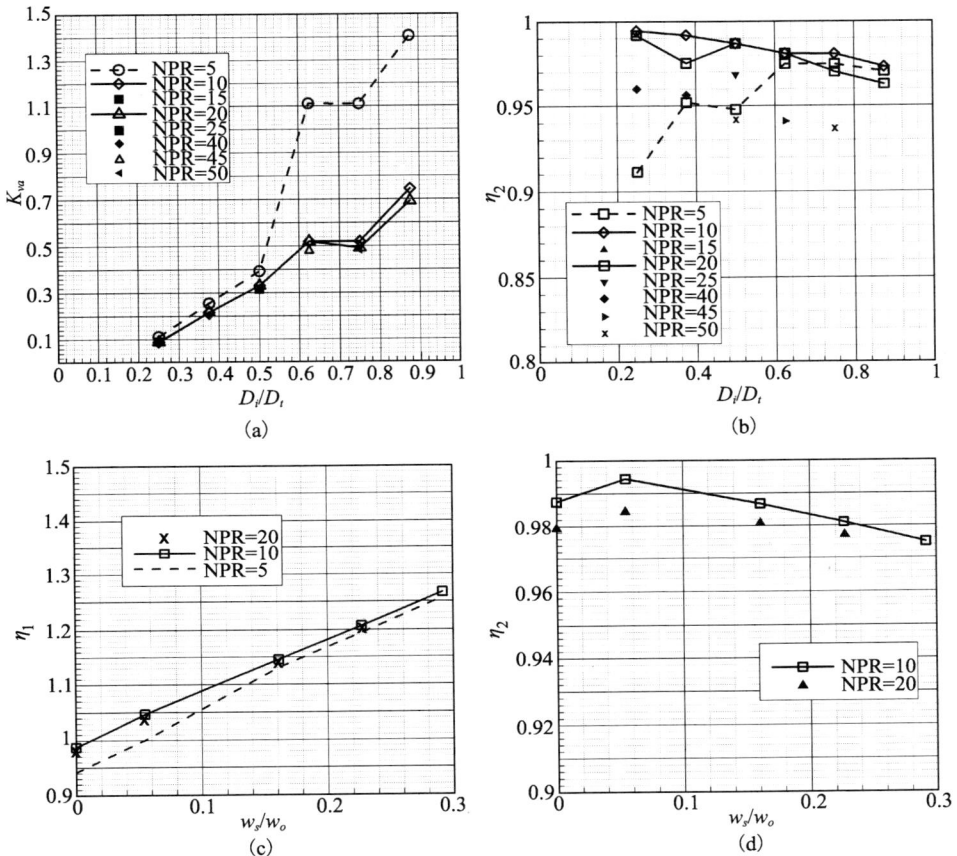

图 5 – 14　推力矢量效率与喷管效率

（a）推力矢量效率随喷嘴位置的变化；（b）推力效率 η_2 随喷嘴位置的变化；

（c）$D_i/D_t = 0.25$；（d）$D_i/D_t = 0.25$。

　　两种机制下所形成的流体喉部的扼流性能也是不同的，见图 5 – 15。在喉部倾斜推力矢量机制里，声速面是倾斜的，因此该方式中扼流和矢量控制两者是耦合的。二次流激波诱导推力矢量机制中声速面基本不受下游超声速扩张段上 SVC 的影响，因而在该机制中主要关心喉部喷流对 SVC 性能的影响。

　　由于一般的固体火箭发动机喷管扩张比都较大（相对战机、无人机上的喷管和冲压发动机使用的喷管而言），并且二次流激波诱导推力矢量技术更成熟，因而 5.5 节 ~ 5.7 节集中讨论二次流激波诱导推力矢量用于流体喉部喷管时的特性。特别是当流体喉部喷管既要调节推力大小又要提供侧向力时，喉部及扩张段都会注入二次流。如果采用的喷射方式不合理，由式（5 – 1）~ 式（5 – 3）可知：二次流喷射产生的侧向力 $F_{n,s}$ 会减小，喉部的射流会对下游扩张段上的射流产生干扰，可能会使激波诱导引起的压差减小，从而使侧向力减小。

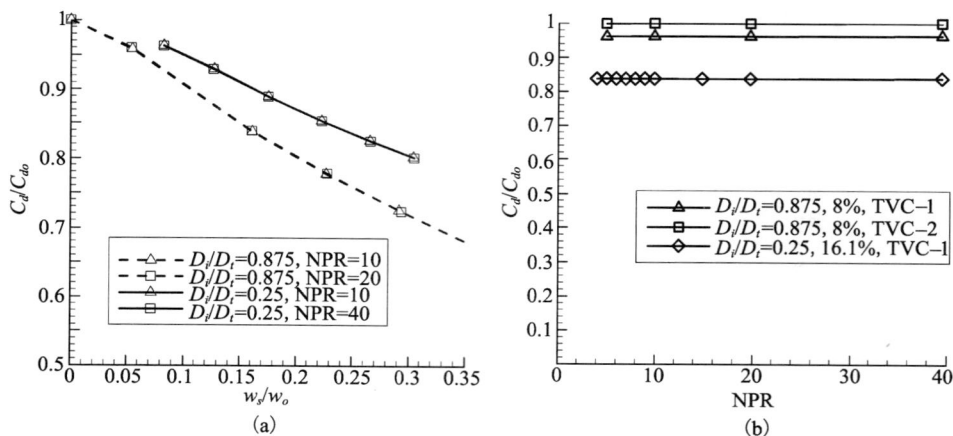

图 5-15　流量系数比曲线

5.5　喉部喷流对 SVC 性能的影响

5.5.1　二元流体喉部喷管的不对称喷射

当系统要同时进行喉部面积调节和推力矢量控制时，喉部处和扩张段处会同时存在射流[23]。在这种工况下，可以有三种喉部喷射模式与 SVC 的二次流配合工作，即：①喉部处只有半侧喷射二次流进行喉部面积调节，而喉部和扩张段的射流不同侧，即不对称喷射；②喉部处只有半侧喷射二次流进行喉部面积调节，但喉部和扩张段的射流同侧；③喉部处全周都喷入二次流，扩张段单侧喷射。本节先以第一种喷射模式为例，说明喉部处的射流方式对 SVC 的干扰和影响。在下节将以轴对称喷管为例对以上三种喷射模式和喷嘴组合方案进行更详细的比较，以帮助选择合适的喷射模式，使之能同时兼顾喉部调节和推力矢量性能。

喉部的二次流会对 SVC 的性能带来影响，见图 5-16。图中喉部处的二次流量为 w_{s1}，扩张段处的流量为 w_{s2}，总的二次流量为 w_s，"TVC-1"代表喉部处同时存在喷流时的 SVC，"TVC-2"则代表了喉部无二次流时的传统 SVC。图 5-16(a)为推力矢量角随总二次流量比的变化曲线，可以明显看到喉部有无二次流时的推力矢量角-流量比曲线不相同。

一般来说，在气-气流体喉部中采用不对称喷射方案，会一定程度抵消扩张段处二次流喷射所产生的侧向力，造成可达的最大推力矢量偏角减小，并且对应的转折流量比增大。

图 5 – 17 给出了"TVC – 1"、"TVC – 2"在不同压比下二次流系统喷射产生的侧向力 $F_{n,s}$ 与总侧向力 F_n 的比值。在使用相同的总二次流流量比时,传统 SVC 的二次流喷射系统所产生的直接侧向力比重比喉部存在二次流时大,也反映了不对称的喉部二次流对下游 SVC 的影响。

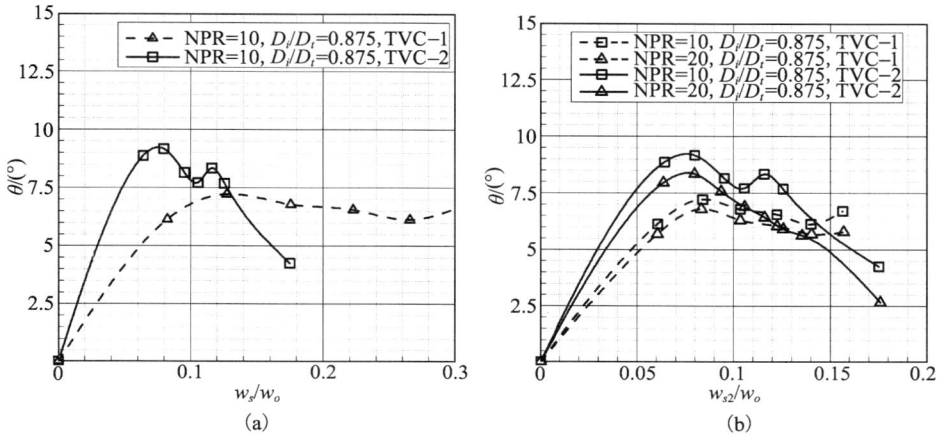

图 5 – 16 喉部喷流的影响

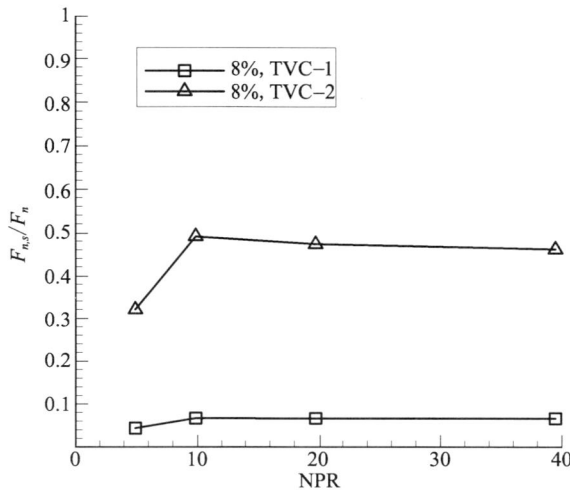

图 5 – 17 二次流侧向力贡献及性能曲线

图 5 – 18 比较了有无喉部二次流时,SVC 在不同压比时的推力效率随流量比的变化。在相同的总二次流流量/主流流量比情况下,一般分两种情况:①在设计压比附近时,喉部有无二次流的推力效率相当;②在高压比时,当 $w_s/w_o >$ 10%,"TVC – 2"的推力效率会明显低于"TVC – 1"。这是因为在相同的总二次流流量比下,"TVC – 1"的一部分二次流分配在喉部用于扼流,而"TVC – 2"的全

部二次流都是在扩张段上喷入用于矢量控制,激波损失大。图 5-18(b)给出了不同压比下喉部处喷流对 SVC 推力矢量效率带来的影响变化。

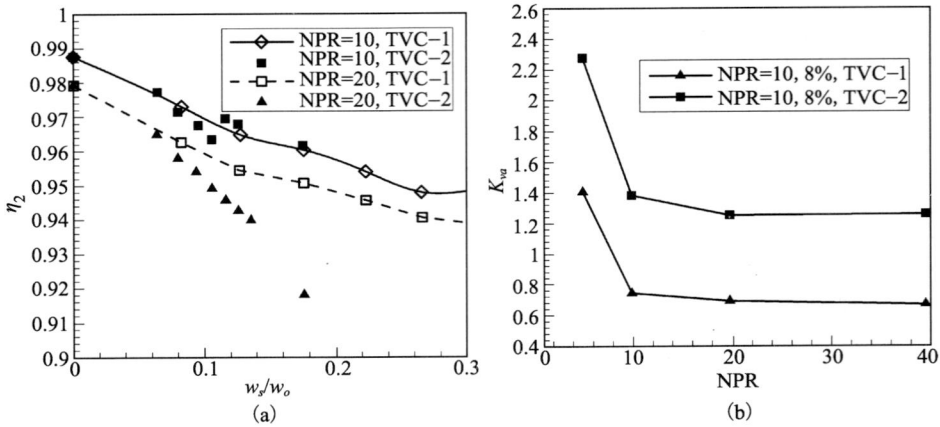

图 5-18　基本性能曲线
(a)η_2 - 流量比;(b)K_{va} - NPR。

5.5.2　实际侧向力调节

在比较喉部处有无射流的 SVC 性能时,最大矢量角小并不代表所得到的最大侧向力也小。当喉部喷入二次射流时,固体火箭发动机燃烧室的压强值相对二次流喷入前会升高,式(5-29)~式(5-37)给出了如何比较两种推力矢量工况下实际的侧向力大小。固体火箭发动机燃烧室的平衡压强计算公式为

$$P_c = (a\rho_p C^* A_b/A_t)^{\frac{1}{1-n}} \tag{5-29}$$

式中:n 为所用推进剂的压强指数。喉部喷入射流前后的室压比为

$$P_c/P'_c = (\tilde{A}_t/\tilde{A}'_t)^{\frac{1}{1-n}} = (C_d/C_{do})^{\frac{1}{1-n}} \tag{5-30}$$

式中:P'_c、$\tilde{A}'_t$、C_{do} 代表室压升高前的参数。

C_d/C_{do} 为上文常提到的流量系数比,可从第 2 到第 4 章中的一系列流量系数比曲线及对应的工况得到。如果喷入二次流后燃烧室压调整,如上述"TVC-1"工况,发动机对应的工作压比 NPR 会改变,对应一定压比的合推力可为

$$F_{t,\mathrm{NPR}} = \eta_{2,\mathrm{NPR}}(F_{ci,\mathrm{NPR}} + F_{si,\mathrm{SPR} \times \mathrm{NPR}}) \tag{5-31}$$

式中:对应一定 NPR 和二次流流量比的推力效率 $\eta_{2,\mathrm{NPR}}$ 可由如图 5-13(a)的一系列推力效率曲线上得到;$F_{ci,\mathrm{NPR}}$、$F_{si,\mathrm{SPR} \times \mathrm{NPR}}$ 分别为主流和二次流的理想推力,计算公式见第 3 章的式(3-13)、式(3-14)。注意:二次流系统的反压比 NPR'等于主流的反压比 NPR 与二次流总压比 SPR 的乘积。喷入射流前后的工作压比

分别由式(5-32)、式(5-33)计算,即

$$\text{NPR}' = P'_c/P_a \quad (\text{无二次流}) \tag{5-32}$$

$$\text{NPR} = P_c/P_a \tag{5-33}$$

二次流喷入前后的合推力分别表示为

$$F_{T,\text{NPR}'} = \eta_{2,\text{NPR}'} F_{ci,\text{NPR}'} \tag{5-34}$$

$$F_{T,\text{NPR}} = \eta_{2,\text{NPR}} (F_{ci,\text{NPR}} + F_{si,\text{SPR} \times \text{NPR}}) \tag{5-35}$$

则对应当前 NPR 的侧向力 F_n 可由式(5-35)计算得到的合推力及对应工况下的推力矢量角 θ 得到(θ 可从如图 5-7 的系列曲线中得到)。二次流喷入后的侧向力与二次流喷入前合推力的比值由式(5-37)计算得到,即

$$F_{n,\text{NPR}} = F_{T,\text{NPR}} \times \sin\theta_{\text{NPR},w_s/w_o} \tag{5-36}$$

$$F_{n,\text{NPR}}/F_{T,\text{NPR}'} = \frac{\eta_{2,\text{NPR}} (F_{ci,\text{NPR}} + F_{si,\text{SPR} \times \text{NPR}}) \times \sin\theta_{\text{NPR},w_s/w_o}}{\eta_{2,\text{NPR}'} F_{ci,\text{NPR}'}} \tag{5-37}$$

二次流喷入前后主流流量的变化计算公式为

$$w_o/w_p = \left(\Gamma \frac{P_c C_d \tilde{A}'_t}{\sqrt{RT_f}} \right) \bigg/ \left(\Gamma \frac{P'_c C_{do} \tilde{A}_t}{\sqrt{RT_f}} \right) = \frac{P_c C_d}{P'_c C_{do}} \tag{5-38}$$

式中:w_p 为二次流喷入前的主流流量;w_o 为二次流喷入后的主流流量。

对于喉部存在二次流时的 SVC,二次流喷入前后的室压和主流流量是不同的;而对于传统的 SVC,二次流喷入前后室压、主流的流量不改变。

$$w_s/w_p = \left(\frac{w_s}{w_o} \right) \frac{w_o}{w_p} \tag{5-39}$$

为使上述两种工况都能以相同的主流流量及合力值作为参考,并可以比较两者实际的二次流流量及侧向力的大小。流量比采用喷入二次流前的主流流量 w_p 为参考,见式(5-39),这与之前使用的 w_s/w_o 流量比不同。

图 5-19(a)给出了典型无量纲侧向力随扩张段处无量纲二次流流量的变化曲线,F_{to} 为二次喷入前的合推力。"TVC-1"方式的侧向力大小与推进剂的压强指数 n 有关,随 n 的增大而增大。而对于"TVC-2",即喉部无二次流的 SVC,侧向力的变化曲线与压强指数无关;并且在流量转折点后,继续提高二次流流量无法获得更大的侧向力。"TVC-1"方式由于可以通过调节喉部面积使主流推力增大,因而在对应最大矢量角的转折点下继续增加二次流量,仍可得到增大的侧向力。

特别是当总的二次流流量比 $w_s/w_p > 12\%$ 后,高压强指数下"TVC-1"的侧向力可以继续增加并且开始超过"TVC-2",如图 5-19(b)所示。在第 1 章的推力调节原理中已经提到,为能在室压变化较小时得到较大的推力变化,通常使用较高压强指数的推进剂。因而图中 $n = 0.6$、0.8 的曲线更接近固发流体喉部喷管的实际情况。

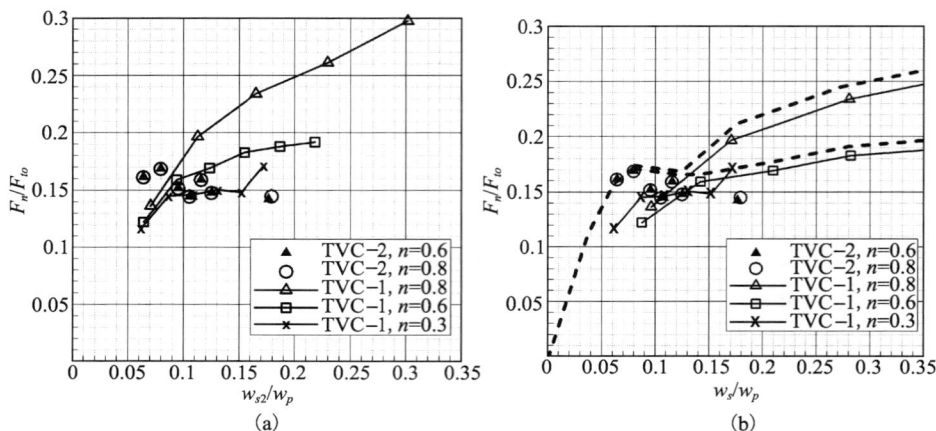

图 5 - 19　实际侧向力大小

实际应用中可将上述两种 TVC 方式结合使用(注意图 5 - 19(b)中的虚线)。例如:在小二次流流量下使用传统的 SVC 方式获得侧向力,而在大于传统 SVC 的二次流流量阀值后使用喉部同时喷入二次流的 SVC 方式以获得更大的侧向力,以便在整个飞行包络内都获得较好的侧向力性能;或者当需要获得最大的推力矢量角拦截来袭或追击目标时(如导弹做越肩拐弯机动),此时可先关闭喉部处的二次流,单独使用 SVC,等姿态迅速调整后,再打开流体喉部加力追击目标。

5.6　推力矢量的影响因素

5.6.1　反压 NPR 的影响

5.4 节在研究喷嘴位置对矢量效率的影响时,已经简单分析过反压的影响。图 5 - 20 则给出在固定喷嘴位置下,推力矢量效率和喷管推力效率随反压比的变化曲线。由于在设计压比附近及高压比条件下,主流充分膨胀,二次流的做功能力相对减弱;因而在低压比时推力矢量效率较高,随后在设计压比附近某一值处急剧降低并在高压比时逐渐稳定。

喉部与扩张段处不对称喷射的矢量控制方式的喷管推力效率与第 3 章中仅喉部存在二次流时的规律相似。喷管推力效率在几何喷管的设计压比附近达到最大值;在远离设计压比的工况下,推力效率下降。随着流量比的增加,推力效率达到最大值时的压比逐渐偏离几何喷管的设计压比并向高压比一侧移动。在同一压比下,扩张段喷嘴位置越靠近下游,喷管推力效率的变化趋势基本是减小的。

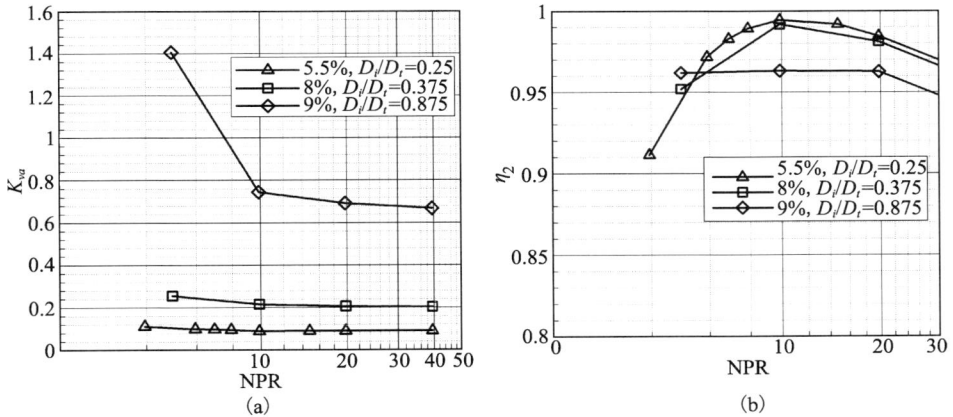

图 5 - 20　反压的影响

(a)K_{va} – NPR;(b)η_2 – NPR。

5.6.2　喷射角度的影响

仍然以不对称喷流模式为例,图 5 - 21(a)给出了三种喷射角度组合模式: ① 90°模式。喉部与扩张段处的喷嘴喷射角度都为 90°。②45°模式 - 1。喉部处的喷嘴喷射角度为 90°,而扩张段上的为 45°。③45°模式 - 2。喉部处和扩张段上的喷嘴喷射角度都为 45°。上述所有模式的喷嘴位置相同。

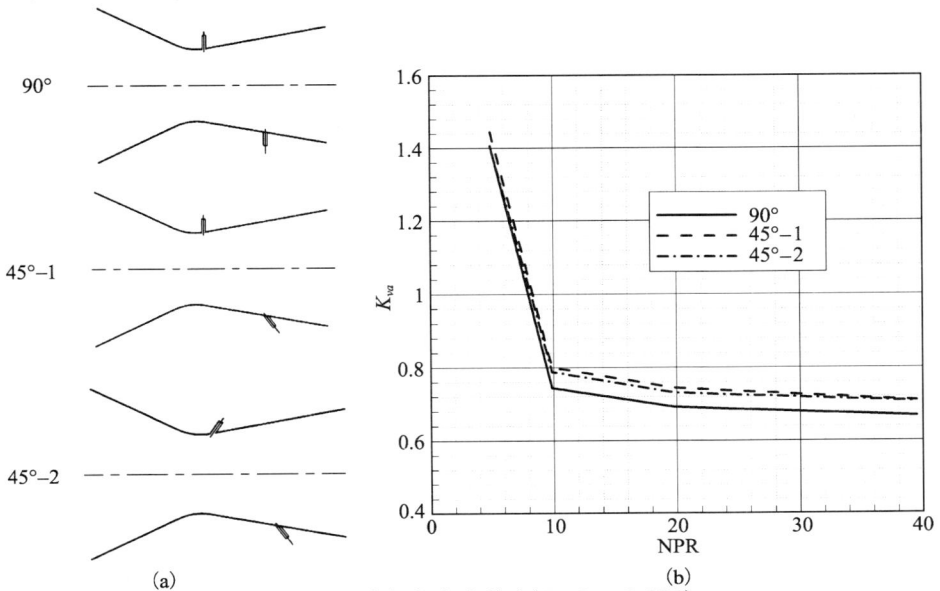

(a)

图 5 - 21　喷射角度的影响($D_i/D_t = 0.875$)

(a)三种组合模式;(b)K_{va} – NPR。

从推力矢量效率看,逆向喷射角度模式要稍好于垂直喷射模式,特别是在喷管设计压比和高压比的情况下,见图 5 - 21(b)。但图 5 - 22(a)给出的推力矢量角随流量比的曲线表明:逆向喷射角度模式的最大推力矢量角并不会比垂直模式的大很多,三种方案的最大矢量角相当,但逆向喷射模式的转折流量比较垂直模式的要靠前。在不对称喷射条件下,喉部采用逆向喷射的方式时,流体喉部喷管的最大矢量角会稍稍增大,并且转折流量比也会增大。

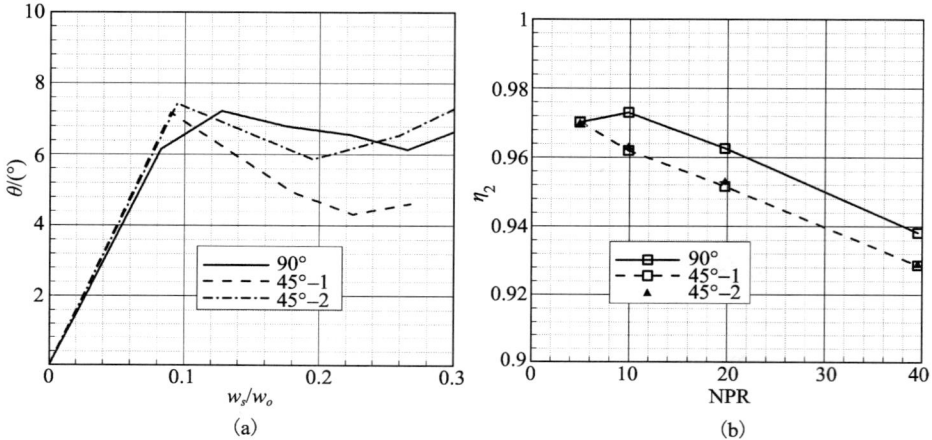

图 5 - 22 K_{va} - 流量曲线

(a)$\theta - w_s/w_o$;(b)η_2 - NPR,$P_s/P_o = 1$。

在扩张段采用逆向喷射会造成推力损失增大,如图 5 - 22(b)所示。两种逆向喷射的喷管效率相当,垂直喷射模式比逆向喷射的喷管效率要高。

综上所述,逆向喷射模式可以得到稍好的推力矢量效率,但不会得到大得多的最大矢量角,并且采用逆向喷射时喷管效率会降低较多。

5.6.3 喷嘴面积比的影响

通过对比两种喷嘴面积比 10% 和 20% 下不对称二次流喷射模式的推力矢量性能与喷管效率,可以看出:两种喷嘴面积比喷管的推力矢量效率相当,但小面积比喷嘴喷管的最大矢量角要大于大面积比喷嘴;而喷管的推力效率要低于大面积比喷嘴,尤其是二次流量比越大,推力损失越明显,见图 5 - 23(b)。

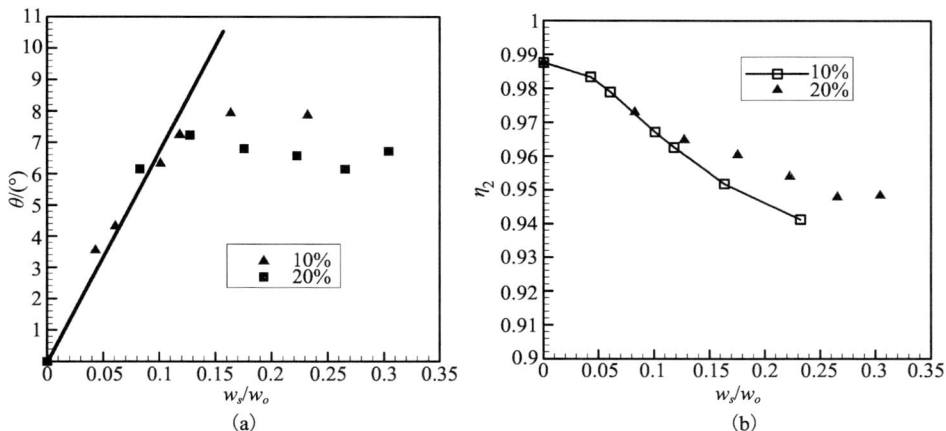

图 5 - 23 喷嘴面积比的影响

(a)矢量角 - 流量比曲线;(b)η_2 - 流量比曲线。

5.7 圆孔喷嘴组合模式

以上是以二元喷管(固体超燃冲压发动机可能采用该类喷管)为例就其中一种喉部喷流模式对固发激波诱导矢量控制——SVC 的性能影响做了初步讨论。以下以固发轴对称喷管为例进一步讨论喉部各种喷流模式、圆孔喷嘴的组合模式对 SVC 的特性及性能的影响。图 5 - 24 给出了现有固体火箭发动机上使用的典型的 SVC 二次流喷射系统。二次流系统的储箱可以是球形、环形和分体圆柱形,二次流喷嘴的分布方式一般是径向对称分布。关于喷嘴个数、非径向入射对 SVC 性能的影响在以往的研究中已有定性结论,而喷嘴个数、喷嘴分布方式对喉部扼流性能的影响在第 3 章也已做过细致研究。因而这里不再阐述上述因素对喉部和扩张段同时注入二次流时的影响,而着重讨论这一工况下,喉部喷流模式对下游 SVC 所造成的干扰。

与 SVC 结合的轴对称流体喉部喷管有两种基本的喷嘴布局方案,参见图 5 - 25。图中的黑点代表该处注入二次流。与以往的纯粹 SVC 系统不同,喉部和扩张段上的两组喷嘴存在相位差的布局问题。图中"相位 1"方案的前后喷嘴没有相位差,"相位 2"方案的两组喷嘴相位差为 22.5°。从图 5 - 26、图 5 - 27 可以比较两种喷嘴相位在不对称射流工况下的推力矢量性能与推力效率。

总体上来说,喷嘴有相位差的方案的推力效率和推力矢量效率总体上要稍优于无相位差的方案。另外,在高压比时,两种方案的推力矢量角和推力效率都比设计压比时的低,见图 5 - 26(a)。图 5 - 26(b)中的喷管效率曲线与在二元喷管中分析得到的规律一致(参见图 5 - 18(a))。两种相位方案的推力效率见图 5 - 27。

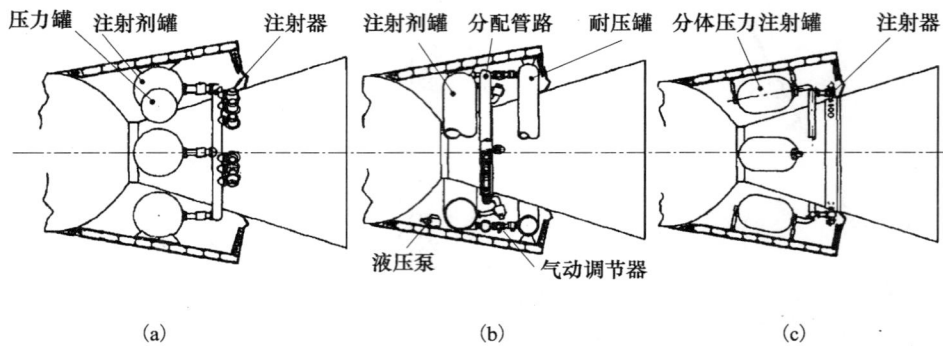

图 5-24 典型的喷嘴布局
(a)球形储蓄罐;(b)环形储蓄罐;(c)分体储蓄罐;
(d)环形储罐系统侧视图;(e)环形储罐系统正视图。

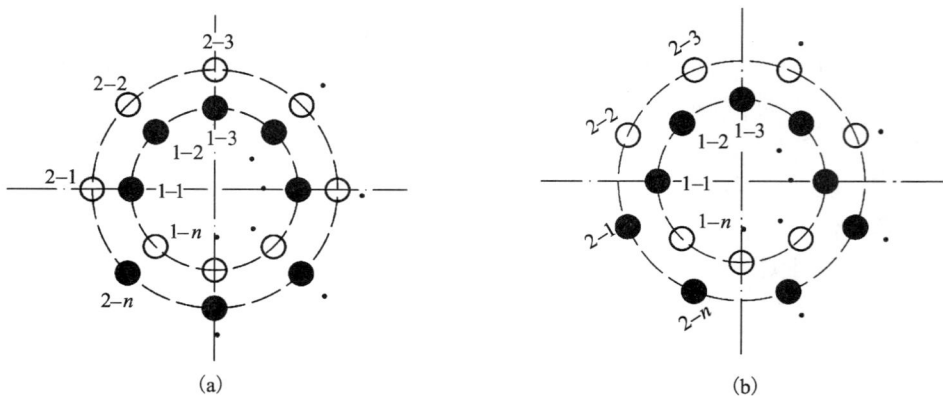

图 5-25 两种典型喷射相位
(a)相位1;(b)相位2。

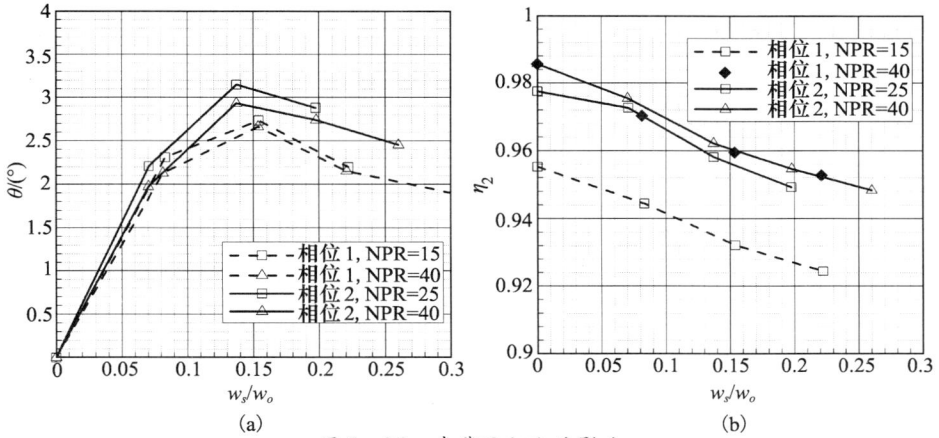

图 5 - 26　喷嘴面积比的影响

(a)矢量角 - 流量比;(b)η_2 - 流量比。

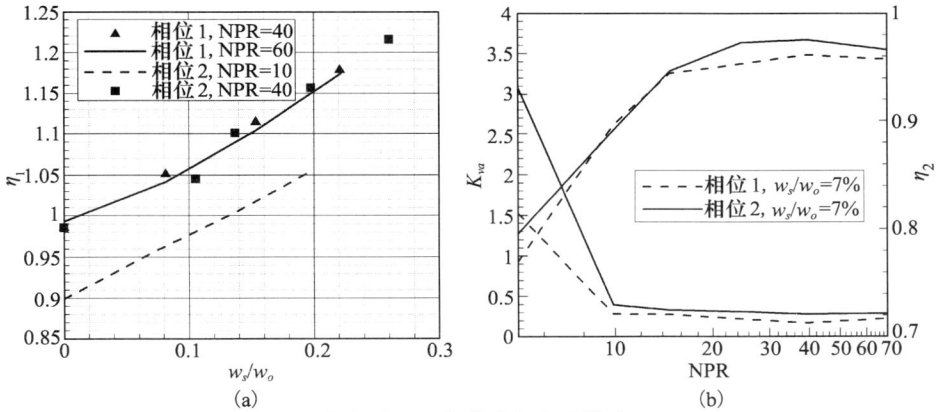

图 5 - 27　喷嘴面积比的影响

(a)η_1 - 流量比;(b)K_{va} - NPR。

　　表 5 - 2 详细列出了 6 种固发流体喉部喷管可采用的典型的喷嘴组合喷射方案。其中的分布示意图中内圈的黑点代表喉部处的二次流喷注位置,外圈的黑点代表扩张段上的喷注点。

表 5 - 2　6 种轴对称喷管中的喷嘴组合喷射方案

序号	二次流喷射方向	二次流喷嘴与主流喉部面积比	分布示意图	二次流喷嘴喉部直径及个数
A1	60°逆向喷射	喉部二次流喷嘴与喉部面积比15%		喉部二次流喷嘴直径与个数 1.52×8

序号	二次流喷射方向	二次流喷嘴与主流喉部面积比	分布示意图	二次流喷嘴喉部直径及个数
A2	90°垂直喷射	扩展段二次流喷嘴与喉部面积比10%	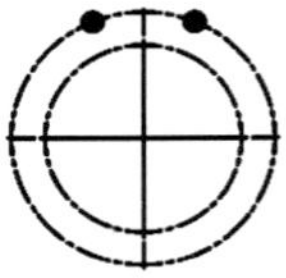	扩张段二次流喷嘴直径与个数2.15×2
A3		喉部二次流喷嘴与喉部面积比10%,扩展段二次流喷嘴与喉部面积比10%	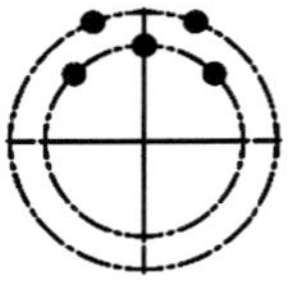	喉部二次流喷嘴直径与个数1.75×3,扩张段二次流喷嘴直径与个数2.15×2
A4		喉部二次流喷嘴与喉部面积比20%,扩展段二次流喷嘴与喉部面积比10%	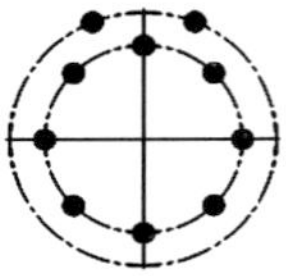	喉部二次流喷嘴直径与个数1.52×8,扩张段二次流喷嘴直径与个数2.15×2
A5		喉部二次流喷嘴与喉部面积比10%,扩展段二次流喷嘴与喉部面积比10%	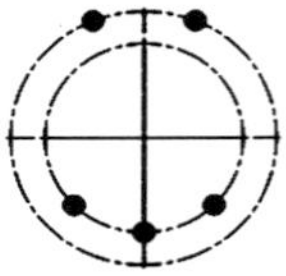	喉部二次流喷嘴直径与个数1.75×3,扩张段二次流喷嘴直径与个数2.15×2
A6		喉部二次流喷嘴与喉部面积比10%,扩展段二次流喷嘴与喉部面积比10%	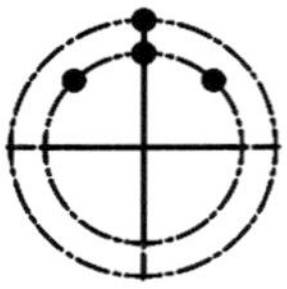	喉部二次流喷嘴直径与个数1.75×3,扩张段二次流喷嘴直径与个数3×1

不管哪种二次流喷射组合方案,发动机轴向推力的增益总体上都会随总二次流流量比呈线性变化。当仅喉部存在二次流时得到的轴向推力增益最大,见图5-28中A1喷射方案的试验曲线斜率。

图5-29是表5-2中6种喷射方案的无量纲流体喉部有效面积比(与无二次时的喷管喉部面积相比)与二次流流量比的关系曲线。对于纯粹的SVC,试验中流体喉部的无量纲有效喉部面积一直是1左右,即二次流不会起到调节喉部大小的作用,如图中的A2型方案。而不同于A2型方案,其他喷射方案中在喉部位置均有二次流喷入,这些喷嘴起到了控喉部面积的作用。其中,在同样工况条件下A1型方案的流体喉部的有效面积变化最大。组合喷射模式下的有效喉部面积变化规律与第2、3章中仅在喉部喷入二次流时的曲线相近。

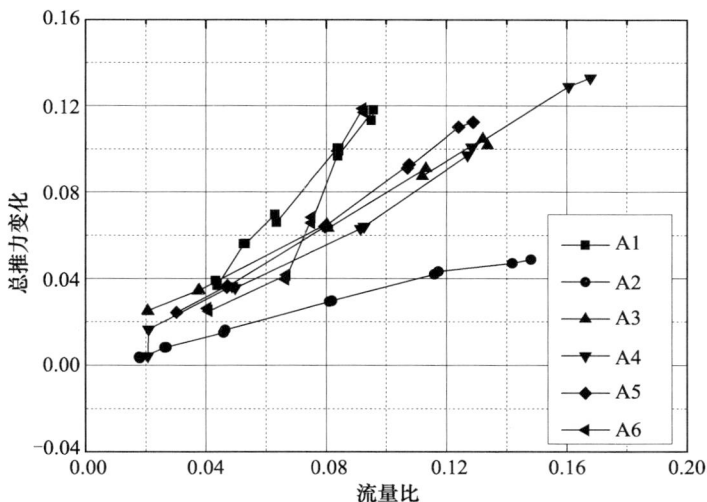

图 5 - 28　A1 - A6 喷管轴向推力的变化率和流量比的关系曲线

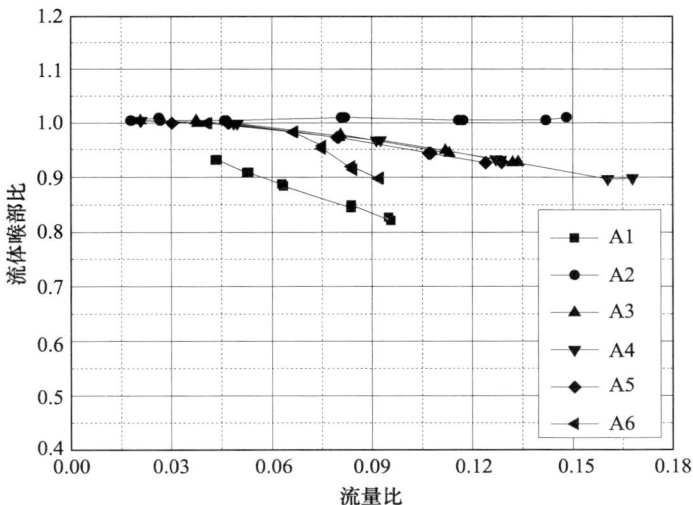

图 5 - 29　无量纲流体喉部有效面积与二次流与主流流量比的关系曲线

　　由图 5 - 30 中的数据对比可知，A2 型方案产生的推力偏角最大。当二次流与主流的流量比在 10% 时，A2 型达到了 15°，A3、A5 型喷管产生的推力偏角可达到 10°，A4、A6 型方案的推力偏角不到 6.5°。

　　综合以上轴向推力增益、流体喉部面积变化范围及推力偏角等试验、数值分析结果，可以知道：当喉部和扩张段同时存在二次射流时，A3、A5 型组合喷射方案要优于 A6 型方案。采用 A3、A5 型组合喷射方案可以兼顾喉部控制和矢量控制性能，射流间的干扰可以降到最小。

113

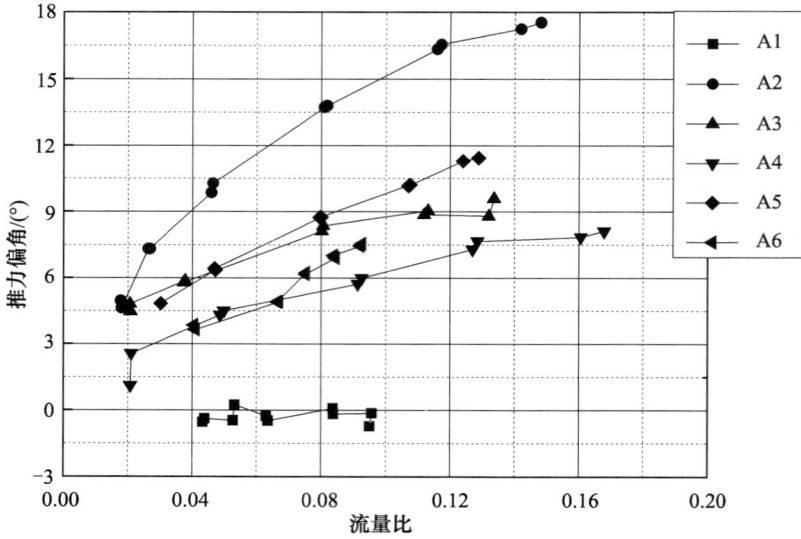

图 5 - 30　推力偏角与流量比的关系

　　表 5 - 3 给出了更多典型的喷嘴组合方案在小流量比时的推力矢量效率值。表中的推力矢量效率 K_{va} 值是以总二次流流量为参考得到的,括号内的值则是以扩张段上的二次流流量为参考。

表 5 - 3　$NPR = 40, P_s/P_o = 1 : 1$

序号	组合模式	K_{va}	η_2	C_d/C_{do}	w_s/w_o
B1		0.261	0.970	0.940	0.082
B2		0.281	0.975	0.942	0.070
B3		0.425 (0.677)	0.976	0.963	0.055

114

序号	组合模式	K_{va}	η_2	C_d/C_{do}	w_s/w_o
B4		0.601	0.983	0.997	0.034
B5		0.224 (0.556)	0.973	0.909	0.095
B6		0.246 (0.699)	0.978	0.940	0.053
A2		0.870	0.983	0.999	0.017
A4		0.207 (0.8148)	0.976	0.909	0.076
A5		0.471 (1.02)	0.981	0.963	0.038

比较表 5 - 3 中方案 B1、B2、B3、B4、B5 和方案 A5、A2、A4、B6 可知,增加扩张段上靠近水平分界线处的喷入点只会使喷管的推力矢量效率降低。因而一般在扩张段上只使用两个位置的喷入单元(这和针对纯粹的 SVC 研究时得到的定性结论相同)。注意:喷入单元在相应位置上可再拆分成并列紧靠一起的多喷嘴结构,以获得更好的矢量性能,但为了便于讨论这里每个喷入位置都只是单喷嘴形式。以下给出表 5 - 3 中推力矢量效率较好的四种方案的喷管效率,并以

A2 方案为基准(传统的 SVC 方式)进行对比。

因为在实际设计中,可以先按照喉部无喷流时的工况,根据总体需要确定所需的最大矢量角。由最大矢量角先确定扩张段上喷嘴的位置(每个喷嘴位置对应一个最大矢量角),然后在飞行器的所有工况包络内再仔细考察喉部喷流对 SVC 性能的影响,最后确定合理的喷嘴布置方案和喉部喷射模式。

对于 A5 方案中的喷射模式,喉部的二次流喷射对下游的 SVC 性能影响是有利的。在相同的扩张段喷嘴二次流量比条件下,该方案的最大推力矢量角和推力矢量效率都要优于纯粹的 SVC 控制方案。这与二元喷管的结果不同,二元喷管中喉部处的不同侧喷流对 SVC 的影响是负面的。除了由于两种喷管的流场不同之外,一个重要的因素是轴对称喷管的这种组合喷射方案的喷嘴存在相位差,射流干扰小。

图 5 - 31 给出了 A5 与 A2 方案的推力效率随扩张段上二次流流量比的变化曲线。在相同的扩张段二次流流量比条件下,喉部存在喷流时的推力效率比喉部无喷流时低。这和之前以总二次流流量比为自变量的结果并不矛盾。在相同的扩张段二次流流量比条件下,A5 中还存在额外的喉部喷流与主流相互作用,因而推力损失比纯粹 SVC 的大。

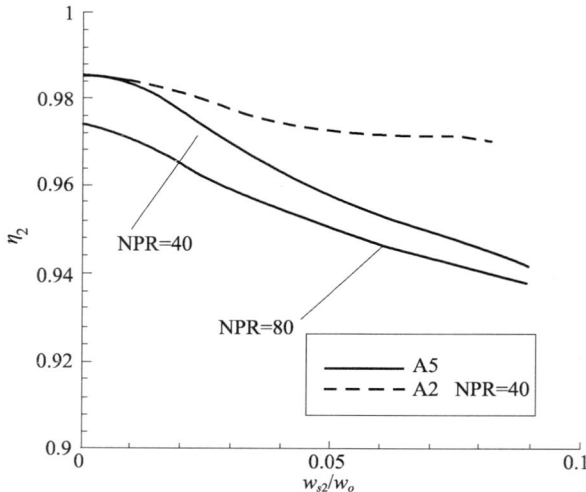

图 5 - 31 A5 方案的 η_2 - 流量比

当喉部的喷射单元都注入二次流时(A4 方案),SVC 的推力矢量效率较 A2 方案降低。另外,由于 A4 方案中喉部存在更多的二次喷流,推力损失会更大,见图 5 - 32。

一般来说,当喉部和扩张段上同侧注入二次流时,SVC 的推力矢量效率较纯粹的 SVC 会下降。这种模式下的喉部喷流对下游 SVC 的影响是消极的。同侧喷射的 B6 方案和不同侧喷射的 A5 方案的推力损失相当,见图 5 – 33。

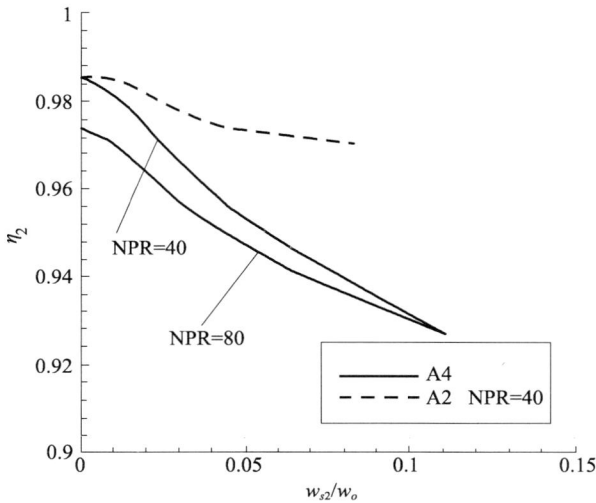

图 5 – 32   A4 方案的 η_2 – 流量比

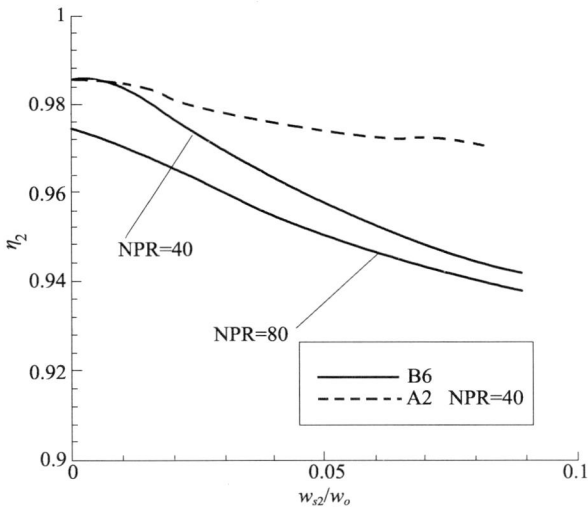

图 5 – 33   B6 方案的 η_2 – 流量比

综上所述,喉部喷流对扩张段上 SVC 性能的影响是复杂的,它与扩张段上的喷嘴位置、喷嘴的组合方案、喉部的喷流模式都有关。总体而言,对于轴对称喷管,采用喉部和扩张段不同侧喷射及存在相位差的喷嘴位置方案可以同时得到较好的流体喉部扼流性能以及推力矢量性能。

图 5 – 34 给出了上述轴对称喷管通过不同的喷射方案所能达到的喉部面积变化范围及同时能达到的推力矢量角。特殊说明一下:当只有喉部存在喷流时

（只需进行喉部调节的工况），这种方案下的推力矢量角为0°；当喉部无喷流而只有扩张段存在喷流时（只需进行矢量控制的工况），喉部面积变化为0。当流体喉部喷管同时进行喉部调节和矢量控制时，可以实现的喉部变化范围和矢量角对应图5-34的中间部分。由图中的示例可以看到组合喷射能够在实现50%喉部面积变化的同时，达到约14°的推力矢量角。

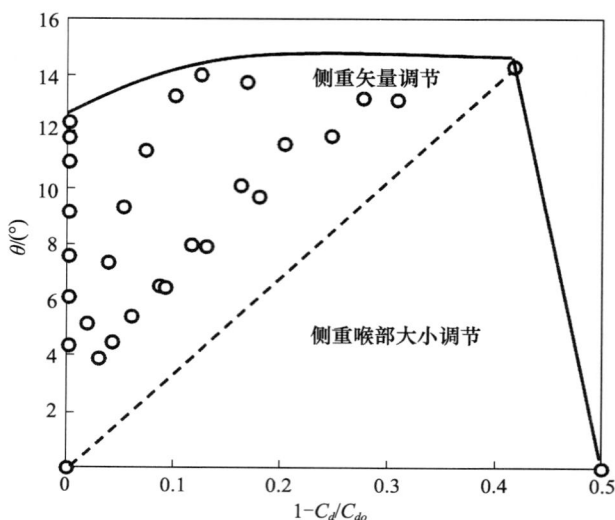

图5-34 4种方案的矢量角-流量比结果

参 考 文 献

[1] 陈智. 双喉道射流矢量喷管的设计规律及与后机身一体化的探索[D]. 南京:南京航空航天大学学院,2007.

[2] 连永久. 射流推力矢量控制技术研究[J]. 飞机设计,2008,28(2):19-24.

[3] 张永升,王延奎,于晓伟,等. 二次扩张型射流矢量喷管的设计及性能计算[J]. 北京航空航天大学学报,2007,33(3):261-264.

[4] 王强,付尧明,额日其太. 流体注入的轴对称矢量喷管三维流场计算[J]. 推进技术,2002,23(6):441-444.

[5] 张群峰,吕志咏,王戈一,等. 轴对称射流矢量喷管的试验与数值模拟[J]. 推进技术,2004,25(2):139-143.

[6] 邓远灏,钟梓鹏,宋文艳. 收敛-扩张喷管中运用次流推力矢量控制技术的计算研究[J]. 固体火箭技术,2004,28(1):29-32.

[7] 乔渭阳,蔡元虎. 基于次流喷射控制推力矢量喷管的实验及数值研究[J]. 航空动力学报,2001,16

(3):273 – 278.

[8]　陆邦祥,徐学邈,周敏.矩形射流矢量喷管数值模拟研究[J].航空发动机,2008,34(1):16 – 18.

[9]　孙得川.二次射流流场及其干扰参数研究[D].西安:西北工业大学学院,2002.

[10]　Deere K A. Summary of fluidic thrust vectoring research conducted at NASA langley research center[R]. AIAA Paper 2003 – 3800,2003.

[11]　Mason M S,Crowther W J. Fluidic thrust vectoring for low observable air vehicles[R]. AIAA Paper 2004 – 2210,2004.

[12]　Deere K A. Computational investigation of the aerodynamic effects on fluidic thrust vectoring[R]. AIAA Paper 2000 – 3598,2000.

[13]　Wing D J. Static investigation of two fluidic thrust-vectoring concepts on a two – dimensional convergent-divergent nozzle[R]. NASA TM – 4574,1994.

[14]　Chiarelli C,Johnsen R K,Shieh C F,et al. Fluidic scale model multi – plane thrust vector control test results[R]. AIAA Paper 93 – 2433,1993.

[15]　Miller D N,Yagle P J,Hamstra J W. Fluidic throat skewing for thrust vectoring in fixed geometry nozzles [R]. AIAA Paper 99 – 0365,1999.

[16]　张相毅,王如根,杨帆.双股气流对流体控制矢量喷管的影响[J].固体火箭技术,2007,30(4): 295 – 298.

[17]　周敏,王如根,张相毅,等.射流分配对喉道气动偏转矢量喷管的影响[J].推进技术,2008,29(1): 58 – 61.

[18]　罗静,王强,额日其太.两种流体控制方案矢量喷管内流场计算及分析[J].北京航空航天大学学报,2004,30(7):597 – 601.

[19]　孙得川.二次射流干扰流场及其控制参数研究[D].西安:西北工业大学,2002.

[20]　Richard J Z. Thrust vector control by liquid injection for solid propellant rockets[R]. AIAA Paper 75 – 1225,1975.

[21]　Berdoyes M,Ellis R A. Hot gas thrust vector control motor[R]. AIAA Paper 92 – 3551,1992.

[22]　Green C J,McCullough F. Liquid injection thrust vector control[J]. AIAA Journal,1963,1(3): 573 – 578.

[23]　张建华,谢侃.流体喉部喷管二次流矢量控制方案[J].北京航空航天大学学报,2012,38(3): 309 – 313.

[24]　曹熙炜,刘宇,谢侃,王一白.一种特型燃气舵数值模拟分析[J].固体火箭技术,2011,34(1): 5 – 8.

第6章 气-液流体喉部

6.1 气-液流体喉部的流动特征

在发动机中,若二次流是能与燃气发生反应的液体,则喷管中的气-液流体喉部处大致可以分为4个区域:二次流挤压区、气化区、化学反应区、主流区,如图6-1所示。

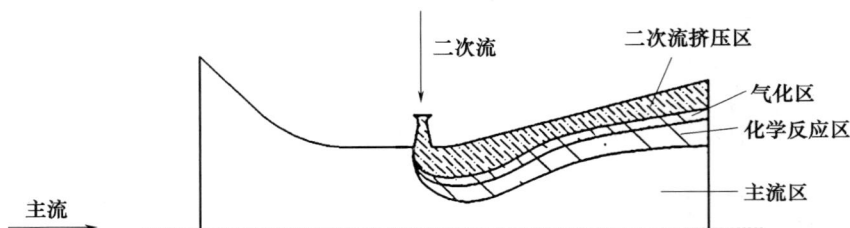

图6-1 气-液流体喉部示意图

二次流挤压区:在这一区域中,二次流的化学成分并未受到主流的影响,仅表现出流动特性。由于这一区域的二次流基本为不可压缩的液体,因此该层形成的流体喉部大小主要由二次流的体积决定;主流燃气经过二次流的挤压后,流通面积开始变小,并在喷管内形成气-液两相流。

气化区:该区域是由于二次流液体吸收主流的热量蒸发、气化形成的区域;同时由于喷射的二次流组分的不同,在该区域内二次流还可能发生分解反应。

化学反应区:气化后的二次流组分与主流的高温高压燃气参混并发生化学反应的区域;在该区域内,通过化学反应所放出的热量会影响主流的跨声速流动,也会对流体喉部的性能和位置有一定影响。

气-液流体喉部的扼流性能取决于上述三个区域各自对主流产生的流阻贡献。在通常的热试中只能得到气-液流体喉部的总体性能,很难将上述三个区域的贡献区分剥离开来。一个可行的方法是:采用冷流试验方法考察液体对主流的挤压作用;用数值仿真或理论计算的方法评估气化和化学反应放热对流体喉部的影响与性能贡献[1,2];最后再和热试的结果进行对比验证。

本书只介绍二次流液体的挤压作用对主流有效喉部面积的影响。对于气化区和化学反应区的影响,依赖于所选用的二次流液体工质种类,其行为较复杂。

如果选用挥发性较强的氧化性液体，则气化区和化学反应区的影响就会明显；而如果采用惰性液体，则只有二次流挤压和气化起作用。

经二次流喷嘴喷入的液相状态，如液带或液滴，会直接影响气－液流体喉部的挤压作用及气化区的大小。如果液体二次流在喷嘴处能很好雾化形成细微的液滴，则除了本身的体积挤压外，雾滴与主流的相互作用还会增强，增加主流的流阻。另外，形成雾滴后，二次流液体表面积增大，蒸发增强，气化区增大。而反应区中气相的参混和反应速率快慢也依赖于二次流喷嘴处的雾化蒸发情况。

在冷流试验中，可以采用带观察窗的二元喷管发动机方案来直接观察主流和液体二次流的流动细节及上述雾化情况，见图6－2。

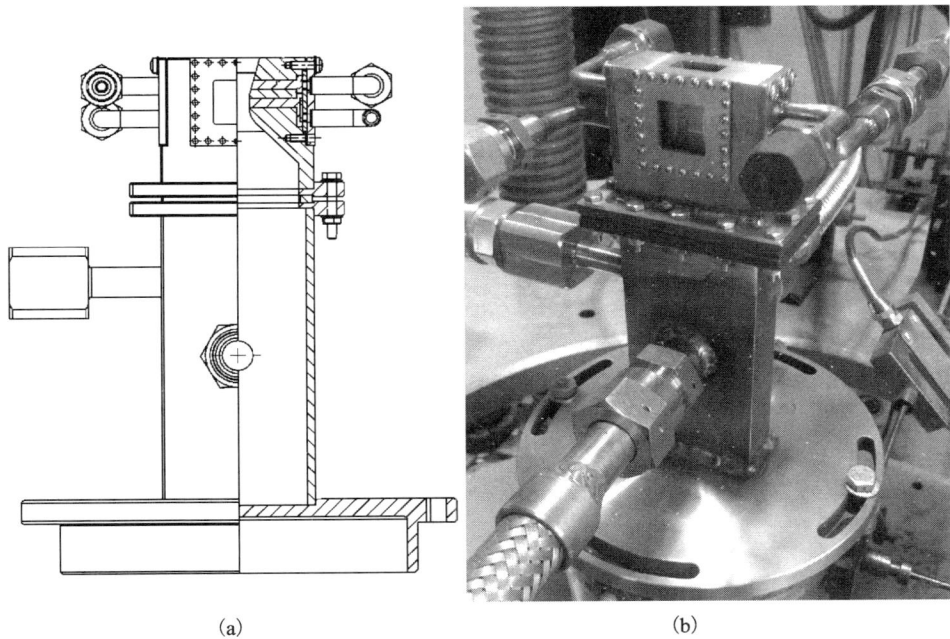

(a)　　　　　　　　　　　　　(b)

图6－2　二元发动机示意及实物图

图6－3给出了采用二元喷管观察得到的典型的气－液流体喉部的流动细节，图中使用的液体工质为水。其中图6－3(a)、图6－3(b)为试验高速摄影仪拍摄的图片（图6－3(a)采用的激光光源，图6－3(b)采用的是普通光源），图6－3(c)为数值模拟得到的图（采用了液面追踪VOF模型）。

可以看到仿真和试验现象吻合。在主流气体和水的相互作用下，水的流动方向发生偏转，形成了类似气－气流体喉部的新的气动边界，主流的有效喉部面积变小。图6－3(c)的水含量云图还表明，二次流液体在流体喉部下游会与主流气体迅速参混,气液交界面逐渐模糊。

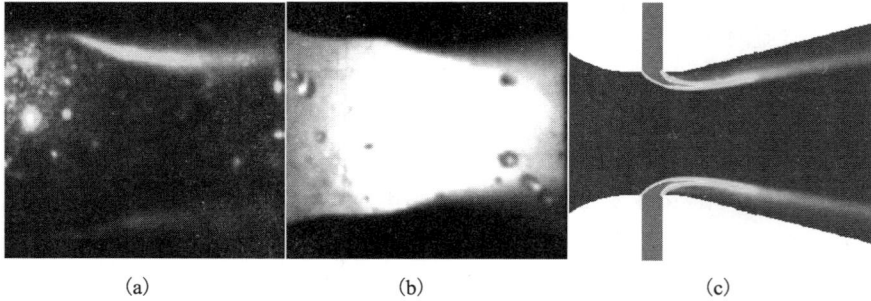

(a)　　　　　　　　　　(b)　　　　　　　　　　(c)

图 6 - 3　喷管流动图

6.2　二次流气液工质对比

　　超声速主流气体在气液作用边界也可以产生斜激波,从而使主流发生偏转产生推力矢量。如图 6 - 4 所示,在喷管扩张段喷入二次流液体后,主流在喷管出口方向产生了明显的偏转。因而与气 - 气流体喉部类似,气 - 液流体喉部也可同时调节推力大小与方向。

图 6 - 4　气 - 液流体喉部的矢量控制

　　这里以 6 种组合喷射方案为例来说明气 - 液流体喉部与气 - 气流体喉部在扼流性能与推力矢量性能方面的效果和差别。6 种组合喷射方案见第 5 章的表 5 - 1(这里的喷射方案按顺序分别对应表中的 A1 ~ A6 号喷管)。

6.2.1　喷射方案1——

1号喷射方案为二次流在喉部60°逆向对称喷射入(侧向力和推力偏角为零)。在相同的流量比下,二次流为气体时对轴向推力的贡献比二次流为液体的大;且二次流为气体的推力增长斜率也比二次流为液体的也大,见图6-5(图中的推力增加比例是以无二次流时的推力值为参考)。这是因为二次流为气体时,其在喷管内的流动仍是一种跨声速流动,并在喷管出口达到超声速(冲量大),因而二次流对主推力的贡献较高。而二次流为液体时,由于液体不可压缩,其在喷管内的流动仍保持一种相对主流气体慢得多的流动(冲量小),因而对主推力的贡献相对较小。

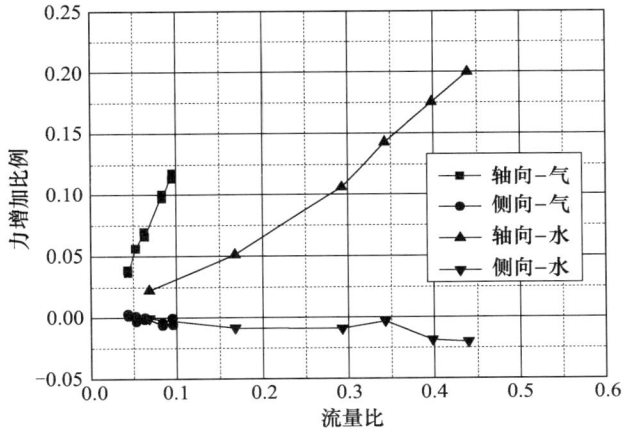

图6-5　推力增加和推力偏角与流量比的关系图

值得注意的是,在相同的二次流喷嘴面积比和二次流总压比下,二次流为液体时,一般对喷管主推力的贡献则较大,见图6-6。这是因为在该条件下,由于液体密度比气体密度大得多,液体二次流的流量大,产生的冲量大。

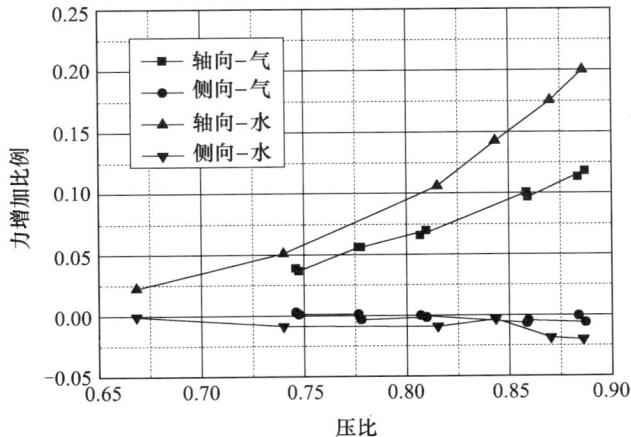

图6-6　推力增加和推力偏角与二次流压比的关系图

6.2.2 喷射方案2——⊕

2号喷射方案中二次流在扩张段单侧垂直喷入喷管(纯粹SVC),如图6-7和图6-8所示,与在喉部喷入二次流的情况类似。在相同的流量比下,二次流为气体时比液体时的对轴向推力、侧向力的贡献都较大;且二次流为气体时的分力的增长斜率也比二次流为液体的大。在相同的喷嘴面积比、二次流总压比的条件下,对侧向力和轴向力的贡献则是二次流为液体的较优。推力偏角的变化也有着类似的规律。

图6-7 推力增加和推力偏角与流量比的关系图

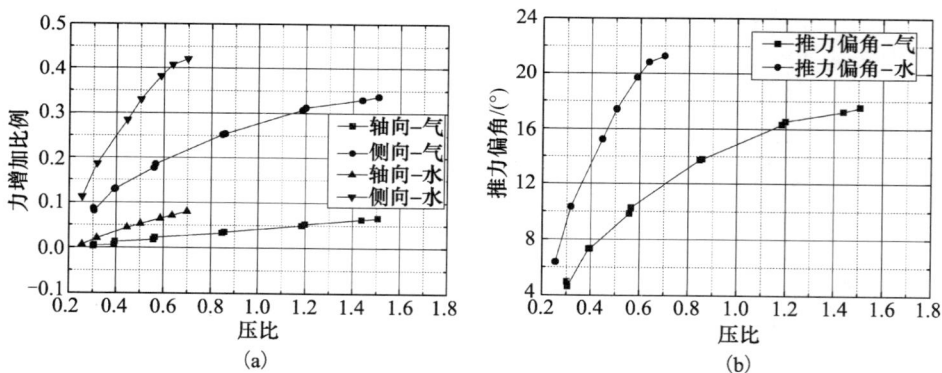

图6-8 推力增加和推力偏角与二次流压比的关系图

6.2.3 喷射方案3——⊕

3号喷射方案中二次流在喉部、扩张段同时同侧垂直喷入喷管(同时调节推力大小和方向),如图6-9和图6-10所示。对比图6-7和图6-9看出,在喉

124

部喷入二次流后,可获得的推力矢量角减小,并且二次流为气体时比液体时的情况下降更多。在该组合喷射方案中,相同的二次流量比下,气-气流体喉部和气-液间的性能差距缩小。而相同压比下,两者的侧向力性能差距则加大。这是因为二次流采用气体时,同侧组合喷射方案的射流间干扰大,而采用水时射流干扰带来的影响较小。

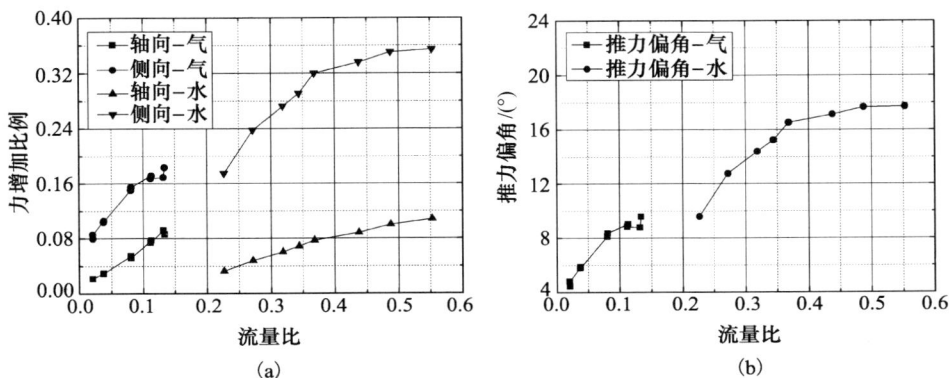

图 6-9 推力增加和推力偏角与流量比的关系图

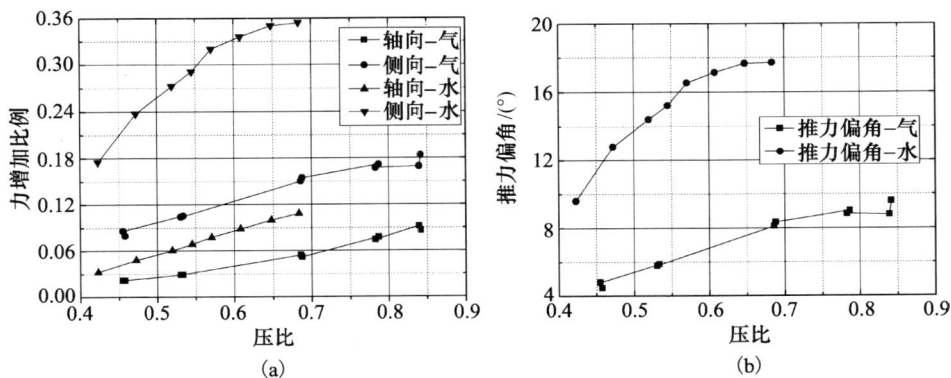

图 6-10 推力增加和推力偏角与二次流压比的关系图

6.2.4 喷射方案4——

4号喷射方案中二次流在喉部均匀对称垂直射入,在扩张段的二次流垂直喷入喷管,如图6-11和图6-12所示。从曲线趋势上看,相同流量比下,二次流为气体的要优于液体的。相同压比的情况下,则相反。在相同二次流流量比下,该方案的推力增益和最大矢量角要小于方案3。

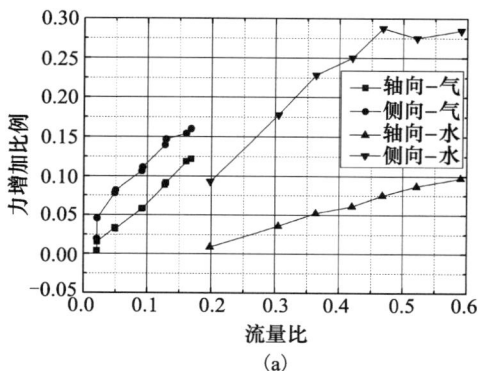

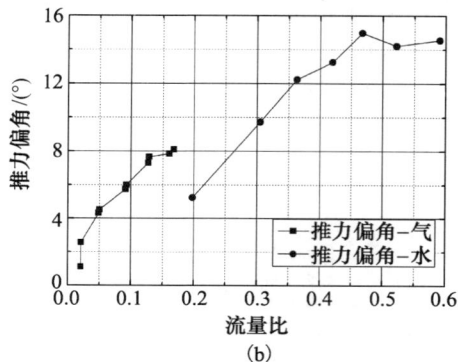

图 6-11 推力增加和推力偏角与流量比的关系图

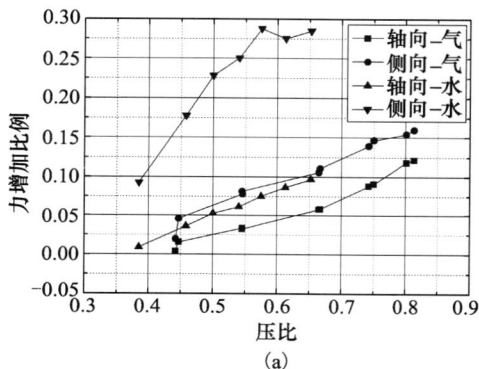

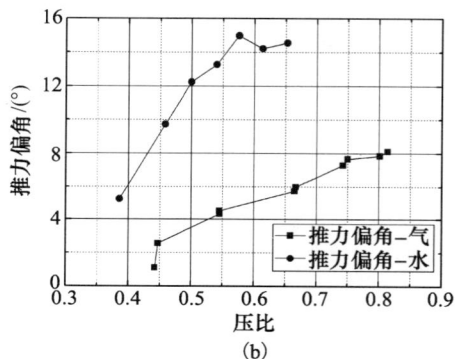

图 6-12 推力增加和推力偏角与二次流压比的关系图

6.2.5 喷射方案 5——

5号喷射方案中二次流在喉部一侧以及扩张段的另外一侧同时垂直射入喷管(不同侧喷射),如图 6-13 和图 6-14 所示。同侧喷射方案与不同侧喷射方案相比,对于二次流为气体时,两者的性能差别较大。由于采用不同侧喷射,喉部二次流与扩张段二次流的干扰减小,二次流为气体时不同测喷射性能有所提高。而对于二次流为液体时,同侧与不同侧方案的性能差别不大。这是气-液流体喉部与气-气流体喉部的一个区别。

6.2.6 喷射方案 6——

6号喷射方案中二次流在喉部、扩张段垂直同侧喷入喷管,如图 6-15 和图 6-16 所示。该方案与 3 号方案的区别在于扩张段的喷入点与喉部处的喷入点在周向方向上没有相位差。这种喷射方案中喉部与扩张段两处二次流间的干扰更大,因而性能较 3 号方案的更差一些。特别是二次流采用水时,性能下降得更多。因而实际应用无论二次流采用高压气体还是液体,都应避免使用这种喷射方案。

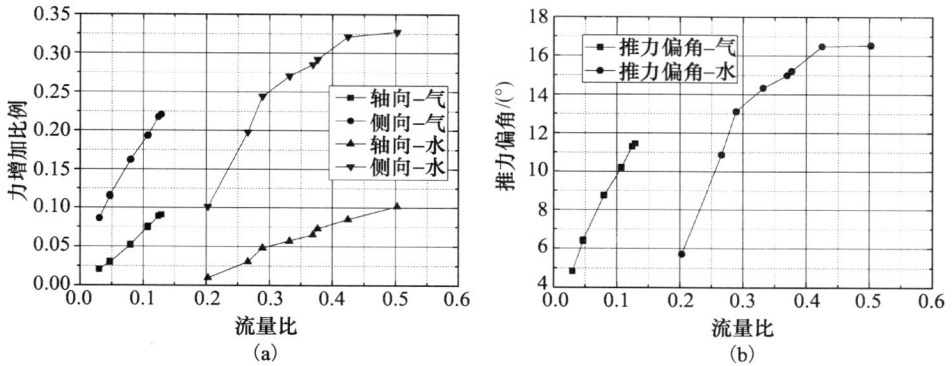

图 6-13　推力增加和推力偏角与流量比的关系图

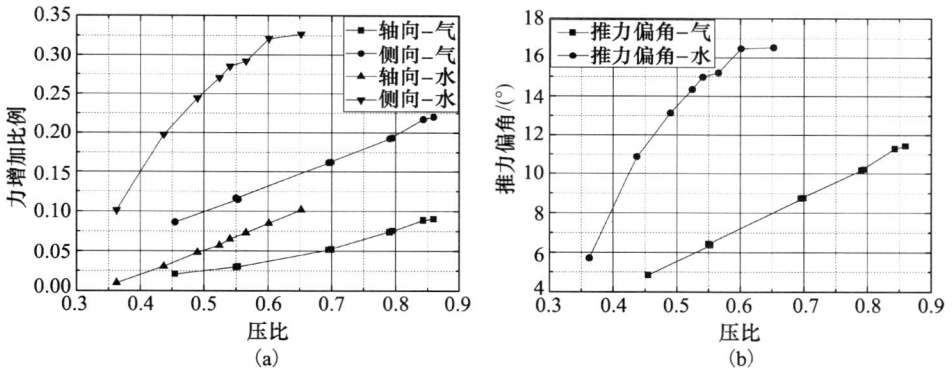

图 6-14　推力增加和推力偏角与二次流压比的关系图

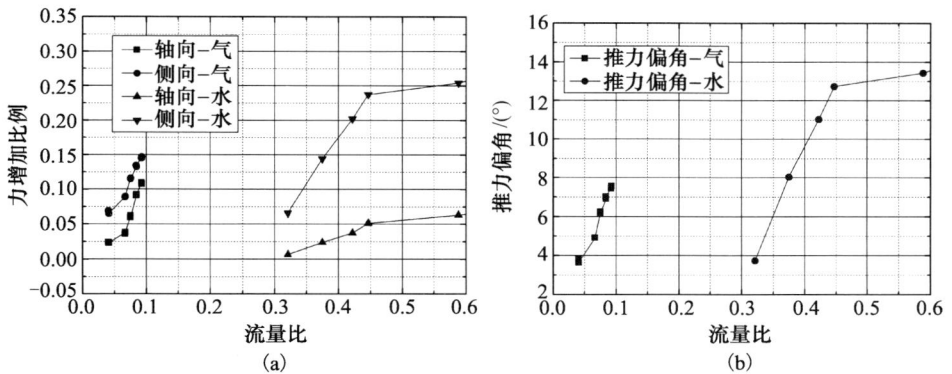

图 6-15　推力增加和推力偏角与流量比的关系图

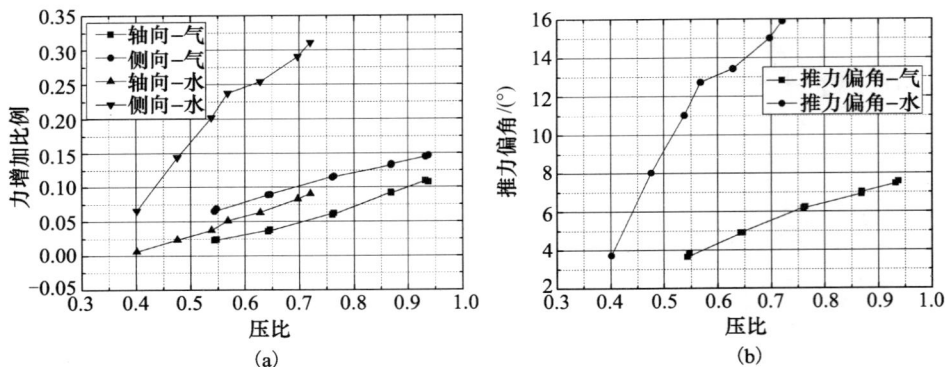

图 6-16 推力增加和推力偏角与二次流压比的关系图

6.2.7 综合比较

由于液体的密度要远大于气体密度,因而在相同的喷嘴面积比和二次流总压比下,液体二次流可以获得大得多的二次流量,这是采用液体作为二次流的好处。但不足是,液体基本不可压缩,在喷管中无法像气体那样继续膨胀获得更大的冲量;因而在相同流量比时,二次流采用液体获得的性能增益不如气体。当然上述结论仅是考虑了液体二次流对主流的挤压作用得到的。液体气化和化学反应放热后所带来的增益,仍需要进一步的研究。

在流体喉部喷管需要同时调节发动机推力大小(喉部大小)和推力方向时,需根据二次流的工质总类,选择总推力损失小并且推力矢量性能又较优的组合喷射方案。

一、总推力变化

在相同的流量比下,对于二次流为气体的情况,如图 6-17 所示,总推力增益 1 号喷射方案最优(推力损失最小),2 号最差,3、4、5 号相差不大。然而对于二次流为水的情况,如图 6-18 所示,相同流量比下则是 1 号喷管最优,其次是 2、3、5 号,再次是 4 号,最差的为 6 号。这是因为两种工质的二次射流间的干扰作用不同,其带来的推力损失也不同。特别是当二次流采用液体时,喉部和扩张段处的二次流喷嘴如果没有相位差则推力损失将很大。

在相同的压比下,对于二次流为气体的情况,总推力增益 4 号最优,1、3、5、6 基本一样,2 号最差。对于二次流为液体的情况,相同压比下,2 号最优,1 号最差。但是就增长斜率而言,2 号较小,1 号最大。可以看出气-液流体喉部的组合喷射方案性能与气-气流体喉部有一定的区别,在设计气-液流体喉部的组合喷射方案时不能简单参考气-气流体喉部的情况。

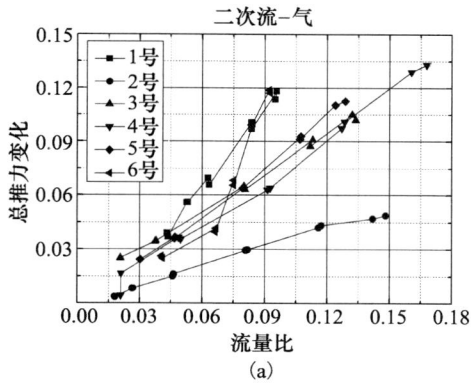

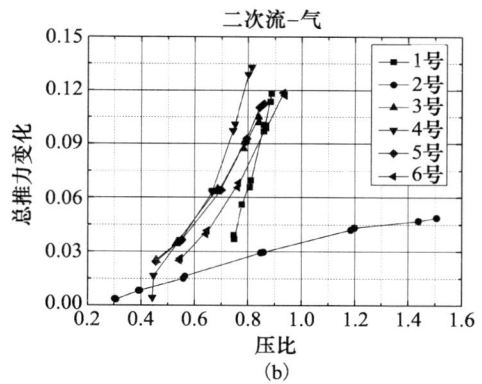

图 6-17　总推力图-气

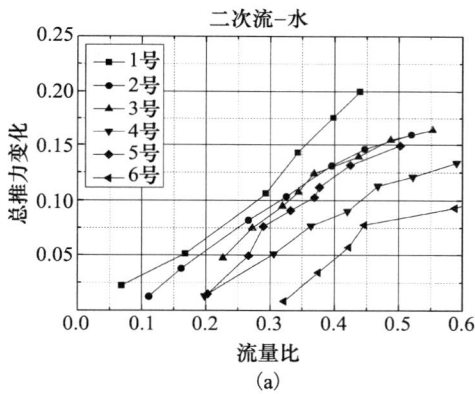

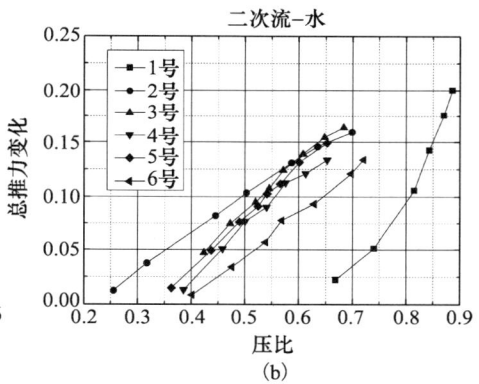

图 6-18　总推力图-液

二、推力偏角变化

图 6-19 和图 6-20 的曲线表明二次流为气体或液体并不会对 6 个喷管的推力矢量性能影响太大。二次流为气体或液体时都均为 2 号方案的推力偏角最大,其次是 3 号、5 号基本相同,再次是 4 号、6 号方案。

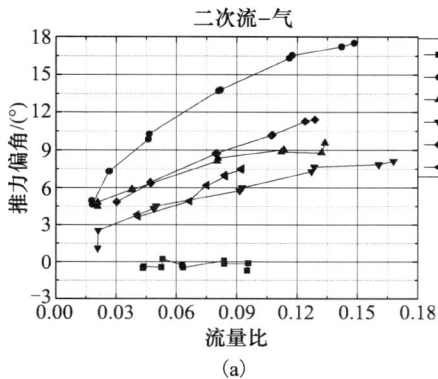

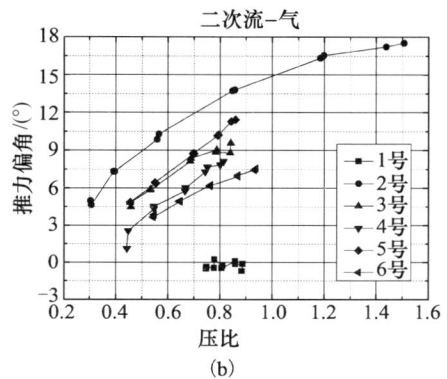

图 6-19　推力偏角图-气

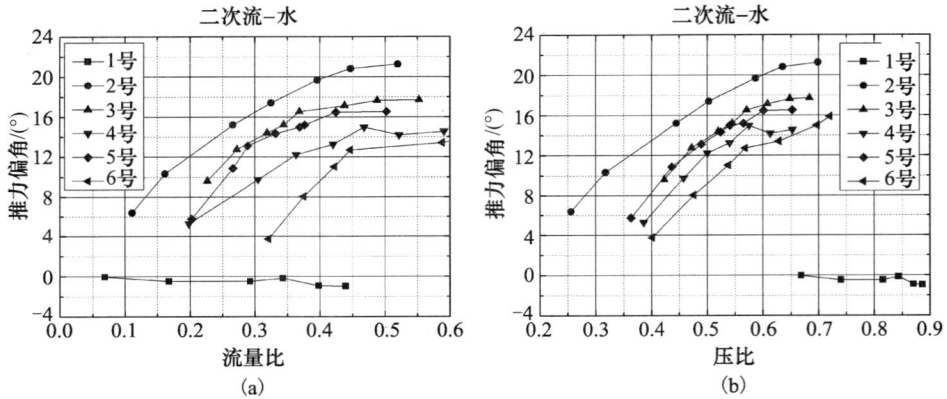

图 6 - 20　推力偏角图 - 液

总体而言,当二次流为液体时,特别适合采用方案 2 进行推力矢量控制,而可采用方案 3 或 5 同时进行推力大小和方向的控制;当二次流为气体时,特别适合采用方案 4 或 5 进行推力控制,采用 2 号方案可以获得较大的矢量角,但与二次流为液体时不同,其推力损失较大。

三、有效喉部面积的变化

当二次流为液体的时候,如果纯粹靠其挤压形成流体喉部(不考虑气化和化学反应的影响),要达到相同的流体喉部面积变化范围,所需的液体流量比气体二次流消耗要大得多,比较图 5 - 29 和图 6 - 22(a)。而对比以二次流压比为自变量的曲线,二次流为气体或液体,二者差别不是太大,如图 6 - 21 和图 6 - 22(b)所示。对于气 - 液流体喉部,通常可采用更小的面积比喷嘴及高一些的二次流总压比,同时要选用易挥发的液体氧化剂,来增大气化区和化学反应发热区,以减少所需携带的液体二次流的质量。

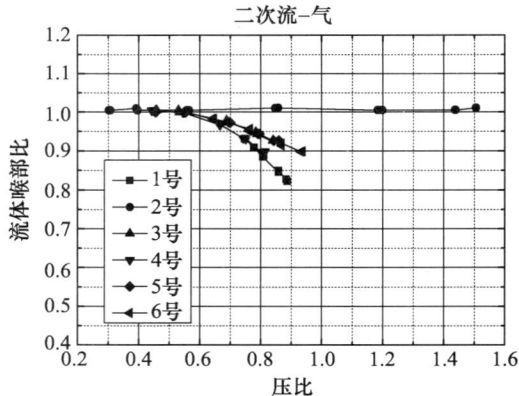

图 6 - 21　流体喉部比 - 气

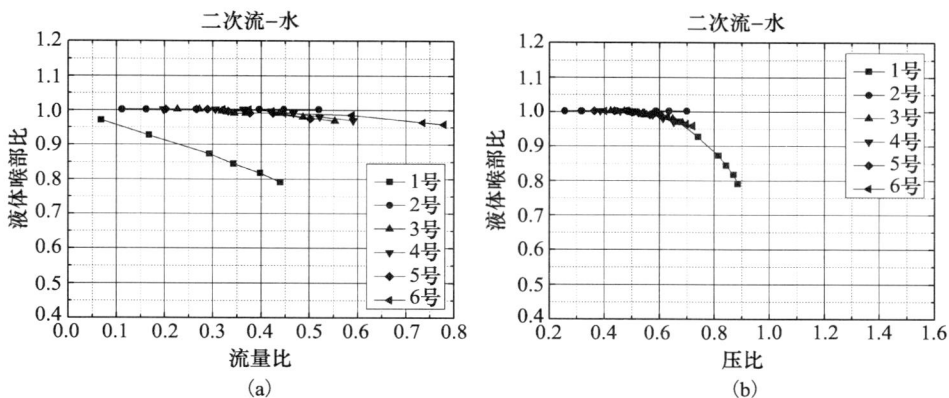

图 6 – 22　流体喉部比 – 液

参 考 文 献

[1]　周力行. 多相湍流反应流体力学[M]. 北京:国防工业出版社,2002.

[2]　黄俊,范存德. 固体火箭发动机测试技术[M]. 北京:航空工业出版社,1989.

[3]　谢侃. 固体火箭发动机随控流体喉部的数值和实验研究[D]. 北京:北京航空航天大学,2011.

[4]　谢侃,刘宇,王一白. 圆孔喷嘴形成气动喉部的定常数值研究[J]. 航空动力学报,2011,26(4):924 – 930.

第7章 固发流体喉部的推力调节过程

7.1 固发内弹道计算方法

固发流体喉部的推力调节过程可以通过内弹道计算得到。这里介绍采用 CFD 的方法。流体喉部喷管采用的结构化网格参考第 2 章。计算域边界条件与第 2 章的定常计算稍有不同。固体推进剂燃面在点燃后便会有一定质量的推进剂燃气以一定的速度和温度向燃烧室内部喷入,形成加质流动[1]。

7.1.1 加质源项实现方法

在模拟装药的燃烧时,可以忽略燃烧的具体过程和化学反应时间,只考虑化学反应的最终结果,即生成高温的燃烧产物。将紧贴固体推进剂燃面的一层计算流体单元作为加入能量、质量和动量的源[2,3]。质量源项、动量源项和能量源项分别表示为

质量源项

$$\dot{m} = \rho_p r A \qquad (7-1)$$

动量源项

$$\dot{m}v = \rho_p r A v \qquad (7-2)$$

式中:v 为燃气的径向注入速度,有 $v = -r\dfrac{\rho_p}{\rho_g}$。

能量源项

$$\dot{m}h = \rho_p r A c_p T_g \qquad (7-3)$$

式中:ρ_p 为推进剂密度;A 为推进剂点燃面积;p 为燃烧室压力;n 为推进剂燃速压力指数;c_p 为燃气的定压比热;T_g 为燃气温度;r 为燃速。

源的大小需根据推进剂燃速公式和压力梯度对燃速的影响计算得出。燃速公式为

$$r = aP_c^n \qquad (7-4)$$

式中:P_c 的单位为 Pa;燃速 r 的单位为 m/s。

7.1.2 N-S方程离散方法

描述流体喉部喷管固体火箭发动机燃气、二次流流动的 N-S 方程中略去质量力。对于惰性二次流,不考虑化学反应,假定燃气为纯气相的理想气体。计算中需要考虑燃气和二次流之间的组分扩散和输运。雷诺平均 N-S 方程中的

对流项采用二阶迎风格式,粘性项采用中心差分离散,湍流模型采用 S－A 模型。时间项采用二阶精度格式,对于流体喉部的推力调节时间尺度,单步时间步长固定为 10^{-6} s 为宜。

理论上计算区域的入口边界对应发动机药柱燃面,在非定常计算中推进剂的燃面是移动的,应该采用动网格反应实际的变化过程。但流体喉部典型的调节时间尺度通常要求在 0.1s 的量级。在该时间尺度内,推进剂表面的质量入口边界移动量非常小,因而在模拟计算流体喉部的推力调节过程时,可假设推进剂表面固定不动。上述的计算模型、边界条件和加质源方法在模拟固体火箭发动机点火升压过程时被证实能与试验曲线很好吻合[2]。

7.2　定流量的调节过程

第 2 章介绍的冷流试验与实际的热试流体喉部发动机的调节机理是一致的,即当喉部面积缩小时,由于进出喷管的流量不平衡,引起主流工质积压、充填发动机的空腔,使发动机室压升高;直至喷管的进出流量重新平衡时,室压和推力稳定在新的平衡值上。不同的是对于实际发动机,主流的进口流量还会随着室压的升高而进一步增加(推进剂的燃速随室压的升高而升高,起到倍增的效果);而冷流发动机的进口流量受上游管路中声速喷嘴的控制是固定不变的,所以冷流试验发动机的室压升高幅度要比热试发动机的小。

将冷流试验作为考核算例,考察计算模型是否能较好描述这类发动机的调节机理及具体细节。图 7－1 给出了采用非定常 CFD 模拟得到的升压曲线。与

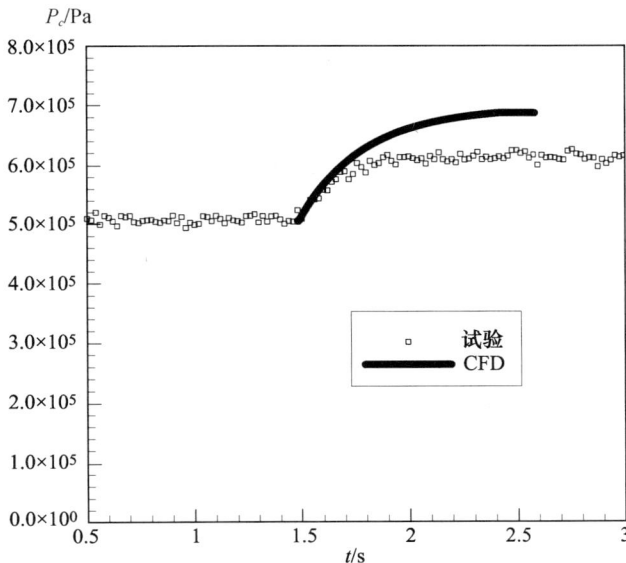

图 7－1　CFD 与冷流试验的压强调节曲线

试验值相比,CFD 预测的最终压力平衡值误差在 10% 左右,和稳态数值模型的计算精度相当,计算的误差分析参考 2.1.2 节。试验的压强上升转换时间比数值模型预测的时间要长,这和 CFD 得到的新平衡压强要大一些有关,但 CFD 预测的压强上升趋势、快慢和试验曲线是一致的。

7.3 环缝式流体喉部非定常过程

了解固发流体喉部调节推力、主流流量的非定常过程是很重要的。它直接关系到流体喉部喷管的推力调节特性以及适合的工作模式。7.3 节和 7.4 节分不同工况对典型的流体喉部内弹道结果进行介绍。

7.3.1 典型非定常工作过程

图 7-2 给出了流体喉部建立过程中燃烧室室压的升高过程曲线。图中例子的燃速公式为 $r = 7.796 \times 10^{-7} P_c^{0.6}$,喷入的二次流入口处总压为 15MPa。初始时刻无二次流喷入,燃烧室平衡压强为 3MPa。内弹道计算中的初始流场为 3MPa 室压下的稳态流场。

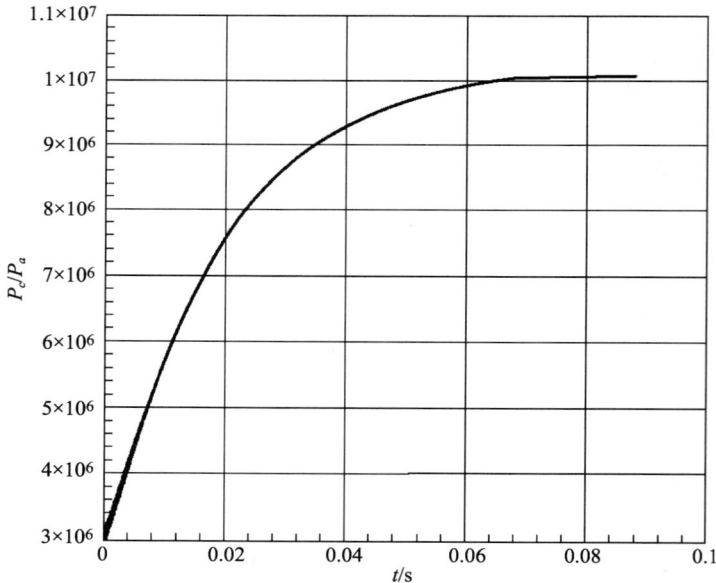

图 7-2 典型压强-时间曲线

图 7-2 中的 $t = 0$ 时刻对应喷嘴打开的一瞬间。当二次流喷嘴打开后(喷嘴入口处的边界条件从壁面边界条件变为压力入口边界条件),二次流开始垂直喷入对主流进行挤压;流体喉部逐渐形成,喷管有效喉道面积减小,燃烧室室

压开始升高,并最终稳定在另一个平衡压强上。在初始阶段,室压能很快响应并快速升高;在末阶段,室压光滑过渡并达到约 10MPa,整个调节过程室压无超调振荡现象。

图 7-3 给出了对应图 7-2 压强曲线上关键时刻点的流线图和燃气组分含量云图。图 7-3 中对应的药柱端面位置(左侧边界)为该发动机在 3MPa 室压下工作了 3s 时的燃面位置,右侧圆柱段为对应该计算条件下形成的空腔。图 7-3(a)为初始时刻,无二次流喷入,整个流场云图中只有燃气成分,左侧燃面生成的燃气流线可以全部通过喷管的喉部流出。图 7-3(b)显示二次流喷嘴打开后二次流能很快喷入主流中(见喷嘴局部放大图)。由于二次流总压在初始阶段比主流总压要高很多,二次流喷入后对主流的挤压和排挤作用很强,在0.2ms 时刻二次流将主流喉道完全"堵住";此时左侧生成的燃气无法通过喉道流出,在喉道处开始形成反流(见图 7-3(c)的流线图)。图 7-3(d)中显示了由于二次流的压强比燃烧室内的高很多,一部分二次流往燃烧室空腔内流动,剩余部分的二次流则由主喷管流出;喷入空腔中的高压二次流在接近推进剂端面处与生成燃气混合填充空腔从而形成涡系。由于燃气和部分高压二次流的填充,燃烧室压强迅速升高,左侧燃面生成的燃气质量增加。

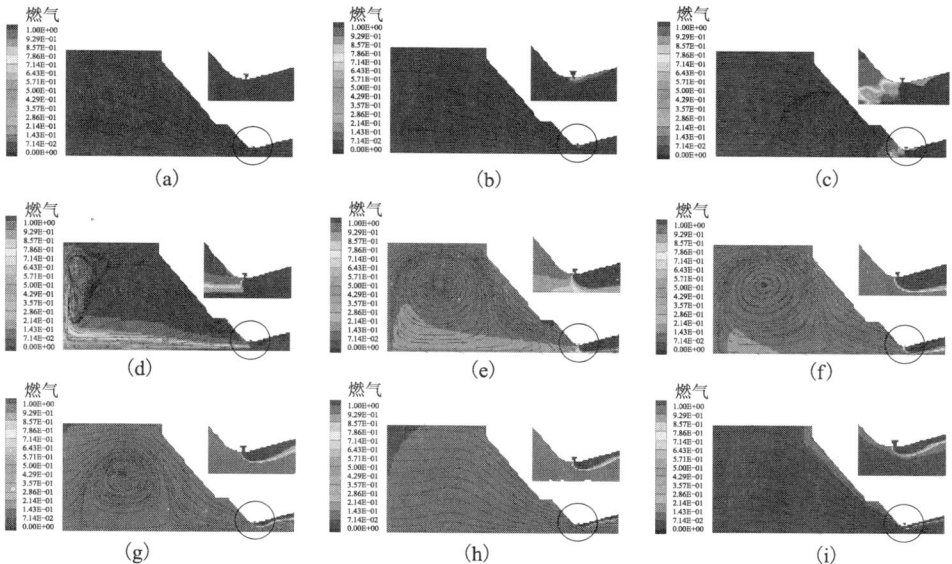

图 7-3 典型工作时刻流线图与燃气质量分数云图
(a)t=0s;(b)t=0.005ms;(c)t=0.2 ms;(d)t=1ms;(e)t=6ms;(f)t=7ms;
(g)t=17ms;(h)t=27ms;(e)t=68ms。

在约 6ms 时刻,由图 7-3(e)可知,随着燃烧室内压强的升高,二次流对主流的挤压扼流作用相对减弱,喉道处的高压二次流开始被燃气"顶开";一小部份燃气开始通过喷管流出,此时往空腔流动的高压二次流也开始减少。从图 7-3(f)、(g)可知,高压二次流形成的流体喉道随着燃烧室压强的升高进一步扩大,高压二次流已不往燃烧室空腔回流而全部由主喷管出口流出;由于生成的燃气比从喉道流出的燃气量大,填充窝团仍然在流场中存在,只是涡团直径逐渐变小,其位置从接近燃烧室壁面往燃烧室轴线移动。图 7-3(h)在 27ms 时刻,填充涡团开始消失,对应图 7-3 的压强曲线看出此时燃烧室压强由快速的近线性增加过程变为缓慢光滑过渡。在约 68ms 时燃烧室压强接近平衡,二次流与主流相互作用形成的流体喉部也变稳定,如图 7-3(i)所示。

7.3.2 燃烧室空腔容积的影响

流体喉部调节燃烧室压强的时间与燃烧室空腔容积有关。如果空腔容积小,燃气和二次流填充空腔的时间缩短,则压强升高的时间缩短。图 7-4 给出了对应更小燃烧室空腔容积下的压强升高曲线,其余条件同图 7-2 中的情况。相比图 7-2 中的圆柱段空腔容积,该图的空腔容积减少 2/3。图 7-4(b)给出了两个时刻点的流线图和燃气组分云图,图中对应的药柱端面位置为该发动机在 3MPa 室压下工作了 1s 时的燃面位置,右侧圆柱段是对应该时刻下形成的空腔。二次流喷入后燃烧室压强升高过程与图 7-2 中类似,但达到新平衡的时间相比缩短了约 50%。这和冷流试验中采用添加木塞的方法来模拟药柱不同位置和空腔容积的影响时所得到的规律相似。

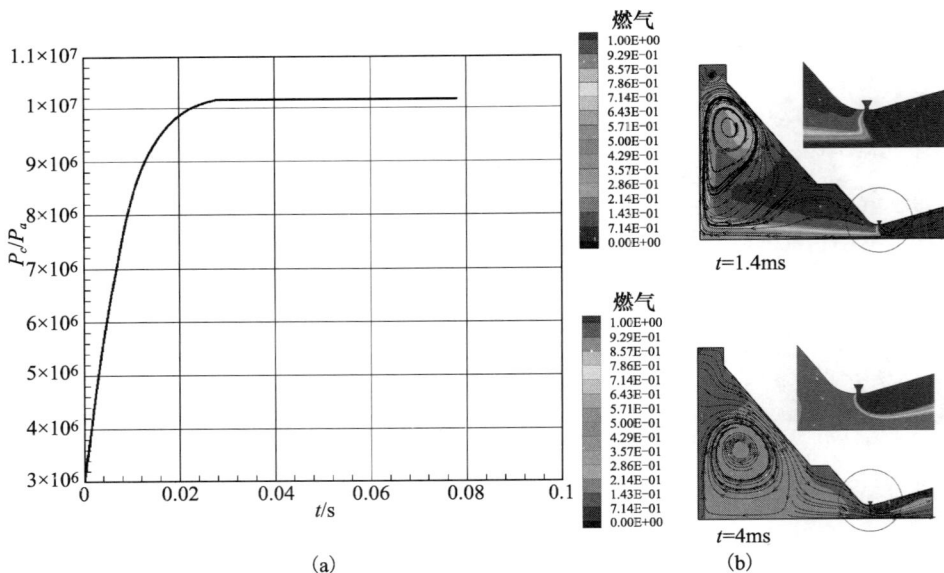

图 7-4 压强-时间曲线

7.3.3　二次流喷射角度的影响

定常研究已表明在相同的二次流参数条件下采用逆向喷射可得到更大的有效喉部面积变化范围。从图 7-5 的压强曲线也可以看出,采用逆向喷射后(逆向喷射角 $\alpha = 30°$),示例的燃烧室压强从 3MPa 升高到超过 13MPa,较图 7-2 中的垂直喷射情况相比确实得到了更大的室压变化范围。另外,采用逆向喷射,压强升高达到新平衡的时间也较图 7-2 中所示的时间略为缩短。一个可能的原因是采用逆向喷射后,回流空腔的高压二次流增多,这使得空腔在初始阶段就得以迅速填充,压强升高迅速。图 7-5(b)流线图显示在约 59ms 时刻,逆向喷射形成的气动喉部已基本稳定。

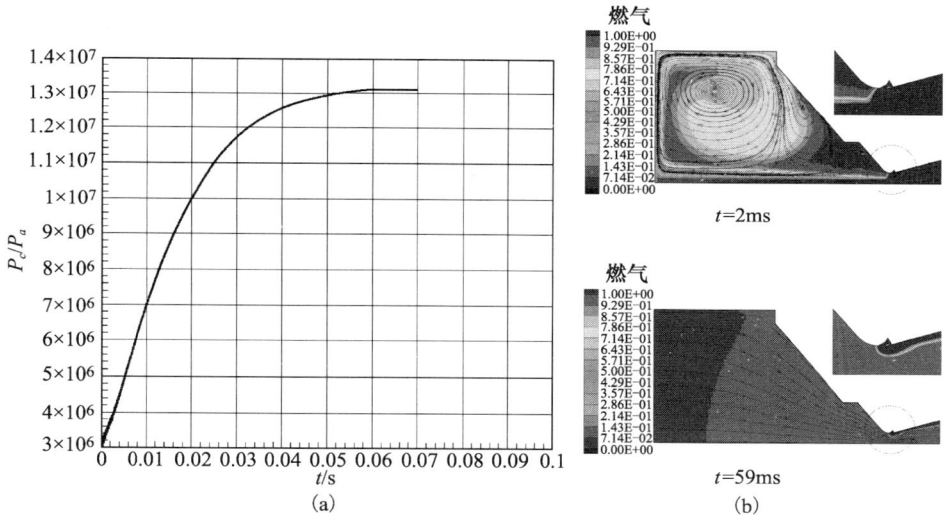

图 7-5　压强-时间曲线($\alpha = 30°$)

上文利用环缝喷嘴的流体喉部喷管揭示了流体喉部的压强调节过程和影响调节时间的主要因素。下面以更接近实际应用的固发圆孔喷嘴流体喉部喷管为例,着重介绍随着二次流总压增大时,流体喉部喷管获得的推力增量的变化规律。

7.4　有源孔式流体喉部的推力调节特性

7.4.1　流量调节特性

在第 1 章已提到,流体喉部喷管可用于作为可变推力的姿轨控系统和主动力系统的技术实现途径,也可用于作为固体燃气发生器的流量调节技术。

以某地面热试发动机的结构作为计算模型。主喷管及燃气参数见表7-1。

表7-1 喷管与燃气参数

喉径	扩张比	扩张半角	收敛半角	二次流喷嘴面积比	喷射角度	喷嘴构型	燃气比热比	燃气总温
9	3.5	50°	16°	15%	90°	收缩型	1.31	~3000K

使用的双基推进剂的燃速公式为 $r=1.6\times10^{-6}P_c^{0.58}$。无二次流喷入时的燃烧室平衡压强为2MPa。图7-6给出了该发动机对应一系列二次流压强时,发动机的主流流量变化情况。图中二次流总压的无量纲参考参数为无二次流喷入时的燃烧室平衡压强值,主流流量无量纲化的参考流量为无二次流时的主流流量。

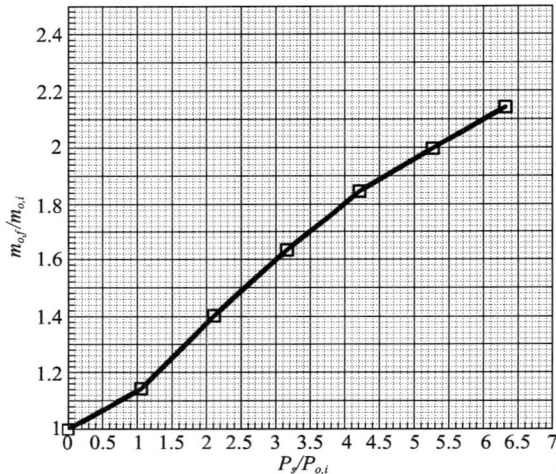

图7-6 无量纲主流流量-无量纲二次流总压曲线

可以看出,随着二次流系统的总压不断升高,主流流量增加。当无量纲二次流总压小于1时,无量纲的主流流量增加速度较缓慢。对于燃气发生器,流量的调节范围比推力的变化更受关注。如果采用的二次流不是惰性气体,而采用某种可参与与燃气发生器相连的燃烧室中补燃的气体(如固体冲压发动机的情况),则流体喉部燃气发生器出口的流量变化应把二次流的流量也计算在内。这样燃气发生器可调节的流量范围将比图中的计算值大。

7.4.2 推力调节特性

图7-7给出了非定常过程计算达到稳态时,固发流体喉部发动机所产生的无量纲室压增量随稳定后的流量比(二次流量/稳定后的主流流量)的变化曲线。可以看到无量纲室压增量随流量比近似呈线性关系。

在实际应用中,室压增量大意味着发动机壳体要承受的最大压强就大,壳体质量会相应增加；因而希望在最小的室压增量下获得尽可能大的推力变化范围。

图 7－8 则给出的是相应的无量纲推力增量、稳态时的总压比随无量纲二次流总压的变化曲线。当无量纲二次流总压 $P_s/P_{0,i} \geq 1$ 时，总压比随无量纲二次流总压近似呈线性增加。推力增量随二次流总压的增加而呈非线性增加。一般情况下，在可接受的二次流总压和质量流率下，采用气－气喉部喷管的最大无量纲推力增量可达 3 以上，即最大推力可达初始推力的 4 倍以上。

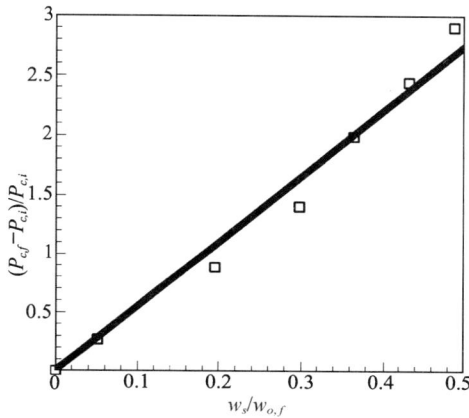

图 7－7　无量纲室压增量随稳态流量比的变化

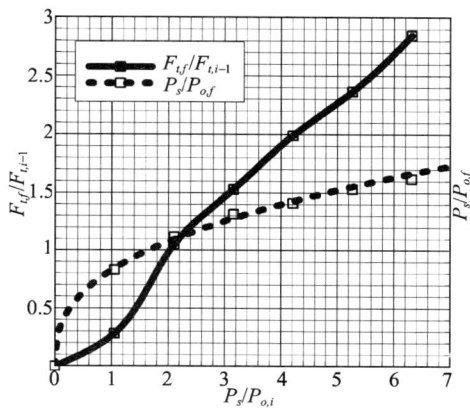

图 7－8　无量纲推力增量随二次总压的变化曲线

推力增量随稳态后二次流总压比的变化曲线呈抛物线形式，见图 7－9。当二次流总压比 $P_s/_{o,f} \leq 0.5$ 时，推力增量基本为 0；当二次流总压比 $P_s/P_{o,f} \geq 1$ 时，推力增量开始明显增加。

总体上来讲，对于气－气流体喉部喷管，选取二次流总压时，只有保证系统达到稳态后的二次流总压比大于 1，流体喉部喷管系统才会有明显的推力调节效果。

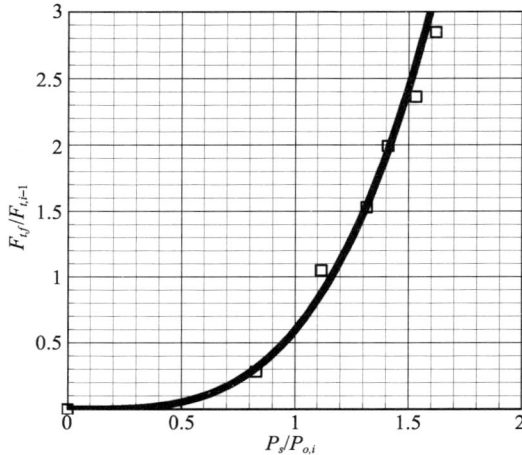

图 7 - 9 推力随压力比的变化

7.4.3 填充过程

图 7 - 10 给出了圆孔型喷嘴式流体喉部发动机模型在达到新的平衡压强前不同时刻的二次流含量分布。从二次流的质量含量分布图可以清晰观察二次流与主流的作用、回流、填充并最后逐渐形成稳定气动喉部过程。上图展示的圆孔喷嘴气动喉部的过程与图 7 - 3 中环缝喷嘴的类似。不同的是,由于圆孔喷嘴间存在缝隙,在二次流喷入的初始阶段,流体喉部不像环缝喷嘴那样可以完全闭合;一部分燃烧室中的燃气仍可通过喷嘴间的缝隙与二次流混合,并少量泄漏出喷管。

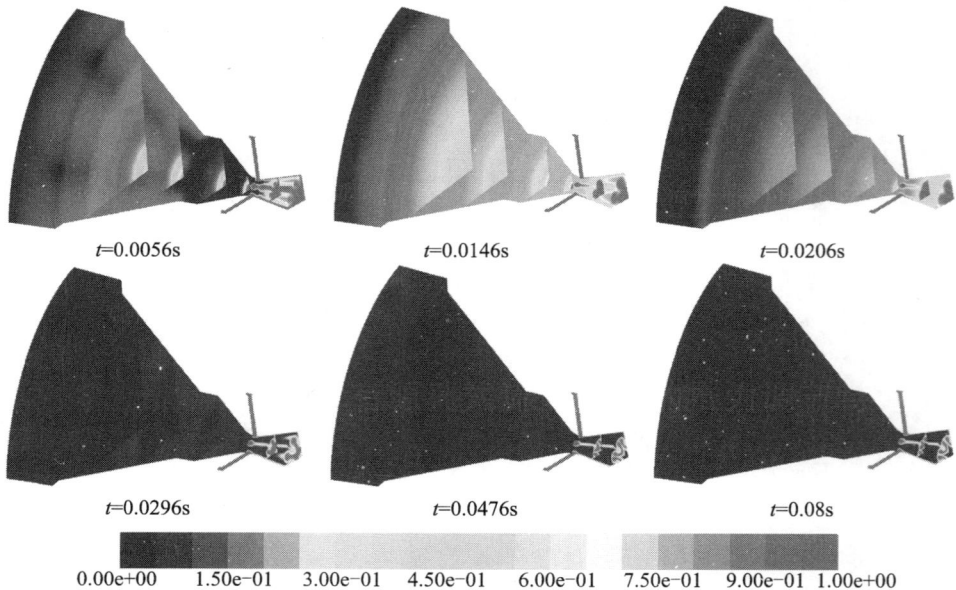

$t=0.0056s$ $t=0.0146s$ $t=0.0206s$

$t=0.0296s$ $t=0.0476s$ $t=0.08s$

0.00e+00 1.50e-01 3.00e-01 4.50e-01 6.00e-01 7.50e-01 9.00e-01 1.00e+00

图 7 - 10 非定常过程中二次流的质量含量分布

参 考 文 献

［1］ 陈军涛,蹇泽群,陈林泉. 固体火箭发动机点火瞬时内流场轴对称数值分析[J]. 固体火箭技术,
2004,27(3):173－176.

［2］ 陈林泉,侯晓,李岩芳,等. 固体火箭发动机喷管效率计算[J]. 固体火箭技术,2002,25(4):9－11.

［3］ 李雅婻,陈林泉,蹇泽群. 粒子尺寸分级的喷管两相流场计算[J]. 固体火箭技术,2003,26(3):
32－34.

［4］ 谢侃,刘宇,熊文波,杨劲松. 某单室双推力复杂翼柱形燃烧室的两相流数值分析[J]. 固体火箭技
术,2009,32(2):171－174.

［5］ 谢侃,刘宇,王一白. 圆孔喷嘴形成气动喉部的定常数值研究[J]. 航空动力学报,2011,26(4):
924－930.

［6］ 谢侃,王一白,刘宇. 固体火箭发动机气动喉部非定常过程[J]. 推进技术,2011,32(1):103－108.

第8章 固发流体喉部的烧蚀特性

8.1 喉衬材料

发动机的喉衬是喷管中最为重要的部件。在高性能发动机中,喉衬不仅抵抗着高达 3000K 以上的携带金属粒子的高速气流冲刷,而且还将在发动机工作过程中产生极大的温度梯度和热应力[1,2]。为了保证燃烧室的压力,从而确保发动机的性能,需要严格控制发动机的喉部烧蚀。对高燃温、大流量、长时间工作的固体火箭发动机来说,喷管喉衬的烧蚀问题尤为突出。

目前,适合作为固体火箭发动机喉衬的耐烧蚀材料主要有石墨、碳 – 碳复合材料(C/C)、难熔金属、增强塑料和陶瓷基复合材料等。

碳 – 碳复合材料是以碳纤维或织物为预制增强体[3-5],以热解炭或沥青炭(树脂炭)为基体复合而成的多相纯碳复合材料。在继承了石墨耐烧蚀、热膨胀系数小、密度小等优点的基础上,碳 – 碳复合材料还克服了石墨材料强度低、抗热震性能不足的缺点。目前,碳 – 碳复合材料已经从单一的烧蚀材料开始向热结构材料发展,并已在多种型号固体火箭发动机上得到应用。采用该种材料可以极大简化固发喷管的喉部结构,提高喷管的可靠性和冲质比。8.2 节 ~8.5 节将以这种综合性能较好的碳 – 碳材料喉衬为例讨论流体喉部喉衬的烧蚀特点。

对于石墨和碳 – 碳复合材料,其烧蚀机理是一样的(注意:钨渗铜材料喉衬的烧蚀机理则不同)。碳基体喉衬经高温燃气烧蚀后,喉衬内表面退移(喉径扩大),按烧蚀机理可分为两部分[1-5]:一部分是燃气中的氧化组分与壁面发生化学反应引起的材料耗损,称为热化学烧蚀;另一部分是金属氧化物颗粒(如 Al_2O_3)对壁面的侵蚀和气流对壁面的冲刷引起的,分别称为粒子侵蚀和机械剥蚀。已有研究表明,喷管喉衬的烧蚀中大部分由热化学烧蚀引起[1-5]。以下介绍计算碳基材料喉衬的热化学烧蚀速率方法。

8.2 固发喉衬烧蚀的计算方法

固发喷管喉衬通常采用复合结构,一般有二到三层材料。典型流体喉部喷衬的热防护结构见图 8 – 1(a),其中喉衬材料为 C/C。图 8 – 1(b)给出了计算域及采用的网格和边界条件。烧蚀计算区域分为喉衬固相区域及流体区域。流体区域的边界条件参考第 2 章的介绍。在导热计算中,固相区可以只计算 C/C 喉衬部分,而与之相连的绝热层部分(如高硅氧)则不进行计算,把 C/C 喉衬的外侧边界设置为绝热壁面边界或恒温边界。这种边界处理方法在用于计算喉衬的烧蚀率时已被证明精度是足够的[1,2]。

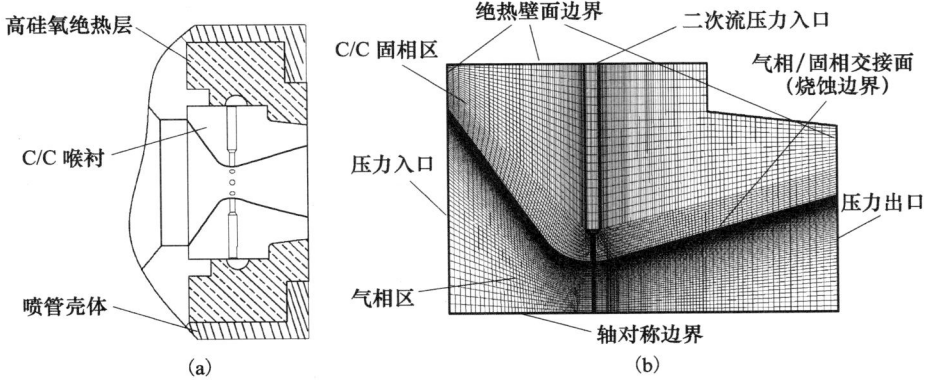

图 8 - 1　流体喉部喷管喉衬计算模型

(a)流体喉部喉衬的热防护结构;(b)计算域及边界条件。

喷管喉衬的热化学烧蚀过程可由带化学反应源项的 N - S 方程组和固相区的导热方程一同描述。带化学反应源项的 N - S 方程、燃气组分输运方程组、固相区的导热方程可参考文献[3],这里不再赘述。雷诺平均 N - S 方程中的对流项可采用二阶迎风格式,源项采用中心差分离散。湍流模型一般采用双方程模型,如可实现 $k - \varepsilon$ 模型。

8.2.1　气固界面边界条件

在传热计算中,喉衬壁面附近的网格质量很重要。只有边界层内的网格足够密时才能保证计算精度。一个可用来判断网格质量的物理量是网格的 y^+ 值[3]。在喷管喉衬的烧蚀计算中,一般网格的 $y^+ < 2$。每次计算收敛后需检查 y^+ 值。如果 $y^+ > 2$,则采用自适应网格进行局部加密(参见第 2 章)再进行计算,重复上述步骤直到满足 $y^+ < 2$。

特别说明,计算域中的气相/固相交界面除了要满足无滑移边界条件外;由于在气相/固相交界面上存在质量和能量交换,还需满足以下边界条件,即

质量守恒

$$\bar{\rho}_g \tilde{u}_r = \rho_c \dot{r}_c \tag{8-1}$$

组分守恒

$$\left(-\bar{\rho}_g D_{km} \frac{\mathrm{d}Y_k}{\mathrm{d}r} + \bar{\rho}_g \tilde{Y}_k \tilde{u}_r \right)_r = \overline{\dot{\omega}_i} \tag{8-2}$$

143

能量守恒

$$\lambda_c \left(\frac{\partial T}{\partial r} \right) + \dot{r}_c \rho_c h_c = \lambda_g \left(\frac{\partial \widetilde{T}}{\partial r} \right)_g + \sum_{i=1}^{N} \overline{\omega}_i \widetilde{h}_{g,i} \qquad (8-3)$$

式中:$\dot{r}_c$ 为烧蚀率;ρ_c 为固相区材料密度;$\overline{\rho}_g$ 为烧蚀形成的气体成分密度;λ 为导热系数;h 为物质的比焓。

上述能量守恒条件中不考虑辐射换热。

另外,初始时刻,喉衬固相区给定温度 $T_c = T_{c,0}$。

如果喉衬外边界采用绝热壁面边界条件,则有 $\frac{\partial T_c}{\partial r} = 0$。

8.2.2　燃气组分

表 8-1 给出了典型固发喷管入口边界处的燃气组分及参数。

表 8-1　压力入口边界处的燃气成分及参数

组分质量含量/入口参数	数值
Y_{H_2O}	0.29
Y_{CO_2}	0.22
Y_{CO}	0.11
Y_{H_2}	3.4×10^{-4}
Y_{N_2}	0.10
Y_{HCL}	$1.0 - (Y_{H_2O} + Y_{CO_2} + Y_{CO} + Y_{H_2} + Y_{N_2})$
总温 T_o	3500K
总压 P_o	10MPa
初始喉衬温度 $T_{c,0}$	300K

需要说明的是,一般在燃气成分中还会存在 OH。但由于在压强较高时,OH 的成分较少,因而在固发喉衬的烧蚀计算中,忽略该组分。

8.2.3　化学反应体系

C/C 喉衬的化学反应烧蚀机理可由烧蚀边界上的两方程反应体系表征,见表 8-2,表中列出了该异相反应体系中的化学反应动力学相关系数值。这些参数已经被 Chelliah 和 Lee 等的研究结果证明是可靠的[4]。

表 8-2　交界面上的异相反应体系

表面反应	A_i	b	$E_i/(\text{kal/mol})$
$C_{(s)} + H_2O \longrightarrow CO + H_2$	4.8×10^5	0	68.8
$C_{(s)} + CO_2 \longrightarrow 2CO$	9.0×10^3	0	68.1

一、气固交界面上的异相反应

表 8 - 2 中化学反应速率的计算式为

$$\dot{r}_i = k_i p_i^{0.5} \qquad (8-4)$$

式中：$k_i = A_i T_s^b \exp(-E_i/R_0 T_s)$；$R_0$ 为通用气体常数。

二、气相中的反应

气相中的反应只考虑以下可逆反应，即

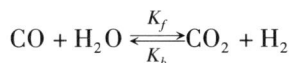

$$CO + H_2O \xrightleftharpoons[K_b]{K_f} CO_2 + H_2$$

其中：组分生成的质量速率计算公式为

$$\dot{w}_{CO_2} = k_f [CO]^{0.5}[H_2O]$$

$$\dot{w}_{CO} = k_b [H_2]^{0.5}[CO_2]$$

8.2.4 燃气的物性参数计算方法

固发燃气为含多种成分的混合气体，见表 8 - 1。在烧蚀流场计算中，需知道燃气的物性参数，而这些参数又与燃气的成分构成有关。在得到燃气成分的组成及质量含量后，混合气体的属性参数可通过如下方法计算求值。

一、黏性系数

混合气体的黏性系数 $\mu = \mu_l + \mu_t$，式中：μ_l 和 μ_t 分别为混合气体的层流与湍流黏性系数。μ_t 由湍流模型给出。组分 i 的层流黏性系数 μ_{li} 用 Enskog-Chapman 公式得出，即

$$\mu_{li} = 2.6693 \times 10^{-6} \sqrt{M_i T}/(\sigma_i^2 \Omega_i)$$

$$\Omega_i = 1.147 T^{*-0.145} + (T^* + 0.5)^{-2.0}$$

$$T^* = T/(\varepsilon_i/k_0)$$

式中：ε_i 为气体分子间的特征能量；k_0 为玻耳兹曼常数；T^* 为折算温度；Ω_i 为折算的碰撞积分；σ_i 为气体分子的碰撞截面直径；M_i 为 i 组分气体的摩尔质量；μ_i 为 i 组分气体的黏性系数。

混合气体的黏性系数为

$$\mu = \sum_{i=1}^{ns} \frac{\mu_i}{1 + \dfrac{1}{x_i} \sum_{\substack{j=1 \\ j \neq i}}^{ns} x_j \varphi_{ij}} \qquad (8-5)$$

$$\varphi_{ij} = \frac{\left\{ 1 + \sqrt{\dfrac{\mu_i}{\mu_j}} \left(\dfrac{M_j}{M_i} \right)^{1/4} \right\}^2}{\sqrt{8(1 + M_i/M_j)}}$$

式中：x_i 为混合气体中 i 组分的摩尔分数。

二、热传导系数

根据 Enskog – Chapman 公式,单种气体分子的热传导系数为

$$\lambda_i = \frac{R_0 \mu_i}{M_i}(0.4 + 1.32 c_{pi}/R_0)$$

式中:c_{pi} 为混合气体中 i 组分的定压比热。

对于由多种气体组分组成的混合气体,其热传导系数 λ 计算公式为

$$\lambda = \sum_{i=1}^{ns} \frac{\lambda_i}{1 + 1.065 \sum_{\substack{j=1 \\ j \neq i}}^{ns} \frac{x_j}{x_i} \varphi_{ij}} \tag{8-6}$$

三、扩散系数

i,j 组分之间的层流扩散系数 D_{ij} 计算公式为

$$D_{ij} = 1.858 \times 10^{-7} \frac{T^{3/2} \sqrt{\left(\frac{1}{M_i} + \frac{1}{M_j}\right)}}{p \sigma_{ij}^2 \Omega_D}$$

式中:p 以 atm 为单位。

上式中的其余物理量由以下各式确定,即

$$\Omega_D = T^{*-0.145} + (T^* + 0.5)^{-0.2}$$

$$T^* = T/\sqrt{T_{\varepsilon i} T_{\varepsilon j}}$$

$$T_{\varepsilon i} = \varepsilon_I / k_0$$

$$\sigma_{ij} = \frac{1}{2}(\sigma_i + \sigma_j)$$

对于多组分的扩散系统,混合气体的层流扩散系数计算公式为

$$D_{im} = \frac{1 - x_i}{\sum_{j \neq i} \frac{x_j}{D_{ij}}} \tag{8-7}$$

8.3 传统固发喷管的喉部烧蚀——Borie 喷管模型

这里先给出对传统固发喷管的喉衬进行烧蚀计算的结果。计算对象为 Borie 喷管模型。Borie 喷管的喉衬为 C/C 复合材料[4],密度为 1900kg/m³,喉衬厚度 90mm,喷管喉径为 25.4mm,喷管入口的燃气组分及燃气参数见表 8-3。

表 8-3 Borie 喷管的入口燃气组分及参数

Y_{H_2O}	Y_{CO_2}	Y_{CO}	Y_{H_2}	Y_{HCl}	$Y_{Al_2O_3}$	Y_{N_2}	P_c/MPa	T_t/K
0.075	0.035	0.20	0.02	0.17	0.5	0.1	4.9	3390

采用 8.2 小节中的方法对该喷管的烧蚀进行计算,烧蚀量的计算和试验结果见图 8 - 2。可以看出,计算预测的烧蚀量随时间的变化跟试验结果基本一致,特别是当工作时间足够长时,计算结果与试验结果吻合较好。初始工作时间内,预测值与试验测量值相差较大。一个原因是:实际发动机初始工作阶段,外壳壁面的温度随时间上升较快,而计算方法中采用的绝热或等温壁面条件和上述情况存在一定的差距。尽管和实际情况有一定的差别,但用这里给出的方法来预测固发碳基材料喉衬的烧蚀情况仍是较准确的,可以满足工程设计阶段的要求。

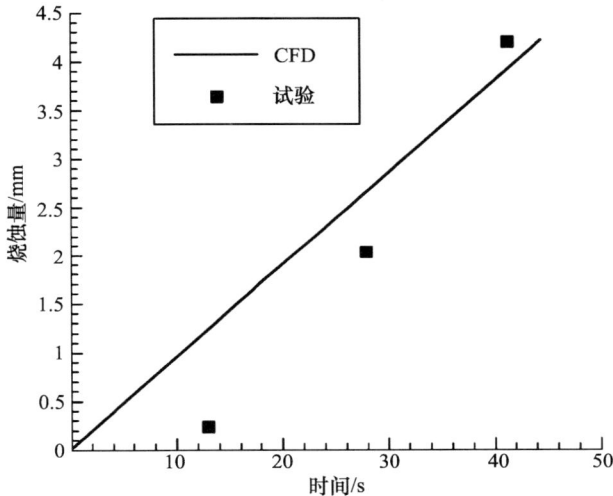

图 8 - 2　Borie 发动机计算烧蚀率与试验比较

8.4　流体喉部的烧蚀特性

对比以下三种情况,来了解流体喉部喷管 C/C 喉衬的烧蚀变化情况:①喉部无喷孔结构时(或喷嘴关闭,无二次流喷入的情况);②喷入的二次流工质为低温惰性气体时;③喷入的二次流工质为高温燃气时。

以下例子中,低温惰性二次流工质以氮气为例进行说明。二次流如果为高温燃气,假定其燃气成分同主流(类似于无源喷射方案,见第 2 章),但温度稍低。由于压强是影响烧蚀率的一个主要参数,为具有可比性,以上三种情况的入口总压、总温、燃气组分含量均给定相同值,见表 8 - 3。

图 8 - 3 给出了无二次流喷入(普通喉衬)时的稳态烧蚀率分布。图 8 - 3(a)为相应的流场云图,图中上半侧为静温分布图,下半侧为相应的等马赫数云图。从图中看到固相区的等温度线在宏观上呈分层分布。从图 8 - 3(b)的烧蚀率分布看出最大烧蚀率发生在几何喉部附近,大致对应声速线的位置,在远离喉部的壁面区域烧蚀率很快下降,这和对传统固发喷管喉衬的烧蚀研究结

果是一致的。图 8-6 给出的是喷管几何喉部下游某截面处三种情况下 CO_2 及 H_2O 的含量分布。

对比图 8-3、图 8-4 可知当喉部处喷入冷的惰性气体 N_2 时,喉衬的最大烧蚀率减小(图中由 0.46mm/s 降低为 0.36mm/s,降低了约 22%);沿喉衬壁面的烧蚀率分布也发生了变化,表现为二次流喷入处及下游的烧蚀率突然降低很多。这主要是因为 N_2 形成的流体喉部改变了喉衬壁面附近的气体成分参数,近壁区中参与异相反应的 CO_2、H_2O 含量下降,见图 8-6,以及改变了壁面的温度及壁面附近的压力分布造成的(参见图 8-3(a)、图 8-4(a)的流场云图)。此外,二次流喷入后声速线的位置已经移动到新的流体喉部处,原几何喉部处,即最大热流密度处的热流值降低。

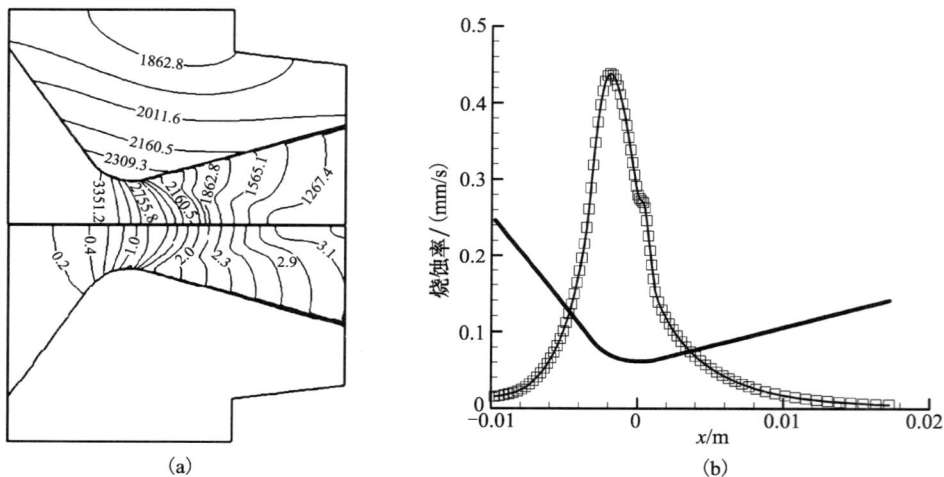

(a)　　　　　　　　　　　　　(b)

图 8-3　普通喉部的烧蚀情况

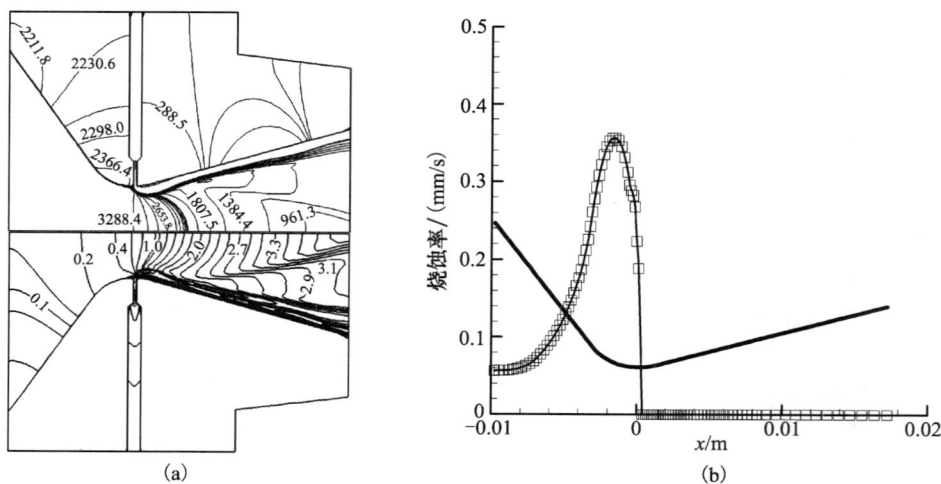

(a)　　　　　　　　　　　　　(b)

图 8-4　二次流为 N_2 时的情况

148

对比图 8-5、图 8-6 看到当喷入的二次流为高温燃气时,喉衬的最大烧蚀率仍会稍微下降,但流体喉部下游的烧蚀率会升高,烧蚀率分布呈现双峰结构。前面已分析过,二次流喷入后原声速线移到流体喉部处,流体喉部前壁面的热流值改变,会使原几何喉部处的最大烧蚀率下降。但在喉部喷入高温燃气后,喷入点及下游处近壁区的温度升高,气体组分参数和压强分布发生改变,造成下游局部的烧蚀率增加。

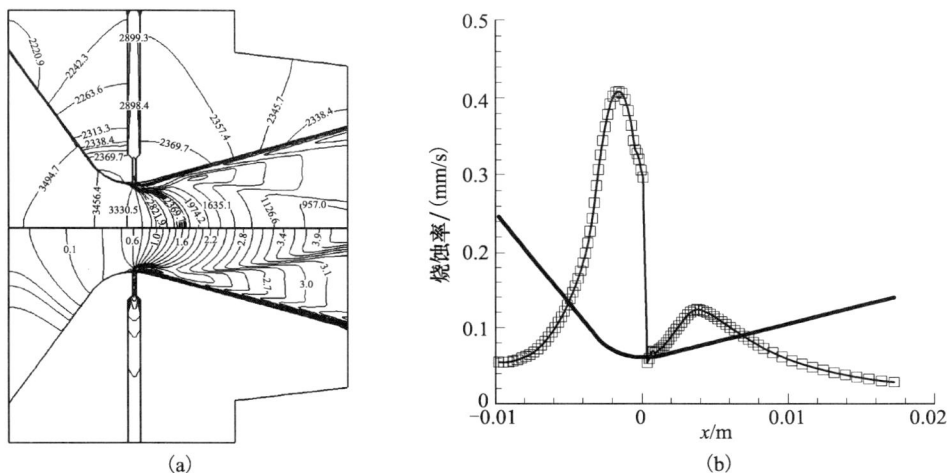

(a)   (b)

图 8-5   二次流为高温燃气时的情况

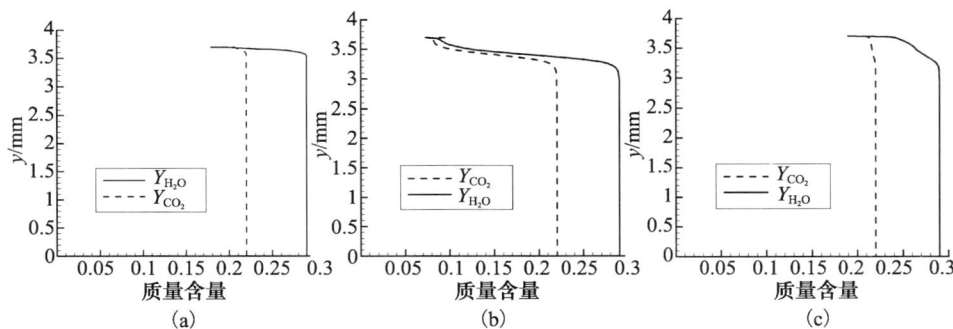

(a)   (b)   (c)

图 8-6   二次流为高温燃气时的情况

(a)无喷流;(b)二次流为 N_2;(c)二次流为燃气。

8.5   基于流体喉部的主动热防护技术

目前固体火箭发动机的热防护技术基本都是被动式。图 8-7 给出了长时间工作后(大于80s)典型 C/C 喉衬喷管的烧蚀情况,从图中看到 C/C 喷管烧蚀严重,喉部型面已有很明显的退移。图8-8则给出了几种典型长时间工作发动机中室压和喉径的试验变化曲线。可以看到在工作时间大于20s后,三种发动机的喉部直径均开始明显变大,燃烧室压快速降低。说明被动热防护在长时间工作条件下很难达到总体指标要求,而在高室压、大流量发动机中烧蚀问题则会更突出。虽然采用钨渗铜材料的喉衬可以获得很小的烧蚀量;但该材料密度大,对于大推力的固体火箭发动机,由于总体质量指标的限制,一般很难采用该种材料的喉衬。

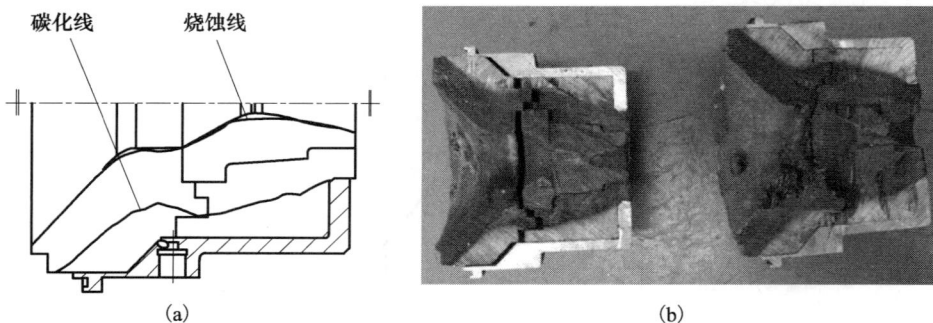

图8-7 长时间工作发动机试车后的烧蚀炭化情况
(a)烧蚀前后的喷管内型面;(b)试验照片。

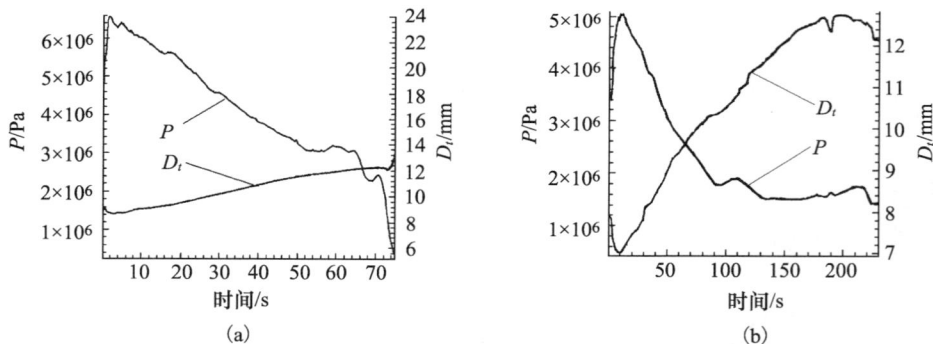

图8-8 典型的发动机压强和喷管喉径随时间瞬变值
(a)发动机1;(b)发动机2。

前文对流体喉部喷管喉衬的烧蚀分析已经知道,如果在喉部附近喷入低温的二次流(气体或液体),喷入处及下游的烧蚀速率将大大降低,这就提供了一种基于流体喉部的主动热防护方案思路,即在固体火箭发动机喉衬上游喷入少量含惰性成分的二次流形成隔离带,以降低喉衬附近的烧蚀率,从而保证长时间工作发动机的喉部尺寸。该种方案尤其适合作为大发动机喉部的主动防烧蚀技术。

美国的 K. K. Kuo 等人[6]也曾提出过一种固发喷管的主动热防护方案,与这里提出的流体喉部主动热防护技术的思路很类似。他拟通过在喉衬附近形成低温的惰性燃气膜来帮助减少烧蚀量,而这种燃气膜则是通过在喷管的收敛段设置单独的低燃温固体装药及一个环形通道设计来实现。

另外,西北工业大学曾提出一种固发喉部的主动热防护方案。该方案是在喷管收敛段入口处环形分布地喷入水[6],以缓解大发动机长时间工作的喉部烧蚀问题。他们的试验工作证明,这种主动热防护技术可以有效降低喉部处的烧蚀率。这里的流体喉部方案有异曲同工之妙;而且流体喉部技术还可以实现喉部大小的主动补偿,可以准确维持喉部面积在设计值附近,使推力和室压保持稳定,从而实现推力大小的精确控制,见图8-9。

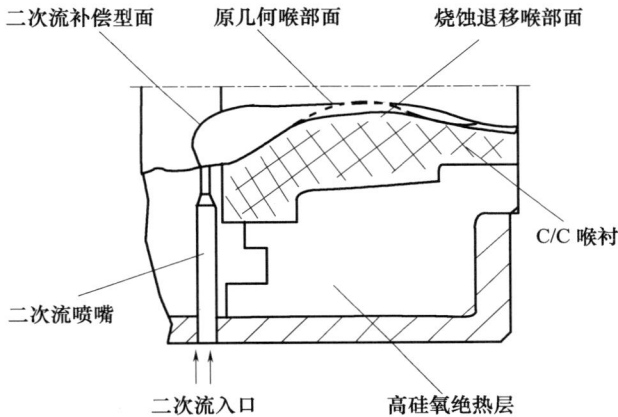

图 8-9　基于流体喉部二次流的主动热防护原理示意图

如果只是作为补偿喉部烧蚀退移的型面,而不需要进行大范围推力调节的话,流体喉部喷管所需携带的二次流量会减少很多。

参 考 文 献

[1]　王克秀.固体火箭发动机复合材料基础[M].北京:宇航出版社,1994.

[2]　何洪庆,周旭.固体火箭喷管中的烧蚀控制机制[J].推进技术,1993(4):36-41.

[3]　Thakre P,Yang V. Graphite nozzle material erosion in solid-propellant rocket motors[R]. AIAA Paper 2007-778,2007.

[4]　Borie V,Brulard J,Lengelle G. Aerothermochemical analysis of carbon-carbon nozzle regression in solid-propellant rocket motors[J]. Journal of Propulsion and Power,1989,5(6):665-673.

［5］ 陆晋丽,何国强,李江,等.利用液体喷射实现固体发动机主动冷却的探索研究[J].固体火箭技术,
2008,31(3):239 - 242.

［6］ Evans B. Nozzle erosion characterization and minimization for high – pressure rocket motor applications
［D］. USA:The Pennsylvania State University,2010.

第9章 系统应用模式与主要结构

本章从推进系统的总体角度出发,介绍流体喉部喷管用于姿轨控系统、主动力推进系统的可行方案和工作模式。因为流体喉部喷管技术是一项新兴的技术,仍处于发展阶段,这里侧重介绍这些典型方案的特性和提高工程应用价值的途径、改善措施以及满足实际应用所需达到的基本性能要求。

9.1 系统分类

一般按照应用对象的任务要求和二次流的工质属性将固发流体喉部喷管系统分类。因为不同的任务要求下,系统的形式、指标要求会有所不同。另外,二次流的工质特性除了决定二次流系统的体积、重量外还决定了所适合的应用对象,因而需要分开讨论。

9.1.1 姿轨控系统

推力可调的姿轨控系统的先进代表是动能拦截弹头(KKV)上的固发姿轨控系统。美国"标准"系列导弹的动能战斗部使用的该类系统见图9-1和图9-2。"标准"导弹最早使用的姿轨控系统——SDACS由6个姿控发动机和4个轨控发动机组成,推进剂质量为4.5kg,推进剂类型为HTPB/AP,发动机壳体采用石墨/环氧树脂,整个系统工作时间20s。推进剂药柱同心的排列在碳/碳中心管四周,中心管将燃气转送到阀门装置,热燃气阀门是SDACS的核心技术,开启频率2000Hz,响应时间小于1ms。第一代系统中每个单独喷管的喉部面积不能改变,单独喷管产生的推力基本不变。

美国随后发展的新一代姿轨控系统——TDACS,采用固体燃气发生器方式,推力能在高推力和续航推力间进行调节,包含10个均衡的喉栓式推进器(4个用于轨控,6个用于姿控),通过调整喉栓的位置来调整单独喷管的喉部面积,从而改变燃气发生器的工作压力和推力的大小,见图9-2。

图9-3、图9-4给出了使用流体喉部喷管技术的六自由度姿轨控系统。该系统与TDACS相似,但它是通过在中心燃气导管末端、姿轨控喷管前的声速喷嘴上使用流体喉部喷管技术进行节流,来改变燃气发生气的流量和室压,从而实现系统在高推力和续航推力间的调节。

图 9 - 1　含 SDACS 的动能战斗部

图 9 - 2　喉径可调的 TDACS

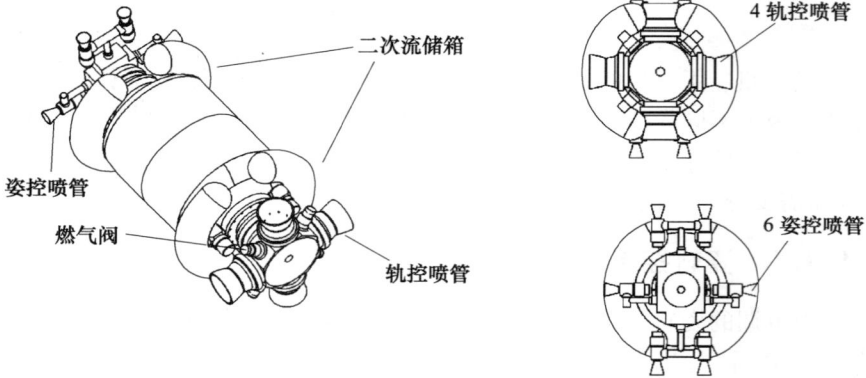

二次流储箱

姿控喷管

燃气阀

轨控喷管

4 轨控喷管

6 姿控喷管

图 9 - 3　典型的流体喉部 – ACS

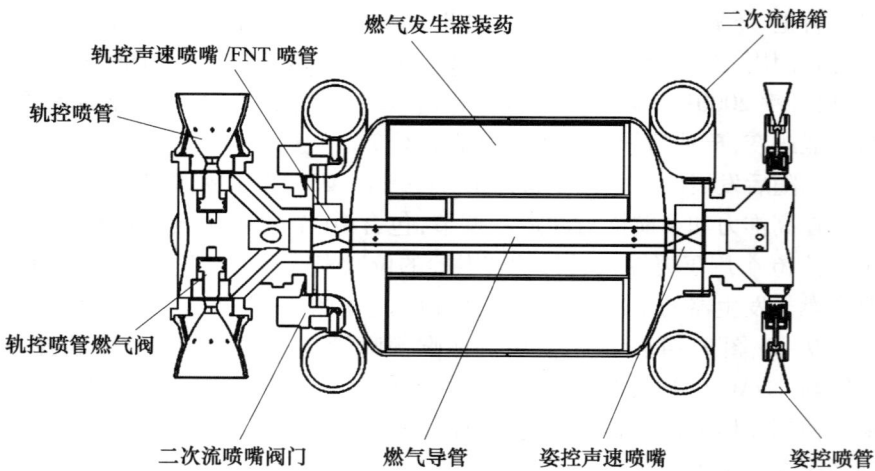

燃气发生器装药

二次流储箱

轨控声速喷嘴 /FNT 喷管

轨控喷管

轨控喷管燃气阀

二次流喷嘴阀门

燃气导管

姿控声速喷嘴

姿控喷管

图 9 - 4　系统剖面图

154

喉栓发动机系统必需依靠姿控系统进行自身的姿态稳定和配平,因为随着推进剂的消耗,发动机的质心会发生改变。即使轨控喷管的推力是过系统的初始质心的,但在工作中随着质心的移动,轨控发动机的推力就会产生力矩,这时需要姿控发动机去平衡掉该力矩以防止系统翻滚。

而流体喉部系统的一个好处是在设计初期就可以合理设计储箱的个数及布局方式,来保证整个系统在工作期间质心的变化量最小,或者在工作期间通过动态质量配平的方式使质心变化量最小。以图9-4中的系统为例,当发动机的质心往右侧偏离时,此时可以让右侧储箱中的二次流工质先尽量排出,以使这个系统的质心往左移动恢复原到来位置。

TDACS系统的工作模式见图9-5:

(1)零推力。4个喷管全开的情况下,喷管喉部面积最大,燃烧室压强最小。

(2)全控制推力。1个喷管打开且喉部面积最小时,其余3个喷管关闭。

(3)偏轴推力。不同轴的两个喷管都打开的情况。推力大小、方向取决于两喷管的喉栓拴的开度(喷管的喉部面积)。

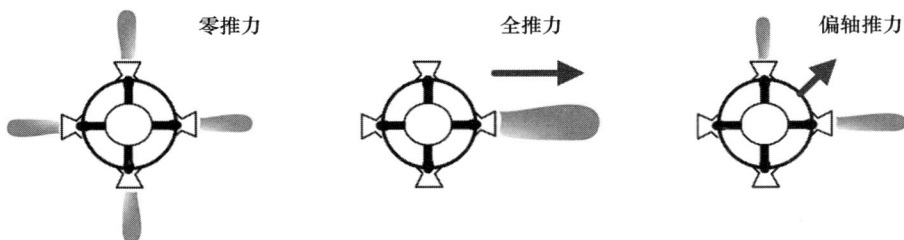

图9-5 推力调节模式

流体喉部喷管姿轨控系统的工作模式与上述的TDACS系统相似,但实现方式和系统结构不完全一致。在模式(1)中,流体喉部声速喷嘴的二次流不注入,此时燃气发生器的室压和流量为最小;对于模式(2),在流体喉部声速喷嘴中注入二次流,声速喷嘴的喉部面积最小,此时的燃气发生器室压和流量最大。要实现模式(3),流体喉部的姿轨控喷管仍然需要像早期的SDACS系统中的高温燃气阀或二次流流体阀来实现主喷管的开启和关闭。

对于结构要求更简单的系统,可以不采用高温燃气阀,而使用一次性的喷管堵盖,在实现模式(3)时,可以通过逐次打开堵盖及相隔时间来控制所需的推力方向及平均推力的大小[1]。另外,还可以使用无源方案来进一步简化上述流体喉部系统。

虽然二次流也同时和燃气发生器的燃气一起产生推力,并且随着工作时间的推移,二次流的系统质量会逐渐减小;但与喉栓姿轨控发动机相比,流体喉部姿轨控系统仍需要额外的二次流供给系统和储箱,这会给该系统的小型化和简化结构等方面带来一定的困难。因而图 9-4 中的流体喉部姿轨控系统特别适合在已使用高压冷气的系统上进行改进，如已使用氮气姿控发动机的某些卫星系统，或载人返回舱系统（可利用系统原有的氧气作二次流）、登陆舱系统等。这样流体喉部－声速喷嘴中所使用的二次流可以和原有的姿控系统共用，还包括共用已有的供给系统和储箱等。这样在整体上没有引入过多的额外部件，而又提高了原有姿控系统的性能。

图 9-6 为返回舱或登陆舱着陆时使用流体喉部姿控系统的工作示意图。当左右姿控发动机的推力不对称时，将产生相应的姿态调整力矩，保证着陆时的姿态精度。对于这种流体喉部姿控系统，所需额外增加的二次流系统部件不多，并且不需要研制抗烧蚀和动密封要求较高的喉栓及燃气阀就能实现。

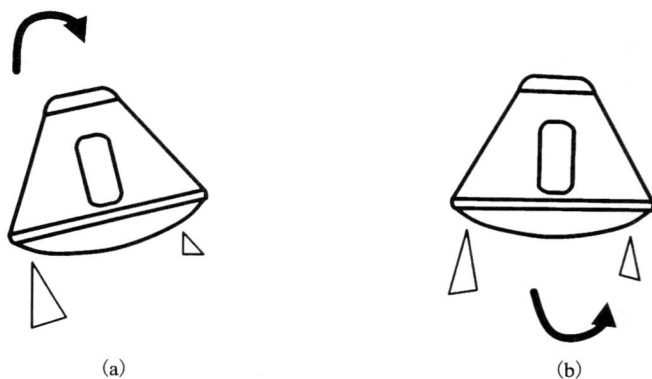

图 9-6　使用流体喉部－ACS 的返回舱工作示意图

(a)调姿;(b)刹车。

另外，由于流体喉部在单个发动机上就能实现推力矢量控制，因而可以使用更少的单元数来实现飞行器的三轴控制。例如图 9-5 中两对称单元的推力前后差动就能产生绕自身轴线的滚动力矩。

上述利用流体喉部技术控制燃气发生器的流量同样还可以用在固体冲压发动机上改变燃料流量，从而可以实现固体冲压发动机的推力调节。而且还可以使用另外一种燃料或氧化剂作为二次流工质，随固体燃气发生器产生的燃气一并进入冲压发动机的补燃室进行二次燃烧，进一步提高冲压发动机的推力调节范围。

9.1.2　主推进系统

除姿控系统外，流体喉部喷管还可以用于导弹的主动力系统。图 9-7 给出了一种拟用在地空弹上的流体喉部动力系统。该发动机的喷管为长尾管，二次流储箱设置在发动机尾部,这样储箱可以离流体喉部喷管上的二次流喷注点最近,二次流输送管道最短。该流体喉部喷管在喉部和扩张段上各设置了 8 个喷嘴单元,系统即能实现推力大小的控制同时还能实现二次流激波诱导的矢量控制。

使用长尾管的目的有两个:①能方便调整整弹质心;②使体积不大的战术弹尾部有足够的空间布置二次流储箱。

固发流体喉部发动机由于结合了矢量控制,可以将导弹的气动控制系统简化(可以只保留滚转控制舵面)或完全省掉空气舵面的控制通道和设备,这减少了活动部件和系统质量,提高了整弹的可靠性。另外,翼面设置成固定翼或省掉后,导弹气动外形的设计及研制工作也会大大简化。

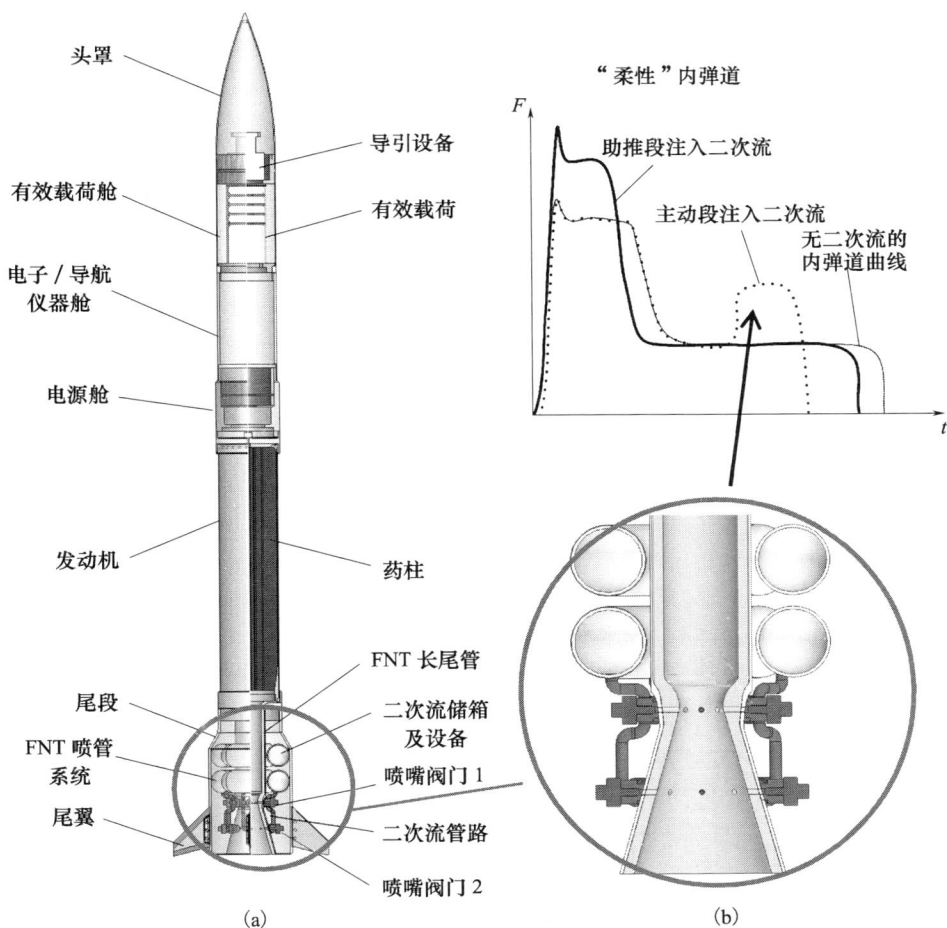

图 9-7 作为主动力的 SRM - 流体喉部发动机系统方案

(a)总体布局方案;(b)带 SVC 的流体喉部喷管。

作为主动力的流体喉部系统可以借鉴许多已有系统方案的设计经验和技术,如可参考已有的固体火箭发动机上的二次流激波诱导系统、固液发动机系统等。这些系统的二次流储箱结构、储箱布局形式、二次流喷嘴与主喷管的连接结构、热防护结构、阀门部件等都可以相互借鉴。

对于更小型的战术弹,流体喉部系统还可以更简单些,如采用无源系统。虽然无源系统所能实现的推力调节范围有限,但是它可以省去二次流供给系统和储箱等结构,因而适合作为小型战术弹的推进系统,如空空弹。

导弹的内弹道一般都可分为助推段和续航主动段两部分,为了使导弹能迅速获得初始速度,助推段的推力和过载都比较大,续航段一般只要求维持一定速度和保证足够的机动动力即可,因而两者的推力要求相差较大。有时需设计单独的助推发动机,工作完后再与导弹主体分离。但为了结构更紧凑和增加武器系统所能携带的单元数,就希望设计成助推发动机和续航发动机整合为一体的先进方案。目前实现这种方案的方法主要有两种:①可以采用单室双推力发动机,只通过药柱的燃面设计,而使用同一个喷管来分别满足助推段和续航段的推力要求;②在弹体外径的约束和药柱结构完整性的要求下,光靠药柱的型面设计无法达到要求的助推/巡航的推力比,此时就要使用双喷管甚至两种推进剂。如助推段使用小喉径喷管,助推药燃烧完后,助推喷管被吹出,剩下大喉径的喷管及续航药柱继续工作。

如果使用流体喉部技术,可以在固定的单喷管情况下最大限度地、灵活地实现不同的助推/巡航的推力比。固发流体喉部发动机本身可以设计成单室双推力的燃烧室结构,即使在不进行喉部调节的情况下,它可以通过初始的药柱型面设计或使用不同的推进剂达到一定的推力比。没有喉部调节时的内弹道称为基准内弹道。流体喉部发动机可根据实际作战需要在助推段时就引入喉部调节,这样在助推段可获得比基准弹道更大的助推推力及要求的助推/续航推力比。这种方案跟前面两种方案相比,它具有受总体外形尺寸的约束小、可实现的助推/续航推力比大,并且只需要一个固定喷管的特点。

另外,固发流体喉部发动机还可在续航段根据来袭目标的具体飞行轨迹适时引入推力的大小和方向调节,使弹道具有"柔性",从而适应更宽的任务剖面。在不需要改变或更换硬件配置的条件下,只需调整装订的控制参数就能灵活改变弹道,这提高了武器的战场适应能力和反应速度。固发流体喉部发动机为控制系统实现灵活的能量管理提供了有效的技术途径。

9.1.3 按工质分类

按携带二次流工质的属性可将流体喉部系统分为气–液流体喉部系统和气–气流体喉部系统两种,见图9–8。

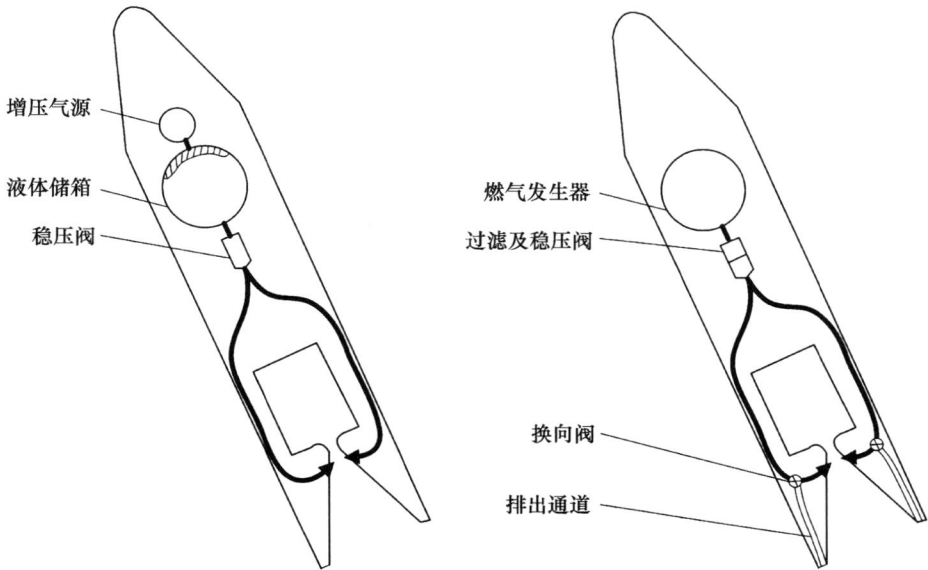

图 9 - 8   气 - 液流体喉部与气 - 气流体喉部发动机系统方案

一、气 - 液流体喉部喷管系统

采用液体工质的明显好处是储箱的体积小,在相同的容积要求下可携带更多的二次流工质,从而允许使用更大的二次流流量来提高流体喉部系统调节喉部面积的范围。目前,在固体火箭发动机上使用的二次流液体工质一般都带氧化性,因此液体工质喷入喷管蒸发后还会与喷管中的燃气反应。二次燃烧产生的热还会有"热壅塞"的作用,截流效果也会增加。另外,不同于气 - 气流体喉部系统,气 - 液流体喉部的启动和关闭更简单。对于使用固发燃气发生器的气 - 气流体喉部,一旦启动固体燃气发生器将会持续工作,一般无法中途停止。因而在工作时间长、导弹的有效容积小、喉部调节范围要求大时,一般优先考虑液体二次流工质的流体喉部系统。

二、气 - 气流体喉部喷管系统

对于只要求提供弹道的末端修正、适时提供瞬时大推力或侧向力、推力调节时间不长的情况下,可优先考虑使用气 - 气流体喉部系统。另外,如前文所述,对于原系统中本来就有高压氮气、氧气的系统,也适合使用气体二次流工质的流体喉部姿轨控系统。

气体二次流工质可以使用固体燃气发生器产生的燃气,燃气发生器方案可以缩小流体喉部系统的体积;但对二次流输送管道的热防护结构有较高要求,燃气发生器的开关控制也没有冷气系统的灵活。一种可行的工作模式如图 9 - 9所示。一旦固体燃气发生器启动后,当需要二次流形成流体喉部或矢量控制时,二次流将被引入喷管处;当不需要推力进行大范围调节时,二次流将被对称地排出发动机。其中，二次流通道的转换将通过高温换向阀或流体转换阀完成。

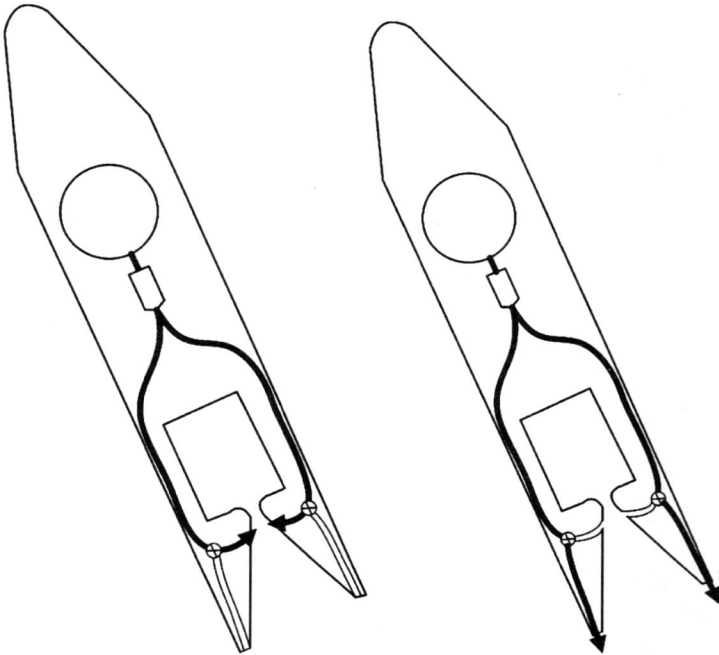

图9-9　气-气流体喉部的"工作"与"关闭"模式

9.2　典型结构

典型的流体喉部喷管发动机结构及其使用的二次流燃气发生器分别见图9-10(a)和(b)。流体喉部喷管发动机主要由燃烧室壳体、药柱、绝热层、流体喉部喷管、收敛段耐燃烧层、二次流集气室绝热层、二次流集气室外壳、压板、单向阀组成。对于直径不大的战术导弹固体火箭发动机，其二次流集气室外壳与燃烧室可采用螺纹连接，通过二次流集气室外壳固定收敛段耐燃烧层。压盖与二次流集气室外壳连接，并起固定喷管喉衬的作用。集气室外壳开孔与转接头焊接，与二次流气源连接。

由于发动机点火后，二次流一般不会马上工作，主流会回流进入二次流集气室内。为了防止回流，在接头与气源之间增加单向阀。该发动机上的密封分两种，零件连接处采用O型圈密封；喉衬与收敛段耐燃烧层，收敛段耐燃烧层与燃烧室绝热层的接触端面等涂抹高温腻子。药柱还可根据不同的总体推力要求选择药型。

160

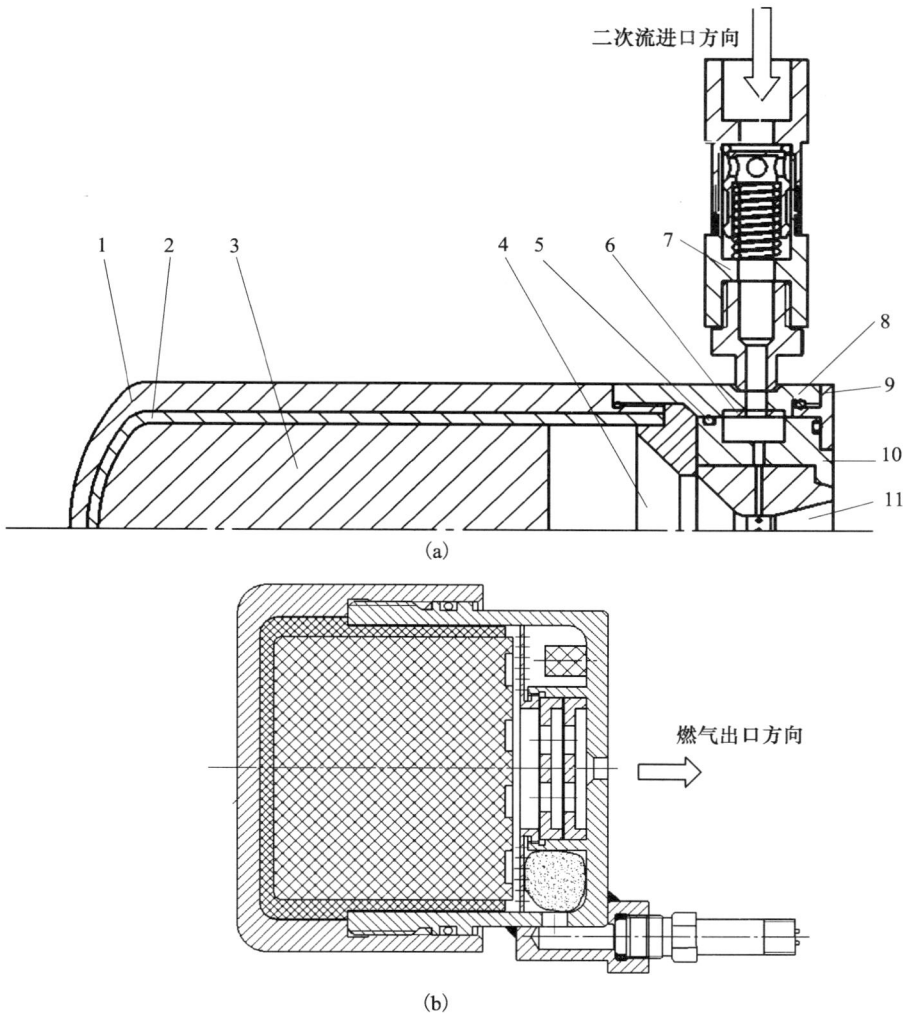

二次流进口方向

(a)

燃气出口方向

(b)

图 9 – 10　作为主动力的 SRM – 流体喉部发动机系统方案

(a)热型流体喉部发动机结构;(b)二次流燃气发生器。

1—燃烧室壳体;2—绝热层;3—药柱;4—收敛段耐燃烧层;5—密封圈;

6—二次流集气室绝热层;7—单向阀;8—二次流集气室外壳;

9—压环;10—二次流集气室;11—流体喉部喉衬。

无论是气 – 液流体喉部或是气 – 气流体喉部喷管系统都需要采用固体燃气发生器技术产生高压气体,给液体二次流工质增压或直接作为燃气二次流工质。因而二次流的固体燃气发生器技术是固发流体喉部喷管中最重要的关键技术之一。9.4 节将进一步介绍二次流固发燃气发生器的结构和涉及的关键技术。

9.3 喷嘴结构

图9-11给出了固体火箭发动机上的二次流喷射系统常用的典型喷嘴结构。图9-11(a)给出的是使用液体工质的二次流喷嘴;图9-11(b)给出的是使用气体工质二次流喷嘴。对于大型固体火箭发动机上使用的流体喉部喷管,其使用的每个单独喷嘴上还可以安装阀门控制但喷嘴二次流的通断。对于小发动机可以采用二次流集气腔的结构形式,只需控制集气腔进气口处的通断,见图9-10。

另外,注意到固体火箭发动机上使用的喷嘴,尤其是在喉部附近使用的喷嘴,与液体火箭发动机头部的喷注器中稍有不同。由于固体火箭发动机热防护结构的厚度要求,喉部处的喷嘴深度都较大。

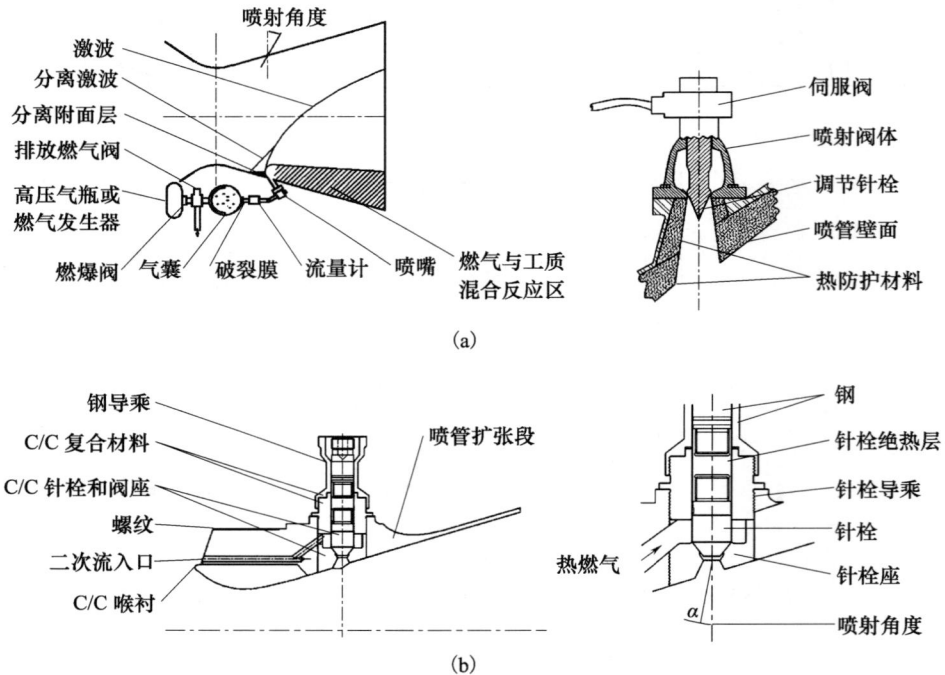

图9-11 固体火箭发动机二次流系统上使用的喷嘴
(a)液体二次流系统及喷嘴;(b)气体二次流系统及喷嘴。

9.4 二次流燃气发生器

无论是气-液流体喉部或是气-气流体喉部喷管系统都需要采用固体燃气发生器技术产生高压气体,给液体二次流工质增压或直接作为燃气二次流工质。

162

除具备常规固体火箭发动机的特点外,流体喉部喷管上使用的固体燃气发生器,还有燃气温度控制、点火可靠性、燃气洁净度及压力稳定控制等 4 个方面的关键技术需要解决。

一、点火可靠性

点火可靠性也是流体喉部喷管上使用的固体燃气发生器需解决的实际问题。包括以下几个方面:

(一)点火困难

受燃气温度的限制,低燃温推进剂由于惰性添加剂含量较大,给点火带来很大的困难。尤其在装药初始温度较低的情况下,这一问题更为严重。

(二)燃烧室压强上升缓慢

另外,推进剂燃温低还会造成燃烧室压强上升缓慢,出现"爬坡"现象,环境温度越低,爬坡现象越严重。但对推力调节而言,其推力调节时间是一个重要的指标。二次流初始建压时间过长会引起推力调节时间的增加。因此需在点火阶段采取有效措施,尽量减少压强爬坡,保证二次初始压强建立时间。

(三)点火冲击

点火困难和爬坡严重问题的一个解决方法是增加点火药量,但这样通常会导致过高的点火压力脉冲,点火冲击过大。对于未采取稳压措施的二次流燃气系统来说,点火冲击过大意味着工作初期二次流总压的突增和突降,会影响所形成的流体喉部的稳定和对推力的精确控制。

二、燃气温度控制

在实际应用中,如果燃气二次流温度过高,一方面会导致二次流燃气导管、喉衬等零部件烧蚀严重,很容易出现过热乃至烧穿问题;另一方面,工作一段时间后,高温燃气作用会引起零部件材料变形,排气不通畅,导致固体燃气发生器的燃烧室压力上升,引起爆炸事故。因此固体燃气发生器产生的燃气需要实现温度控制。

三、燃气洁净度

固体火箭发动机装置一般对燃气洁净度要求不高,但作为二次流的固体燃气源,则对燃气洁净度有着很高的要求。固体推进剂燃烧过程中,会产生大量的固体颗粒和由包覆层、绝热层等产生的碎片和杂质,由于流体喉部的二次流喷嘴通道尺寸很小,如果燃气中杂质较多或大固体颗粒过多,极易引起二次流通道堵塞,造成流体喉部控制失灵或产生不必要的侧向力,严重时导致固体燃气发生器压力升高甚至发生爆炸。因此需要在流体喉部的二次流喷嘴前对燃气进行过滤。

工业上应用的过滤技术和过滤装置已经比较成熟,但无法直接应用于固体推进剂燃气的过滤中,主要困难在于:高温燃气冲刷、过滤装置堵塞以及质量、体积及可靠性要求高。

四、压力稳定控制

为了保证控制精度，一般要求二次流燃气压力能够维持在相对平稳的水平。然而固体燃气发生器的工作压力受环境条件、推进剂特性、燃面变化、壳体温度等因素的影响较大，往往很难维持在某一个稳定值。例如，燃气装置初始温度较高时，其工作压力一般较高，而初始温度较低时，其工作压力会明显降低，这就会引起二次流压强、流量等发生较大变化，影响流体喉部的控制精度。因此有必要对压力波动较大的燃气发生器实施稳压通过设计燃气稳压装置，使燃气压力维持相对稳定。

对高温燃气实施稳压，主要存在如下困难：

（1）稳压装置的耐烧蚀性能；

（2）燃气洁净度影响稳压效果；

（3）长时间工作稳压能力下降，即长时间工作时高温燃气会引起作动部件性能变化，使稳压能力下降；

（4）弹系统对稳压装置的质量、体积及可靠性要求较高，难以采用复杂的压力控制技术和结构。

9.4.1　燃气发生器可靠点火

固体燃气动力装置一般体积较小，点火发动机无法布置，而采用药粒点火会带来点火压力峰值高、点火可靠性差的问题。这里给出一种"电点火具 + 点火药盒 + 补偿药柱"的点火结构方案，可以有效地解决上述困难，药盒的示意结构如图 9 - 12 所示。补偿药柱采用推进剂药块制成，其配方组成一般与主装药配方相同，也可以采用其他配方。补偿药柱的功能一方面在于延长点火装置发火时间，使点火药燃气与主装药作用时间加长，便于主装药的引燃，能够解决低温时装药较难点燃的困难；另一方面，补偿药柱的燃烧所释放的能量能够对主装药初始段热损失大而造成的压力爬坡提供附加的热量。该种点火方案能够使燃烧室压力快速上升，缩短系统响应时间。另外，采用补偿药柱的点火方案由于能量释放相对缓慢，则可以避免过大的初始冲击。

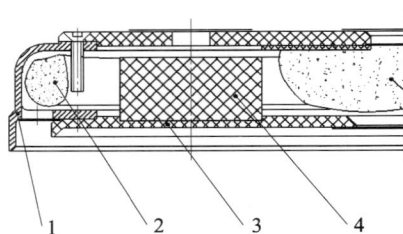

图 9 - 12　燃气源点火药盒结构

1—药盒支架；2—条形点火药包；3—药盒底板；4—补偿药柱。

除在点火药盒内布置有补偿药柱外,还可以根据燃烧室的具体结构情况,在点火药盒外合适的地方布置多块补偿药柱,这样既能充分利用燃烧室空间,又能使设计上更加灵活。

如果要求燃气发生器的燃气建压时间更短,设计时可以采用补偿药柱支架部件,将补偿药柱分开布置。这样补偿药柱的安装具有很大的灵活性(如图9-13所示),能够在不改变燃气装置外形参数的基础上,充分利用内部空间,达到缩短建压时间的目的。

图9-14给出了另一种"电点火具+点火药盒+补偿药柱"点火装置结构。从图中可见,为了充分利用燃烧室空间,点火药包和补偿药柱安排在由过滤装置、燃烧室壳体和多孔盖板组成的空腔内。实际热试表明,这里给出的点火方案均能进行固体燃气发生器的可靠迅速点火。

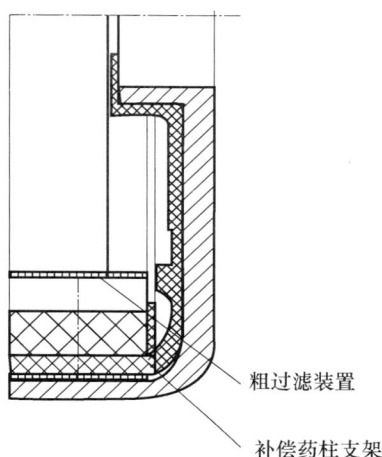

粗过滤装置

补偿药柱支架

图9-13 补偿药柱支架部件

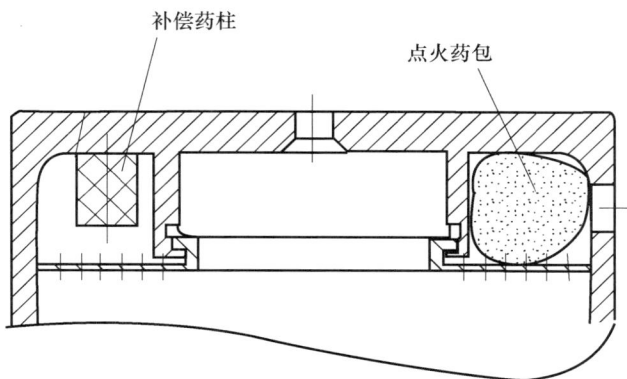

补偿药柱

点火药包

图9-14 燃气发生器点火装置

9.4.2 燃气过滤

为了防止杂质过多而阻塞过滤通道,通常将过滤装置分为两部分:一部分为粗过滤装置,主要用于过滤大粒径颗粒(例如直径大于0.5mm的颗粒)、包覆层碎片和其他大粒径杂质;另一部分为精过滤装置,用于对燃气流进行二次过滤(例如过滤掉直径大于$30\mu m$的微小颗粒),使燃气洁净度达到流体喉部二次气流的使用要求。

一、短时间工作燃气装置过滤技术

当燃气工作时间较短时(如几秒),对过滤装置的热强度要求不是太高,粗过滤装置设计上可采用常见的滤网过滤方式。直接采用单层滤网的粗过滤装置布置在燃气通道内,便可以起到有效阻挡大粒径颗粒和杂质的作用。滤网由丝状难熔金属材料单层编织而成,由织成物的空隙大小来决定过滤精度。

某典型的短时间工作的粗过滤装置如图 9-15 所示。该结构主要由粗滤盘、粗滤筒、粗滤网及连接紧固件组成。根据燃气发生器内装药的燃烧特点,燃气由轴向和环向两个方向流经粗过滤装置时均被过滤。

而对于精过滤装置,则采用多层复合滤网过滤方式,其过滤精度由最细的滤网孔径决定。滤网材料选择上既要考虑耐烧蚀性能,又要考虑具有一定的热强度。某精过滤装置如图 9-16 所示,主要由多目钼丝网制成的中滤网、复合材料滤层、不锈钢丝网制成的细滤网及连接支承件组成。

实际应用中通常采用粗滤网和精细滤网相结合的方案。

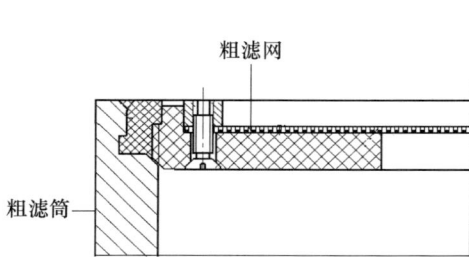

图 9-15 粗过滤装置结构

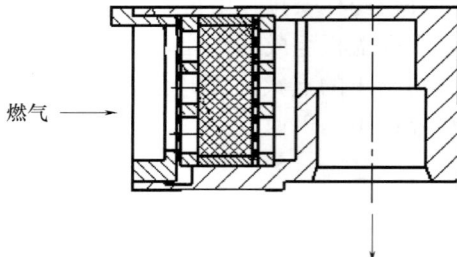

图 9-16 精过滤装置结构

二、长时间工作燃气装置过滤技术

当燃气工作时间较长时(如几十秒),要求过滤装置不能在长时间高温燃气冲刷下产生破损而导致杂质自由通过,并且不能使过多的被滤掉的杂质阻塞燃气通道。

长时间工作的粗过滤装置采用具有一定厚度的滤饼作为粗过滤装置,滤饼由难熔金属丝多层缠绕压制而成,多层复合后的孔隙决定其过滤精度。粗滤网采用钼丝缠绕压制而成。粗滤网与多孔滤网支板一起布置在由点火装置与燃烧室筒体形成的环形空腔内,由压盖加以紧固。

长时间工作的精过滤装置可采取旋风式燃气精过滤器,能够承受高温高压和长时间工作,其过滤精度由装置几何尺寸和工作参数决定。

旋风式燃气精过滤器是根据旋风分离器的原理而设计的,如图 9-17 所示。带有颗粒的气流经入口沿切向进入分离器内部,在分离器内旋转并向下流动,由于离心力的作用,固体颗粒被甩向圆筒壁,并沿圆锥部分向下进入到集料斗内;同时,气流旋转向上,经过出口管离开分离器。这种分离设备在工业上已经得到了相当广泛的应用,将其应用于固体推进剂燃气的精过滤,可以收到很好的过滤效果,过滤精度一般可以控制在几个微米以内。由于其具有专门的颗粒收集装置,而且收集装置与气流通道分离,所以能够有效解决气流通道阻塞问题。

旋风式燃气精过滤器具有以下特点:

(1) 结构简单,没有运动部件;

(2) 可以耐较高的温度,耐温可高达 1000℃ 以上;

(3) 处理气体流量的范围大;

(4) 承压能力强,压力最高可达到 50MPa;

(5) 除尘效率高,小直径旋风除尘器可以 50% 的效率捕集 $1\sim2\mu m$ 的粒子。

由于这一装置是一次性使用的,因此颗粒收集部分可以是封闭的,不需要单独装拆,因此可以设计成焊接的形式。这样既减少了零部件的使用,又增加了运行的可靠性。

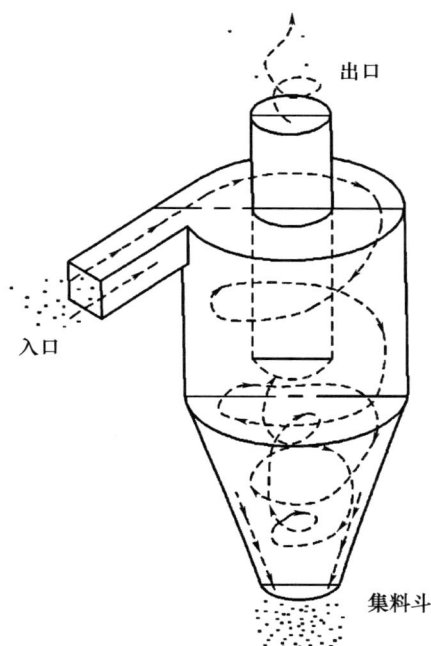

图 9-17 旋风式原理示意图

9.4.3 燃气降温

燃气温度控制可从两方面加以解决,即:①采用低燃温装药;②设计降温装置。通过在推进剂配方中加入惰性组分,降低推进剂能量,可以有效地使装药燃烧温度大幅度降低。但如果一味追求低燃温,会大大降低能源效率,增加燃烧残渣,甚至导致装药无法正常燃烧,因此需结合降温装置一起进行温度控制。

本书给出多流道式物理降温、旋风分离降温、高分子材料化学降温等几种可靠的燃气降温方案。

一、多流道式物理降温

多流道式物理降温主要应用于工作时间短,要求降温迅速而又对质量体积要求不太高的情况。该降温方式主要采用材料吸热的原理,在燃气通道两侧布置吸热能力较强的结构,通过其吸热作用使流经通道的燃气温度降低。为了有效实施降温,基体材料选用金属材料以增加导热系数,燃气通道采用迷宫结构以增大换热面积。由于基体温度会随工作时间增长而逐渐上升,使得燃气降温能力逐渐减小,因此该结构不适用于长时间燃气降温。

图 9 – 18 给出了某典型固体燃气发生器中的多流道式降温方案。

图 9 – 18 的降温部件包括内套环、中套环和节流环,每个套环侧面都有很多小孔,使气流流出小孔时形成多个冲击射流,加强气流对导热套环的传热,使气流降温。相邻两个套环的小孔相互错开,可以使小孔射流直接冲击下一层套环的内壁面,并使流体改

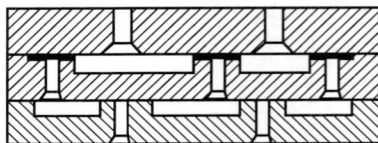

图 9 – 18　降温部件

向,从而增加局部换热和增大接触面积。为了增加抗烧蚀能力,内套环采用难熔金属材料制成,中套环和节流环则采用普通钢材料。

二、旋风分离降温

旋风分离降温主要应用于对降温幅度要求不大的情况。该降温方式是利用了旋风式燃气精过滤器在对燃气进行精过滤的同时具有一定的降温能力,当燃气通过精过滤器内部进行旋转分离时,过滤器内部产生涡流冷却效应,使得过滤器中气流的中心温度和周边温度产生差别,心部具有较低的温度而外缘具有较高的温度,这样加强了过滤器通过壁面对外界的散热,从而使得出口气流的温度明显降低。旋风分离降温的主要优点在于燃气精过滤器兼作降温装置,无需添加额外部件。

三、高分子材料化学降温

高分子材料化学降温可以应用于较长工作时间情况下的燃气降温。其基本原理是具有还原性的燃气流过高分子材料管内孔时,高分子材料在贫氧燃气流的作用下内孔壁面发生热降解,在降解过程中会吸收一定的热量,从而使流过高分子材料管的燃气温度降低。

常用的高分子材料如聚甲基丙烯酸甲酯树脂,俗称有机玻璃,简称为 PM-MA,其分子式结构为

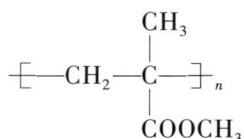

$$\left[-CH_2-\underset{\underset{COOCH_3}{|}}{\overset{\overset{CH_3}{|}}{C}}- \right]_n$$

168

它是由甲基丙烯酸甲酯(简称为 MMA,分子简式 $C_5H_8O_2$)自由基聚合而得。在外界温度高于 443 ~ 573K 的贫氧环境中,PMMA 发生热降解反应,同时吸收一定的热量。其热降解的化学反应方程简式为

$$\underset{n}{\boxed{}}C_5H_8O_2\underset{n}{\boxed{}} \xrightarrow{\Delta} nC_5H_8O_22 - E_a$$

式中:E_a 为单位摩尔有机玻璃聚合物 $\boxed{}C_5H_8O_2\boxed{}_n$ 完全降解为其单体 $C_5H_8O_2$ 时所吸收的热量,E_a 的参考数值范围为 158.5 ~ 214.79kJ/mol。

由于固体推进剂燃烧产生燃气的主要成分为 CO_2、H_2O、CO、H_2 和 N_2,其中单质氧含量非常少,这种燃气所具有的还原性远高于其所具有的氧化性,所以在燃气环境中有机玻璃发生的是热降解反应而非燃烧放热反应,因此能够起到降温作用。

另外,高分子材料化学降温技术还可与多流道式物理降温技术相结合,达到既能实施快速降温又能进行长时间工作的目的,如图 9-19 所示。其中多流道式物理降温结构与图 9-18 相同,在多流道式物理降温结构外侧燃气通道内安排了有机玻璃管,利用有机玻璃热降解吸热反应进行燃气降温。

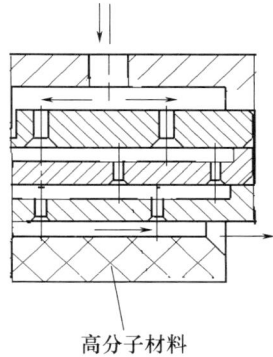

高分子材料

图 9-19 燃气降温装置

9.4.4 燃气稳压

为了解决燃气源压力变化较大而影响控制精度的问题,这里给出采用自力式燃气稳压阀的解决方案。应用该技术方案能够有效解决稳压装置在耐烧蚀性能、洁净度影响稳压效果、长时间工作稳压能力下降等方面的技术困难,结构简单、可靠性好。

自力式稳压结构,主要由阀芯、弹性元件及阀体组成。它不需要外部能量作为动力,依靠自身的弹性元件作为调节力来源,在所在管路上流体的压力作用下工作。阀芯采用难熔材料制成,既是敏感元件同时又作为执行元件,随着弹性元件在燃气压力的作用下运动。此阀门不需要在特定指令下作动,在管路燃气满足一定的压力条件时,阀门自动工作,安装后无需控制。

燃气发生器产生固定流量的气体,在管道内部形成一定的压力。当压力超过限定值时,阀门打开,分流部分燃气,使内部压力减小。经过一系列动态响应过程,最终达到平衡状态,此时阀芯受力平衡,平衡压力越大阀门开度也越大,从而使燃气发生器内部压力稳定在一个数值附近,并且使进入气动元件的燃气流量稳定在一定范围内。典型的自力式稳压阀结构如图 9-20 所示,它由外壳及闭锁组件和调节组件组成。稳定和调节压力的大小取决于调节弹簧的刚度和调节螺钉的预紧力。

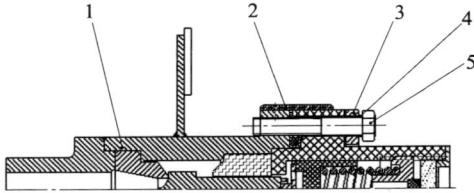

图 9-20　机械稳压阀结构

1—外壳及闭锁组件;2—外套;3—大垫圈;

4—垫圈;5—固定螺栓。

9.5　推力调节模式与效能

9.5.1　调节模式

要实现流体喉部系统方案中的推力调节,关键是调节二次流的流量。目前对推力的调节,既对二次流的流量调节,有两种模式:一种是参数在一定范围内的连续调节;另外一种是两极转换的脉冲调宽控制方式,如图 9-24 所示。

为使固体火箭发动机上二次流系统的结构简单,一般二次流系统的供给压强都是稳定的,流量的连续调节是通过使用针栓喷嘴的结构来实现(参见图 9-11(a))。针栓移动到不同位置时,二次流喷嘴喉部具有不同的开度,从而实现流量的连续调节。对第二种模式的喷嘴来说即只有"开-关"这两种状态转换,相应的推力只能在"高-低"两极间转换。开关阀脉冲调宽控制方式原理见图 9-21。在每一个脉动周期内,通过改变活门在开或关位置上的停留时间就能改变流经喷嘴的平均二次流流量,从而改变发动机的平均推力。调制量 M 可表示为

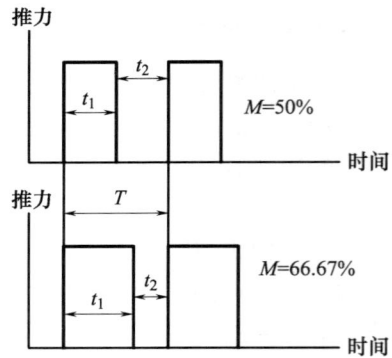

图 9-21　脉冲调宽控制方式原理

$$M = t_1 / (t_1 + t_2)$$

式中:t_1 和 t_2 分别为一个周期 T 内活门开和关的时间。通过改变 t_1 和 t_2,可达到调制量从 0~100% 的调制效果。

脉冲调宽控制方式理论上更适合小型的流体喉部推进系统(如姿轨控系统、小型战术导弹系统),因为它零部件较少,结构实现起来更容易。但要注意的地方

是二次流喷嘴阀门的开关频率要避开发动机和导弹的固有频率,以免发生共振破坏零部件。对于大发动机的流体喉部系统则可以采用连续调节的模式。

使用脉宽调制方式,阀门的开关频率需要仔细选择。一方面,阀门的开关频率一般要远远避开导弹的一阶和二阶固有频率,因为低频共振造成的破坏是最大的。导弹的固有频率跟导弹的总体尺寸、结构有关,一般战略导弹的一阶固有频率较低,而战术弹的体积小、刚性大因而固有频率较高。另一方面,如果要求推力能在很短的时间内进行调整,脉宽调制方式的频率也要求较大,如前面提到的美国"标准"系列上的 KKV 弹头。从上述两方面考虑,开关阀门的频率一般都要求大些,即高频方式。

但频率过高时,会存在两方面的问题。一方面,喷入的二次流可能会形成脉动式气动喉部[2,3],脉动式流体喉部的扼流性能不能简单地由定常流体喉部的结果预估得到,因为脉动式流体喉部的扼流性能相比定常时是有增益的。另一方面,推力响应需要一定的反应时间 t_r(推力值从前一平衡值达到新平衡值时的过渡时间,参见第 7 章)。如果开关阀门的频率过快,当阀门的开关周期小于 t_r 时,推力就来不及响应,此时也会造成推力输出方波的失真。

图 9 - 22 给出了脉宽调制理想状态下的"输入 - 输出"方波和失真时的对比图(图中高低频率的预设调制量 M 都为 50%)。当频率合适时,推力可以根据脉冲方波的输入信号响应为"高 - 低"转换的近方波形式,就可以达到输入信号预设的调制量;当频率过高时,一方面脉动喉部的缩小范围可能要高于定常时的情况,另一方面推力响应也需要时间,这两方面的综合结果会使得推力输出不稳定,推力的峰值也会波动,此时就达不到预设的调制量。比如图 9 - 23 中两种频率的调制量都是 50%,但推力输出的调制量确是不一样的。图 9 - 23 为采用

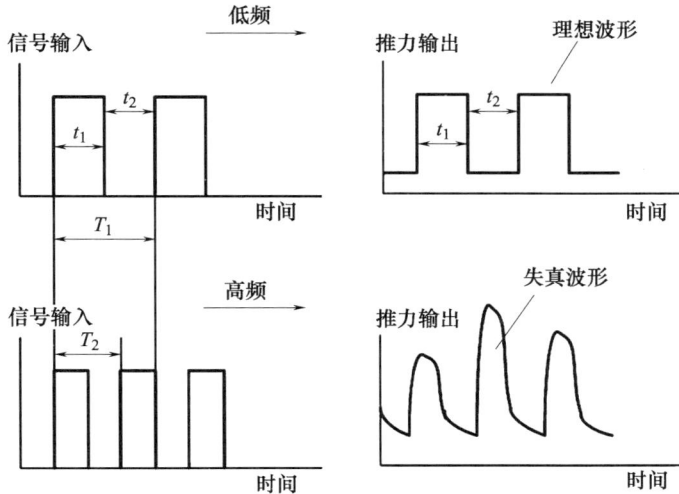

图 9 - 22　脉冲调宽控制方式流体喉部的"输入 - 输出"与频率的关系

大涡模拟方法模拟的二次流高频脉冲喷入二元收缩－扩张喷管时的流动过程（亚格子粘性采用 Smagorinsky 模型描述[4-6]），其中：$S_{tr}=0.2$，预设调制量 50%，S_{tr} 数是跟调制频率相关的参数，定义见式（9-1）。

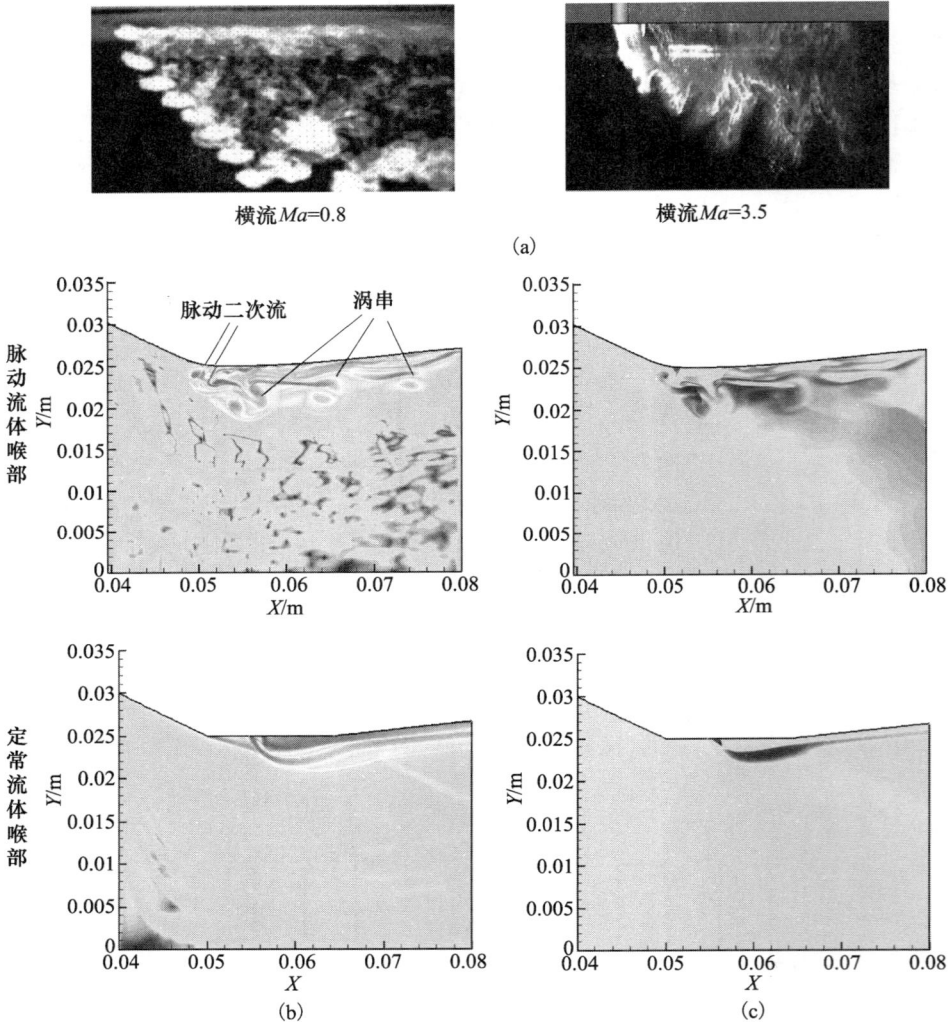

横流 Ma=0.8　　　　　　　　　横流 Ma=3.5

(a)

图 9-23　脉动喷射流体喉部与定常喷射流体喉部的流场对比

（a）试验图片；（b）涡量对数分布图；（c）温度云图。

图 9-23 中可以观察到超声速射流高频脉动时的涡串结构及演变过程。正是由于涡串的相互作用，二次流渗入主流的深度比定常时要大，因而脉动式流体喉部喉部缩小范围比定常时大一些，即产生增益；另一方面，当阀门关闭后，已喷入的二次流流出喷管是需要时间的。在小的时间尺度内（对应高频率），不能忽

172

略该流动过程,因为即使阀门关闭了,这部分二次流在流出喷管的过程中仍然会起到扼流的作用。

$$S_{tr} = f \cdot L / U_s \geq 0.1 \tag{9-1}$$

式中:U_s为二次流喷入流速;L当地横流截面参考长度;f为阀门的开关频率(调制频率)。

式(9-1)同时也是形成脉动流体喉部的频率上限的判断式。当调制频率满足(9-1)时,脉动流体喉部的增益就不能忽略。这样就要求调制频率满足$f < 0.1$以远离形成脉动流体喉部的边界,同时考虑到推力的响应时间问题,所以最终的频率上限由式(9-2)决定。在频率上限以内仍然可以用定常时的结果来预测和设计流体喉部的推力方波。失真的推力方波波形是应该避免的情况,因为这会使控制系统变得复杂并或者使推力调节达不到预期的控制量导致飞行失败。

$$f_{max} = \min\left(\frac{0.1 U_s}{L}, \frac{1}{t_r}\right) \tag{9-2}$$

$$\frac{1}{t_r} > f_{n,1} \tag{9-3}$$

式中,一般脉动流体喉部的频率边界很高,所以f_{max}主要由t_r决定。

综上所述可以看出,为避免低频共振和提高导弹反应时间,希望调制频率高一些,而流体喉部的推力响应时间又决定了调制频率的上限。由此可知如果要在实际中应用脉宽调制方式控制推力,就要求流体喉部的推力响应时间t_r的倒数至少大于导弹的一阶固有频率,见式(9-3)。式中:$f_{n,1}$表示导弹的一阶固有频率[7,8]。因而,t_r是一个重要的工程应用指标,要尽量提高流体喉部的推力响应时间。

9.5.2 效能与推力变化范围指标

本节以具体的弹道示例,说明固发导弹采用推力可调技术后的效能增益及优势。图9-24的示例中导弹外径为178mm,总质量约46kg,携带的推击剂质量约14kg。该弹引入推力随控技术后,在不改变硬件的前提下,就能实现"助推-续航"和"续航-助推"两种不同任务剖面的弹道。

从图9-24的示例看到第一种弹道类似弹道导弹的抛物线弹道,主要是用来攻击近距离目标,最大马赫数超过1。第二种弹道则类似传统巡航弹的弹道,此时该弹的射程增大到了远射程的6倍,最大马赫数约0.7。

另外,弹道的优化计算表明,如果在全弹道中能适时引入推力的大小控制,可以使地空弹在末段拦截速度不降低很多的条件下,最远拦截距离增加30%,见图9-25。

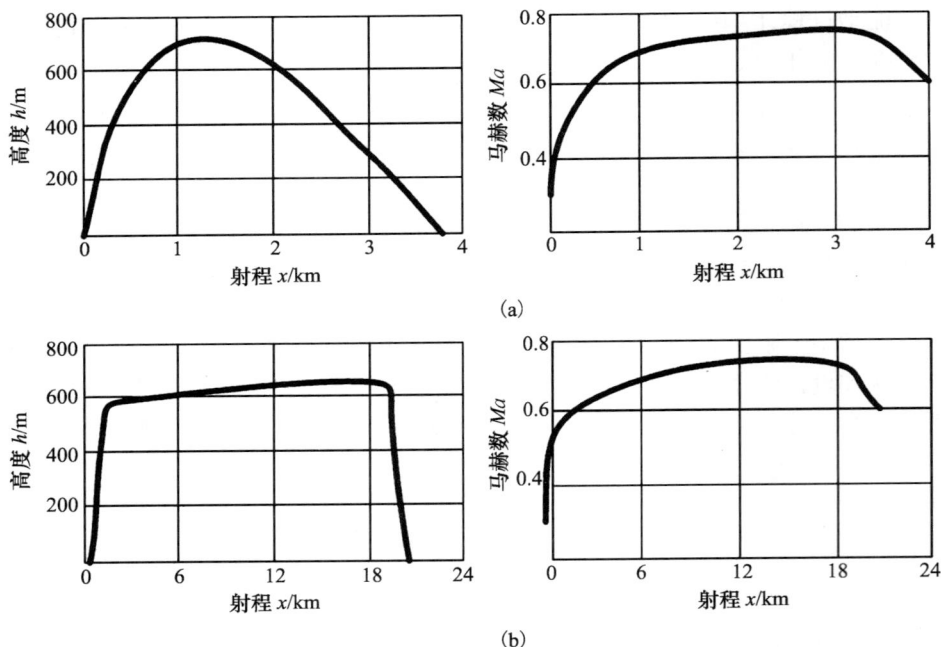

图 9-24　弹道计算结果

（a）"助推-续航"模式；（b）"续航-助推"模式。

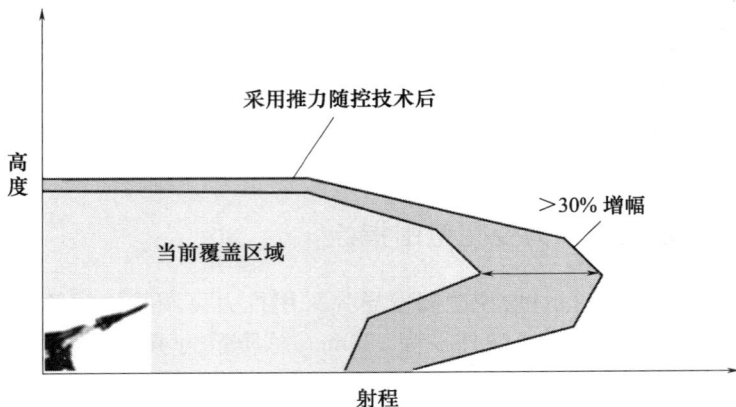

图 9-25　效能分析结果

　　上述示例都表明使用推力随控技术可以让导弹的弹道具有很大的柔性和灵活性，其应用模式与使用传统固体火箭发动机的导弹有很大不同，更能适应现代战场中的瞬息万变。

　　注意到流体喉部喷管技术与喉栓发动机技术都可以作为上述推力随控弹道的实现途径。理论上无论是二次流喷射还是喉栓机械方案，喷管喉部调节的范围可以很大，可以使推力比（最大推力值/最小推力值）达到 10～100。但实际上

174

推力比大于 10 的方案主要适合作为小型的姿轨控系统,用以提供大的侧向力。而作为主动力时,单纯追求高推力比是不现实也是不必要的。主推力变化范围过大,一方面控制难度增加;另一方面,结构所需承受的最大过载就要增大,对弹上电子部件的抗冲击要求和结构质量都会大大提高。

在以喉栓发动机作为主推力的研究表明,当喉栓发动机最大推力比达到 4~5 之间时,导弹助推力可控的方案就可以具备很大的工程实用价值和效能提升[9-12]。前几章已介绍流体喉部系统实现 4~5 的最大推力比是完全可行的。

参 考 文 献

[1] 黄少波.空空导弹直接力控制用多喷管燃气发生器设计技术研究[D].北京:北京航空航天大学,2006.

[2] Baruzzini D,Domel N,Miller D N. Pulsed Injection Flow Control for Throttling in Supersonic Nozzles-A Computational Fluid Dynamics Design Study[R]. AIAA Paper 2007 – 4215,2007.

[3] Domel N,Baruzzini D,Miller D N. Pulsed Injection Flow Control for Throttling in Supersonic Nozzles-A Computational Fluid Dynamics Based Performance Correlation[R]. AIAA Paper 2007 – 4214,2007.

[4] 范兵,关正西.颗粒相对固体火箭发动机稳定性影响的大涡模拟研究[J].上海航天,2008,24(6):43 – 47.

[5] Calhoon W H,Menon S. Subgrid modeling for reacting large – eddy simulations[R]. AIAA Paper 96 – 0516,1996.

[6] Calhoon W H,Menon S. Linear – eddy subgrid model for reacting large – eddy simulations:heat release effects[R]. AIAA Paper 97 – 0368,1997.

[7] 张宗美.民兵洲际弹道导弹[M].北京:宇航出版社,1997.

[8] 中国航天工业总公司编.世界导弹与航天发动机大全[M].北京:军事科学出版社,1999.

[9] 王毅林,何国强,李江,等.非同轴式喉拴变推力固体火箭发动机试验[J].固体火箭技术,2008,31(1):43 – 46.

[10] 李娟,李江,王毅林,等.喉拴式变推力发动机性能研究[J].固体火箭技术,2007,30(6):505 – 509.

[11] 李娟,田维平,甘晓松,等.喉拴式推力可调发动机喷管流场数值模拟[J].固体火箭技术,2008,31(4):344 – 346.

[12] 李娟.喉栓发动机推力调节特性研究[D].西北工业大学学院,2007.

[13] Kan Xie,Yu Liu,Jianren Xin. Controlled Canard Configuration Study for a Solid Rocket Motor Based Unmanned Air Vehicle [J]. Journal of Mechanical Science and Technology,2009,23(12),pp. 3271 – 3280.

[14] Kan Xie,Yu Liu,Lizi Qin,Xiaodong Chen,Zhen Lin,Shuqiang Liang. experimental and Numerical studies on combusion character of solid – liquid rocket ramjet[R]. AIAA Paper 2009 – 5124.

[15] Kan Xie,Yu Liu,Yunfei Liao. Study on solid rocket based Wave – rider concept with Skipping trajectory [R]. AIAA Paper 2009 – 5508.

主要符号表

A_b	推进剂燃面	P_c	燃烧室压强
A_t	喷管几何喉部面积	R	气体常数
$\tilde{A}_t$	流体喉部的有效喉部面积	Re	相对雷诺数
a^*	当地声速	r	推进剂燃速
C_d	流量系数	$\dot{r}_c$	材料烧蚀率
C_F	推力系数	T	温度
C_m	两相旋流时的流量系数	t	时间
C_p	燃气定压比热	v	速度
d_p	颗粒直径	w	修正流量
f	颗粒相质量含量	o,c	下标,主流参数
F	发动机推力	p	下标,颗粒相参数
H	焓	s	下标,二次流参数
I	比冲	ρ_p	推进剂密度
K_{va}	推力矢量效率	θ	推力偏角
$\dot{m}$	流量	γ	比热比
Ma	马赫数	λ	导热系数
n	推进剂压强指数	η	效率
		ω	切向速度

内容简介

本书是固体火箭发动机新技术、固体火箭发动机推力大小调节和推力矢量控制等领域的学术专著。

该书围绕流体喉部喷管这一新兴技术在推力随控的固体火箭姿轨控发动机、主动力发动机、先进导弹上的应用,讨论和介绍了气－气和气－液流体喉部的流动特征、稳态性能的表征方法及特征函数、固体推进剂中颗粒相对流体喉部的影响、流体喉部喷管结合二次流矢量控制的喷嘴组合方案,并针对工程应用介绍了流体喉部调节推力的动态过程、喷管喉衬的烧蚀情况以及一般的流体喉部喷管发动机方案和结构。

本书可作为航空宇航专业的参考书,可供从事航空宇航相关技术研究和试验工作的技术人员以及高效教师、研究生参考使用。

Fluidic Nozzle Throat in Solid Rocket Motor is an academic book in the fields of new technologies, thrust magnitude modulation and thrust vector control.

This book focuses on the application of fluidic nozzle throat in the advanced attitude control rocket engines and orbit control rocket engines with random control ability. The flow details and characterization performance of gas – gas and gas – liquid fluidic throat, its characteristic function, the influence of particle phase on the performance of fluidic throat, and the injector arrangement concepts with the combined secondary flow vector control are offered and discussed. Besides, the time dependent thrust modulation process, throat erosion and typical engine structures with the fluidic throat nozzle are also presented.

This book can be used as a textbook for specialties in aeronautics and astronautics, and also can be used as a reference both for engineers and graduate students as well as for college teachers who are engaged on academic research and propulsion experiments.